全国高校船舶类专业"九五"部级重点教材

U0645229

海 洋 工 程 结 构

李治彬　主　编

张淑茳　副主编

哈尔滨工程大学出版社

内容简介

本书共七章,分别介绍各种海洋工程的类型、受力、结构形式、构件布置情况及与结构设计有关的知识。书中介绍船舶结构、自升式平台结构、半潜式(坐底式)平台结构、导管架式平台结构、潜器结构及直升飞机甲板结构。各部分结构都附有较详细的已经建造或正在建造的实际海洋工程结构图。

本书可供船舶与海洋工程专业本科生使用,也可供从事船舶与海洋工程设计、研究、建造及其它相关专业人员参考。

图书在版编目(CIP)数据

海洋工程结构/李治彬主编. —哈尔滨:哈尔滨工程大学出版社,1993.3(2024.1 重印)
ISBN 978 - 7 - 81007 - 958 - 7

Ⅰ.①海… Ⅱ.①李… Ⅲ.①海洋工程 - 工程结构 - 高等学校 - 教材 Ⅳ.①P75

中国版本图书馆 CIP 数据核字(2011)第 020857 号

出版发行	哈尔滨工程大学出版社	
社 址	哈尔滨市南岗区南通大街 145 号	
邮政编码	150001	
发行电话	0451 - 82519328	
传 真	0451 - 82519699	
经 销	新华书店	
印 刷	哈尔滨午阳印刷有限公司	
开 本	787 mm×1 092 mm 1/16	
印 张	12.25	
插 页	1	
字 数	270 千字	
版 次	1999 年 3 月第 1 版	
印 次	2024 年 1 月第 11 次印刷	
定 价	23.00 元	

http://www.hrbeupress.com
E-mail:heupress@hrbeu.edu.cn

出 版 说 明

根据国务院发(1978)23号文件批转试行的《关于高等学校教材编审出版若干问题的暂行规定》，中国船舶工业总公司负责全国高等学校船舶类专业规划教材编审、出版的组织工作。

为做好教材编审组织工作，中国船舶工业总公司相应地成立了"船舶工程"、"船舶动力"两个教材委员会和"船电自动化"、"惯性导航及仪器"、"水声电子工程"、"液压"、"水中兵器"五个教材小组，聘请了有关院校的教授、专家50余人参加工作。船舶类专业教材委员会(小组)是有关船舶类专业教材建设、研究、指导、规划和评审方面的专家组织，主要任务是协助船舶总公司做好高等学校船舶类专业教材的编审工作，为教材质量审查把关。

经过前四轮教材建设，共出版教材300余种，建立了较完善的规章制度，扩大了出版渠道，在教材的编审依据、计划体制、出版体制等方面实行了有成效的改革，这些为"九五"期间船舶类专业教材建设奠定了良好基础。根据国家教委对"九五"期间高校教材建设要"抓好重点教材，全面提高质量，继续增加品种，整体优化配套，深化管理体制和运行机制的改革，加强组织领导"的要求，船舶总公司于1996年又制定了"全国高等学校船舶类专业教材(九五)选题规划"。列入规划的选题共133种，其中部委级重点选题49种，一般选题84种。

"九五"教材规划是在我国发展社会主义市场经济条件下第一个教材规划，为适应社会主义市场经济外部环境，"九五"船舶类专业教材建设实行指导性计划体制。即在指导性教材计划指导下，教材编审出版由主编学校负责组织实施，教材委员会(小组)进行质量审查，教材编审室组织协调。

"九五"期间要突出抓好重点教材，全面提高教材质量，为此教材建设引入竞争机制，通过教材委员会(小组)评审，择优确定主编，实行主编负责制。教材质量审查实行主审、复审制，聘请主编校以外的专家审稿，最后教材委员会(小组)复审，复审合格后由有关教材委员会(小组)发出版推荐证书，出版社方可出版。全国高校船舶类专业规划教材就是通过严密的编审程序和高标准、严要求的审稿工作来保证教材质量。

为完成"九五"教材规划，主编学校应充分发挥主导作用。规划教材的立项是由学校申报，立项后由主编校实施，教材出版后由学校选用，学校是教材编写与教材选用的行为主体，教材计划的执行要取决于主编校工作情况。希望有关高校切实负起责任，各有关方面极积配合，为完成"九五"船舶类专业教材规划、为编写出版更多的精品教材而努力。

由于水平和经验局限，教材的编审出版工作和教材本身还会有很多缺点和不足，希望各有关高校、同行专家和广大读者提出宝贵意见，以便改进提高。

中国船舶工业总公司教材编审室

1997年4月

前　言

海洋蕴藏着丰富的海洋生物、石油、天然气及矿产资源。目前,世界各国,尤其是发达国家不但开发利用本国的海洋资源,而且有越来越多的国家已经在进行大洋资源的开发研究。科学家们预言:21 世纪将是海洋世纪,因此,海运、海防、海洋开发研究将成为人类科学研究的重要领域。

为适应这种社会需要,船舶与海洋工程专业的研究范围,已经不限于一般的船舶,而扩展到海洋工程所涉及到的其它部分,如各种工程船舶、海洋石油平台、海洋潜器等。在我国,已有越来越多工程技术人员在从事上述海洋工程的设计研究工作。

本书根据全国船舶工程教材委员会会议于 1996 年 7 月下旬通过的"九五"部级重点教材"海洋工程结构"大纲编写。

编写本书的目的是为了使船舶与海洋工程专业的学生尽可能地掌握船舶及其它海洋工程结构知识,以便为从事海洋工程的设计与研究打下基础。

各种海洋工程结构,在其使用环境、受力及结构形式方面有许多相同或相似之处,如果每种海洋工程结构的每一部分结构都详细介绍,必然导致本书内容重复及篇幅过长。因此,本书首先在第二章详细地介绍了各种海洋工程结构相同的部分,其它章则介绍该章结构的主要部分及与其它结构不同的部分,相同部分则简要介绍或不予介绍。

本书由哈尔滨工程大学李治彬任主编。张淑茳编写第三章、第六章及附录,李治彬、张淑茳编写第二章,其余章节由李治彬编写并全书统稿。

本书由天津大学史庆曾教授、哈尔滨工程大学聂武教授主审。

本书在编写过程中得到了董文君、柳更强、胡常云、潘晓东、许涛等同志的大力帮助,在此表示衷心感谢!

由于除船舶工程以外的其它海洋工程结构的研究历史不长,与前者相比,有关的论著、文献不多,编者对海洋工程结构的研究尚在探索之中,加之水平有限,书中难免有错误及不足之处,敬请读者指正。

编　者

1998 年 10 月

目　　录

1 绪 论

一般认为,海洋工程的主要内容可分为资源开发技术与装备设施技术两大部分。

1. 资源开发技术

主要包括:深海矿物勘探、开采、储运技术;海底石油、天然气钻探、开采、储运技术;海水资源与能源利用技术,包括淡化、提炼、潮汐、波力、温差等;海洋生物养殖、捕捞技术;海底地形地貌的研究等。

2. 装备设施技术

主要包括:海洋探测装备技术,包括海洋各种科学数据的采集、结果分析,各种海况下的救助、潜水技术;海洋建设技术,包括港口、海洋平台、海岸及海底建筑;海洋运载器工程技术,包括水面(各种船舶)、半潜(半潜平台)、潜水(潜器)、水下(水下工作站、采油装置、军用设施等)设备技术等。

可以看出,海洋工程所涉及的范围之广、研究的内容之多,不是一两本书所能包罗的。

按广义的海洋工程概念,本书的内容应是海洋工程装备设施技术范畴,在这个范畴中,我们发现,目前应用范围较广、发展较快、技术较成熟的是海洋建筑技术与海洋运载器技术。

本书重点介绍上述两种技术中的海洋固定平台、海洋水面船舶、海洋半潜平台、海洋坐底平台、海洋潜器的结构。

有人将船舶工程中的工程船舶划为海洋工程范围,实际上广义的海洋工程应该包括整个船舶工程。海洋工程研究情况表明,即使将这两个工程分为两个学科,其所研究的内容、范围也是很难严格区别,很难彼此独立的,而且作为结构研究,人们更难将其严格区分。例如人们可以将一个运输船舶改装为一个石油钻井船;一个用于军事目的如侦察、救生潜器与用于深海勘探的潜器从结构上更不会有太大的区别。一个从事海洋石油平台设计的技术工作者,除了要进行石油钻井平台、钻井船的设计外,相应的运油船、交通船、海上补给船、勘探潜器等的设计也会经常遇到。因此,本书在编写过程中,重点放在介绍海洋平台、海洋潜器、船体与沉垫,而对于其它有关的船舶及工程船舶结构与所介绍部分结构区别较大部分,也加以相应的补充及说明,虽然篇幅不多,但突出相应特点,对于读者拓宽专业范围,用较少的精力便可掌握较多相关专业知识是很有益处的。

1.1 海洋工程的种类

随着海运、海防、海洋开发事业的发展,各类海洋工程设施应运而生。由于海洋工程中的船舶和潜器等的一般情况大家都比较熟悉,本章就不详细介绍,本章主要介绍海洋平台的种类如下:

```
                  ┌ 坐底式平台
          ┌ 移动式平台 ┤ 自升式平台
          │        │ 钻井船
海洋平台 ┤        └ 半潜式平台
          │        ┌ 张力腿式平台
          └ 固定式平台 ┤
                   └ 牵索塔式平台
```

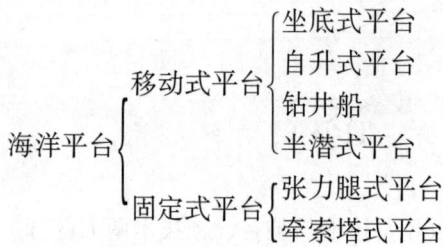

1.1.1 移动式平台

移动式平台是一种装备有钻井设备,并能从一个井位移到另一个井位的平台,它可用于海上石油的钻探和生产。

1. 坐底式平台

坐底式平台又叫钻驳或插桩钻驳,适用于河流和海湾等30m以下的浅水域。坐底式平台有两个船体,上船体又叫工作甲板,安置生活舱室和设备,通过尾部开口借助悬臂结构钻井;下部是沉垫,其主要功能是压载以及海底支撑作用,用作钻井的基础。两个船体间由支撑结构相连。这种钻井装置在到达作业地点后往沉垫内注水,使其着底。因此从稳性和结构方面看,作业水深不但有限,而且也受到海底基础(平坦及坚实程度)的制约。所以这种平台发展缓慢。

然而我国渤海沿岸的胜利油田、大港油田和辽河油田等向海中延伸的浅海海域,潮差大而海底坡度小,对于开发这类浅海区域的石油资源,坐底式平台仍有较大的发展前途。图1-1为我国自行设计建造的"胜利1号"坐底式钻井平台。

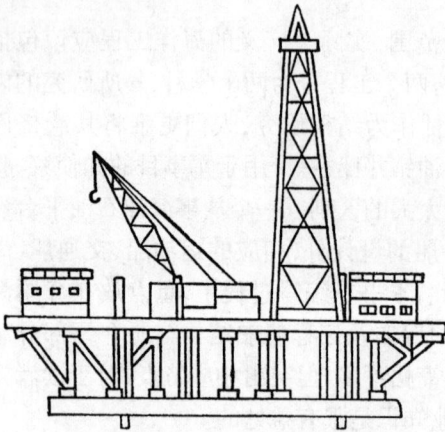

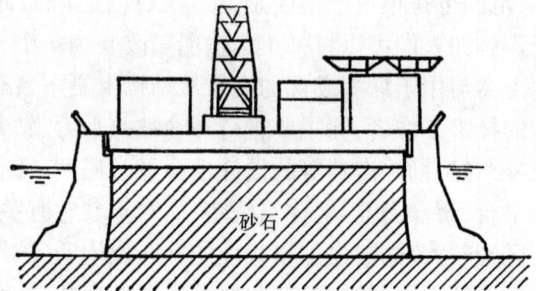

图1-1 "胜利1号"坐底式钻井平台　　　　图1-2 用于极区的坐底式平台

80年代初,人们开始注意北极海域的石油开发,设计、建造极区坐底式平台也引起海洋工程界的兴趣。目前已有几座坐底式平台用于极区,图1-2即是其中一种,它可加压载坐于海底,然后在平台中央填砂石以防止平台滑移,完成钻井后可排出压载起浮,并移至另一井位。

图1-3为三角形坐底式平台,平台由三个粗立柱与多个细圆柱组成,每个大立柱下部有一个短形箱体。图1-4为单立柱坐底式平台,平台下部由两根水平布置粗圆柱及一

些细圆柱组成一个水平框架,使平台稳稳地坐于海底。

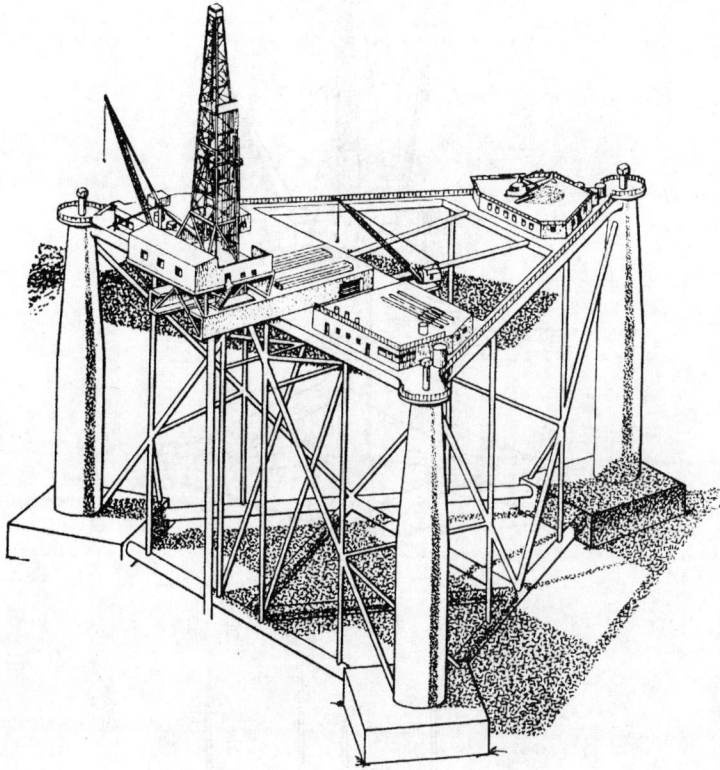

图 1-3　三角形坐底式平台

2. 自升式平台

自升式平台又称甲板升降式或桩腿式平台。这种石油钻井装置在浮在水面的平台上装载钻井机械、动力、器材、居住设备以及若干可升降的桩腿,钻井时桩腿着底,平台则沿桩腿升离海面一定高度;移位时平台降至水面,桩腿升起,平台就像驳船,可由拖轮把它拖移到新的井位。自升式平台的优点主要是所需钢材少、造价低,在各种海况下都能平稳地进行钻井作业;缺点是桩腿长度有限,使它的工作水深受到限制,最大的工作水深约在120m 左右。超过此水深,桩腿重量增加很快,同时拖航时桩腿升得很高,对平台稳性和桩腿强度都不利,见图 1-5。

自升式平台有自航、助航和非自航之分,但大多数为非自航。平台形状有三角形平台(三根桩腿)、矩形平台(一般为四根桩腿)和五角形平台(五根桩腿)等。为了在较深水域和环境恶劣的海况下工作时减少平台所受的力,最佳的自升式平台应是单桩腿平台。欧洲北海使用的自升式平台大都是此种单桩腿的自升式平台。

新加坡伯利恒公司(Bethlehen Singapore Pte. Ltd.)为我国建造的"渤海 6 号"自升式钻井平台,长 50.6m,宽 51.8m,高 3m,有三根桩腿,直径均为 3.6m,可容纳船员 93 人。生活舱和工作舱可适用于冬季作业。

图 1-5 和图 1-6 都是自升式平台。图 1-5 的桩腿为圆形壳体式,桩腿端部为沉垫式;图 1-6 的桩腿为三角形桁架式。

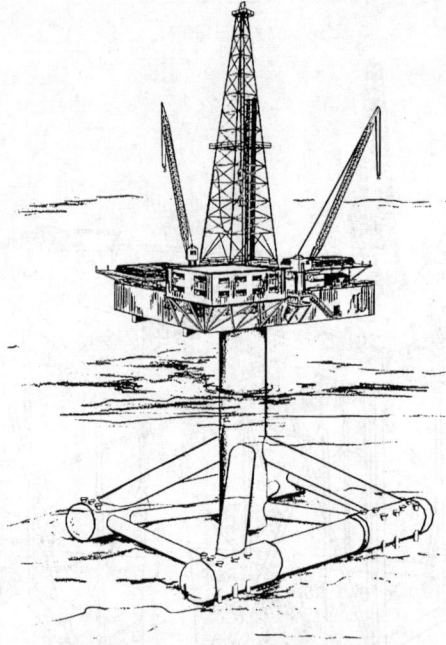

图1-4 单立柱坐底式平台

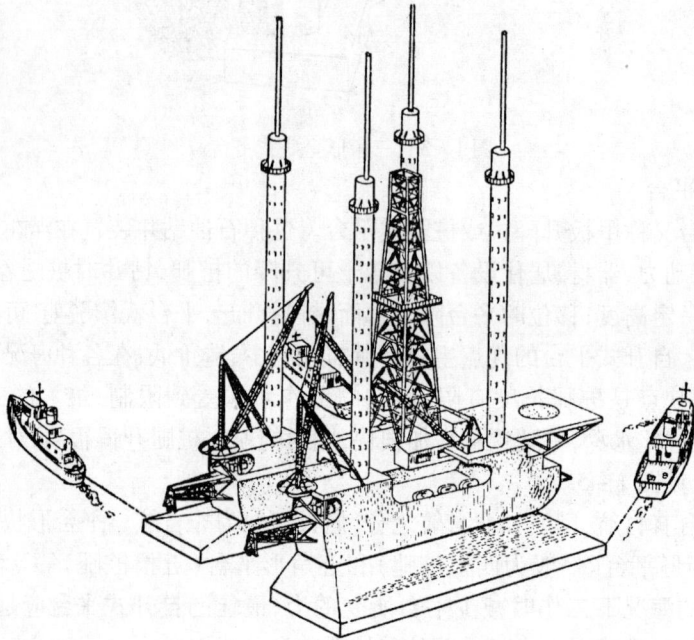

图1-5 壳体式桩腿自升式平台

3. 钻井船

钻井船是浮船式钻井平台,它通常是在机动船或驳船上布置钻井设备。平台是靠锚泊或动力定位系统定位。

按其推进能力,分为自航式、非自航式;按船型分,有端部钻井、舷侧钻井、船中钻井和

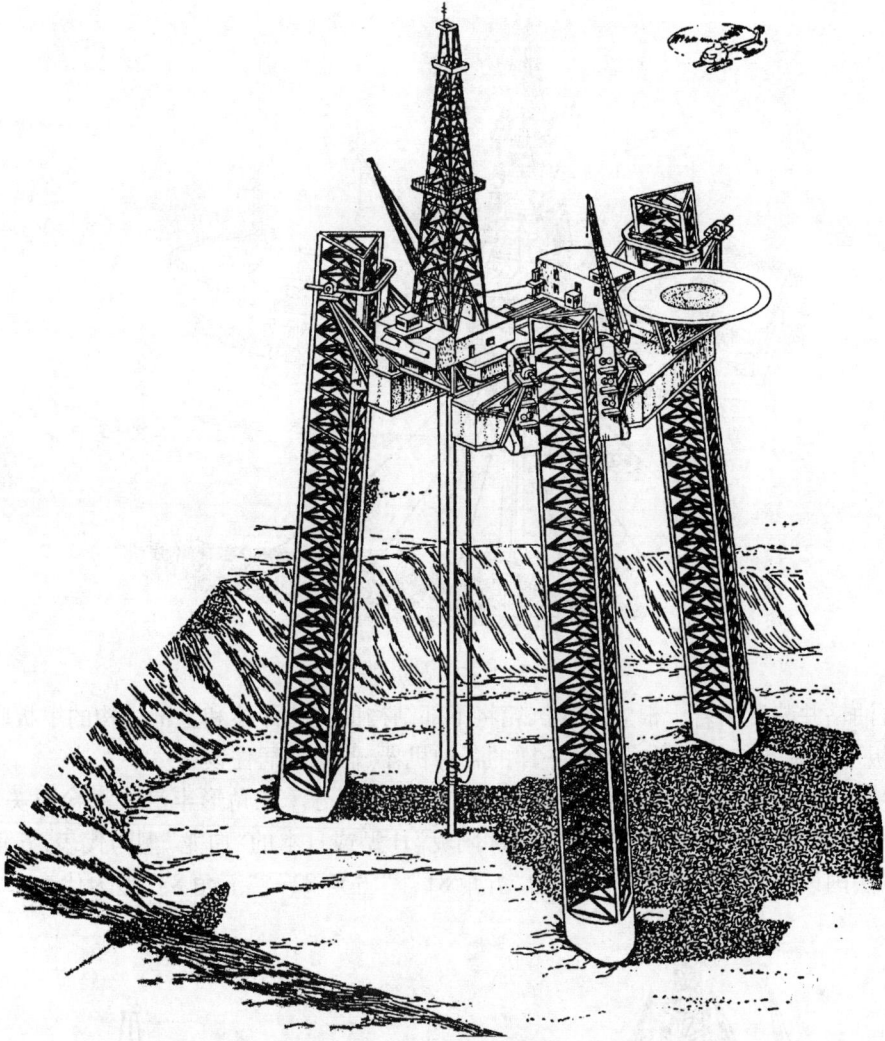

图 1-6 桁架式桩腿自升式平台

双体船钻井;按定位分,有一般锚泊式、中央转盘锚泊式和动力定位式。浮船式钻井装置船身浮于海面,易受波浪影响,但是它可以用现有的船只进行改装,因而能以最快的速度投入使用。图 1-7 为一钻井船。

4. 半潜式平台

为了克服上述平台存在的缺点,使之既能在深水钻井又有较高作业效率,在 1962 年出现了第一艘半潜式钻井平台。这种平台的基本结构形式和坐底式相似,是由坐底式演变而来的。

半潜式和坐底式钻井装置统称为支柱稳定式钻井装置。坐沉在海底的称为坐底式(或可沉式),浮在水中的为半潜式。

随着海洋石油开发的发展,作业海域已延伸到更深的海域,在深海中使用受水深限制的自升式和坐底式平台,难以完成钻井作业,而钻井船由于在开阔的海域摇摆大,故作业率很低。所以摇摆性能好,在相当深的海域能进行钻井作业的半潜式平台就应运而生。

· 5 ·

图 1 - 7 钻井船

这种石油钻井装置用若干根立柱或沉箱将下部结构的沉垫浮体和上部结构的甲板联结起来,甲板上则装备与其它形式平台一样的各种机器、器材及居住设备。

半潜式平台有三角形、矩形、五角形和"V"字形之分。三角形半潜式平台以美国"赛德柯"型为代表,矩形半潜式平台以挪威"阿克"H 型或日本的"白龙"型为代表,五角形半潜式以法国设计制造的带五个浮箱的"五角81"、"五角82"、"五角83"型为代表。

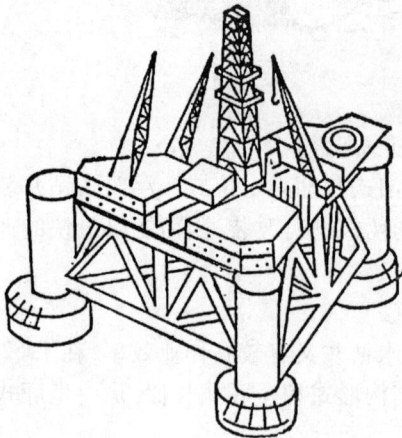

图 1 - 8 三角形半潜式平台

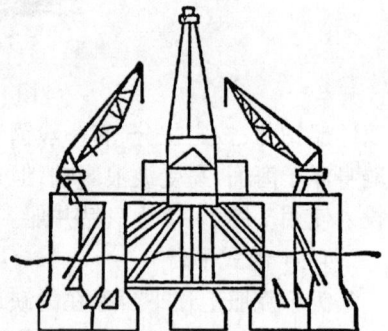

图 1 - 9 五角形半潜式平台

图 1 - 8 至图 1 - 12 所示为半潜式平台的几种形式。由于它具有小的水线面面积,使整个平台在波浪中的运动响应较小,因而它具有出色的深海钻井的工作性能,一般在作业海况下其升沉不大于 ±(1m ~ 1.5m),水平位移不大于水深的 5% ~ 6%,平台的纵横倾角

不大于 ±(2°~3°)。这种性能对漂浮于水面的钻井平台具有十分重要的意义。

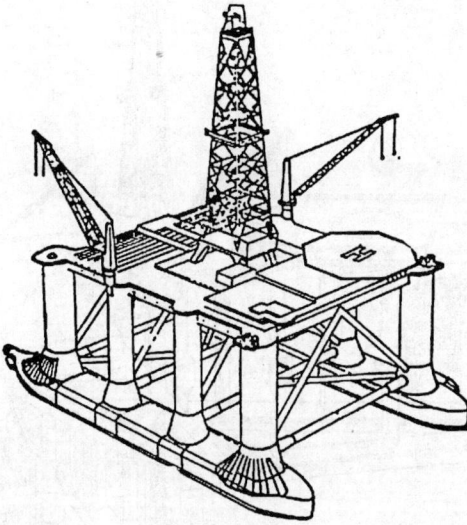

图 1－10　矩形半潜式平台（沉垫式）

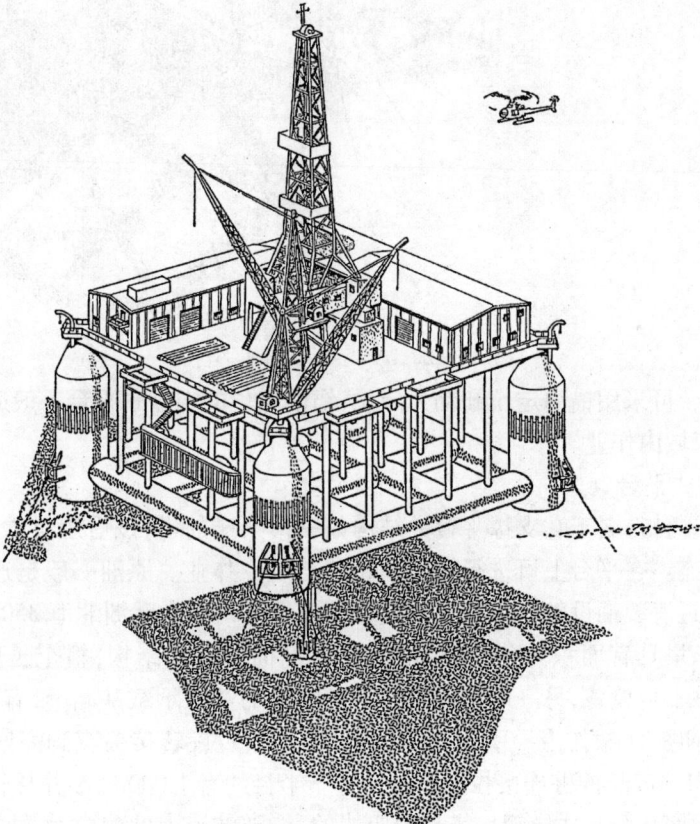

图 1－11　矩形半潜式平台（多立柱式）

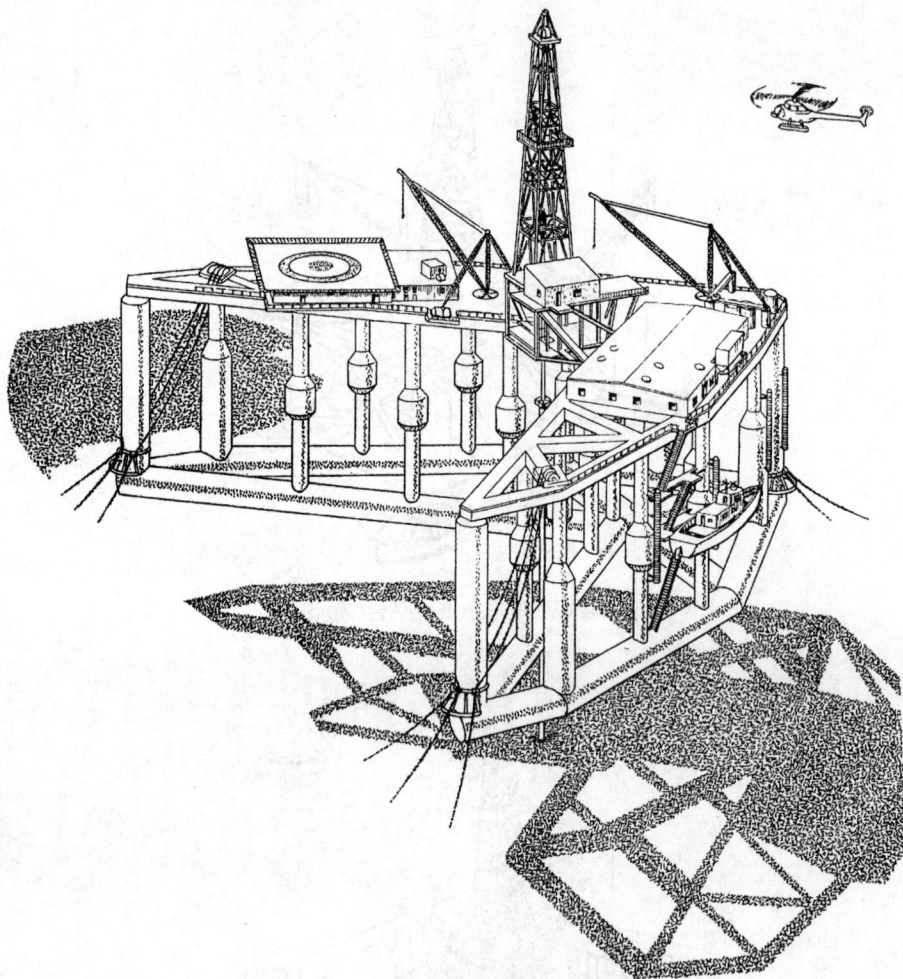

图 1 – 12 "V"字形半潜式平台

半潜式平台可采用锚泊定位和动力定位,锚泊定位的半潜式平台一般适用于200m ~ 500m水深的海域内作业。

5. 牵索塔式平台

牵索塔式平台得名于它支撑平台的结构如一桁架式的塔,该塔用对称布置的缆索将塔保持正浮状态。在平台上可进行通常的钻井与生产作业。原油一般是通过管线运输,在深水中可用近海装油设施进行输送。埃克逊技术公司曾为欧洲北海350m水深的环境设计牵索塔,该塔具有面积为36.5m^{2}的四方形剖面的塔式结构,整个长度的剖面都一样,其一端承载平台设备,另一端停放在称为桩腿筒的竖向承载基础上,有16根桩腿,另有10.8cm的钢缆24根作为导引索系统,每根钢缆通过旋转接头直到海底,分别与165t重的水泥块和1.4m长的桩连接拉紧。桩的分布半径约有1 000m,油井导管穿过桩腿筒,整个系统可容纳30个油井导管。塔是顺应式的,能随波浪力的响应稍微移动,其系泊系统能对塔提供足够的复原力,使它始终保持垂直状态。设计时允许塔的倾斜度在2°以内,图1 – 13为牵索塔式平台。

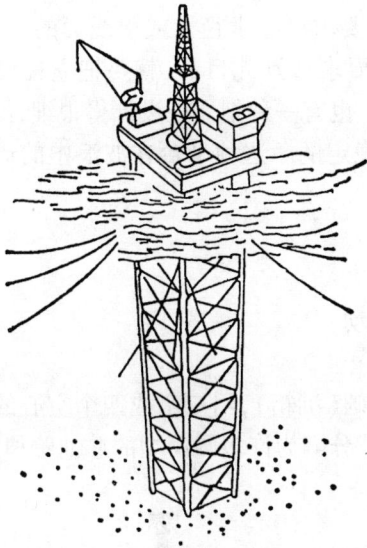

图 1 - 13　牵索塔式平台　　　　　　　　　图 1 - 14　张立腿式平台

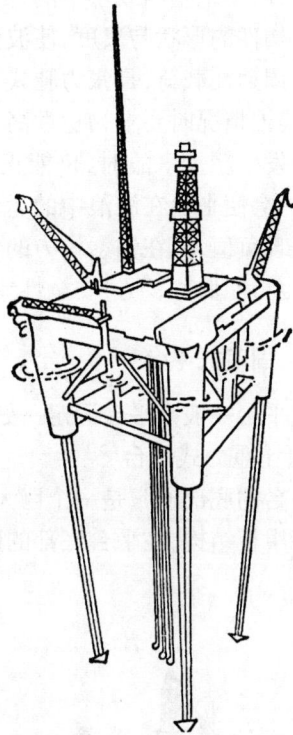

　　牵索塔式平台在波浪载荷作用下的动态响应数值分析指出,其桩基处的弯矩比塔的其它部分要小得多,整个系统上的水平力也主要由系缆系统承受。从其恢复力与塔的偏离平衡位置的关系曲线可以看出,当塔的偏离增大到一定程度时,系在牵索上原来固定在缆索上而沉于海底的重块被提起离开海底,从而使索内的张力增加变得缓慢,亦即比重块未被提起时吸收更多的能量。这样在遇到大幅值长周期的风暴波时,系统变软,更大的顺应性出现。由于这些优点,牵索塔式平台比导管架式平台、重力式平台更适合于深水海域作业,它的应用范围在 200m ~ 650m。

　　6.张力腿式平台

　　张力腿式平台是利用绷紧状态下的锚索产生的拉力与平台的剩余浮力相平衡的钻井平台或生产平台,如图 1 - 14 所示。

　　张力腿式平台也是采用锚泊定位的,但与一般半潜式平台不同。其所用锚索绷紧成直线,不是悬垂曲线,钢索的下端与水底不是相切的,而是几乎垂直的。用的是桩锚(即打入水底的桩为锚)或重力式锚(重块)等,不是一般容易起放的抓锚。张力腿式平台的重力小于浮力,所相差的力量可依靠锚索向下的拉力来补偿,而且此拉力应大于由波浪产生的力,使锚索上经常有向下的拉力,起着绷紧平台的作用。张力腿式平台自 1954 年提出设想以来,迄今已有 40 年的历史。

　　作用于张力腿式平台上的各种力并不是稳定不变的。在重力方面会因载荷与压载水的改变而变化;浮力方面会因波浪峰谷的变化而增减;扰动力方面因风浪的扰动会在垂向与水平方向产生周期变化,所以张力腿的设计,必须周密考虑不同的载荷与海况。对于平台的水下构件,不论垂向或水平的,都会因波浪的波峰与波谷的作用而产生影响,因此如何选取水下构件的形状与尺度,使波浪扰动力的作用为最小,减小平台在波浪中的运动以及锚索上的周期性载荷,是张力腿式平台的研究课题之一。一般张力腿式平台的重心高、浮心低,非锚泊情况时要求初稳性高为正值,为此要求稳心半径大或水线面的惯性矩大,这样在平台发生严重事故时,仍能正浮于水面。要求达到此目的,就要把立柱设计得较粗,这样必然会使平台在波浪中的运动响应较大。也有一种把立柱设计得很细,虽然初稳性高可能出现负值,但在锚索拉力的作用下也是稳定的。这种平台在波浪中的运动响应较小,造价也可能低些,不过安全性差些。

1.1.2　固定式平台

固定式平台一般是平台固定一处不能整体移动。

1. 混凝土重力式平台

这种平台的底部通常是一个巨大的混凝土基础(沉箱),用三个或四个空心的混凝土立柱支撑着甲板结构,在平台底部的巨大基础中被分隔为许多圆筒型的贮油舱和压载舱,

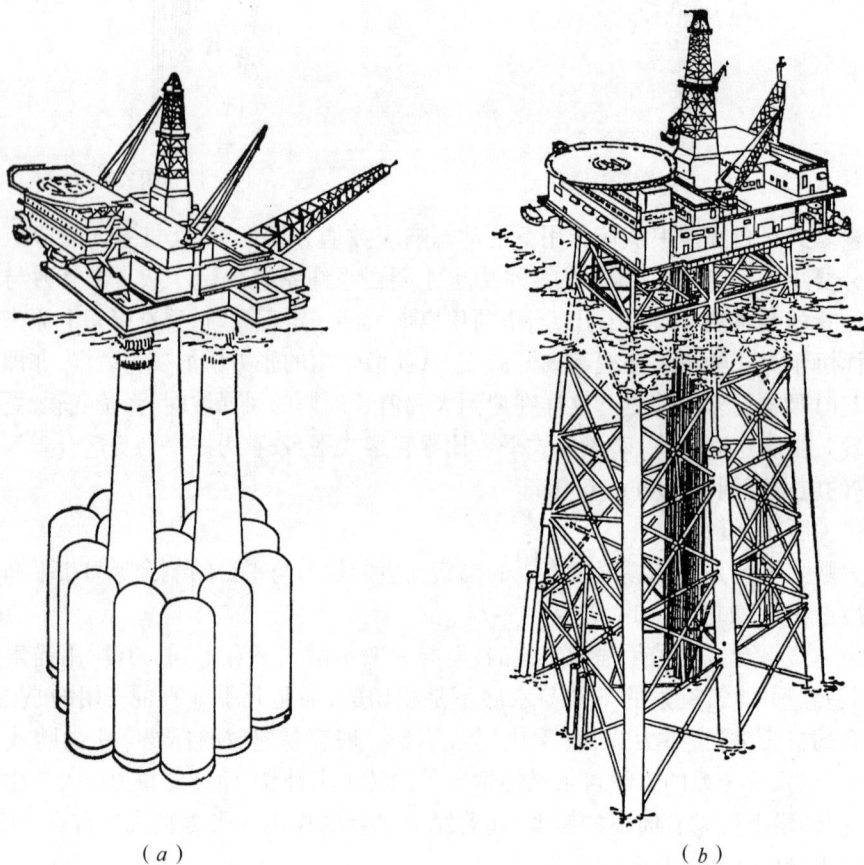

(a)　　　　　　　　　　　　(b)

图 1-15　固定式平台

(a)混凝土重力式平台　(b)钢质导管架式平台

这种平台的重量可达数十万吨,正是依靠自身的巨大重量,平台直接置于海底。现在已有大约 20 座混凝土重力式平台用于北海,如图 1 – 15(a)。

2. 钢质导管架式平台

钢质导管架式平台通过打桩的方法固定于海底,它是目前海上油田使用最广泛的一种平台,如图 1 – 15(b)。钢质导管架式平台自 1947 年第一次被用在墨西哥湾 6m 水深的海域以来,发展十分迅速,到 1978 年,其工作水深已达 312m。据报道,高度为 486m 的巨型导管架式平台将安置于墨西哥湾 411m 水深的海域内。

2 船体与沉垫结构

海洋工程结构物可以分为移动式和固定式两种,移动式海洋工程结构大都有一个封闭箱体结构,以保证能提供足够的浮力,漂浮于海面或海中一定深度。这种封闭的箱形壳体结构,实际上是一般船舶的主体结构,也是其它海洋平台的主要部分,我们称之为船体或沉垫(平台中)。

半潜式平台的沉垫、沉垫式自升式平台的沉垫、某些坐底式平台的沉垫、一般民用船舶及工程船舶的主船体,都是由板架组成的空心水密箱体结构,这些箱体结构的受力有许多相同之处,而且都要求水密以便提供浮力。因此这些结构的结构形式基本相似,只是构件尺寸分布及变化规律由于其结构受力不完全相同而不同。为避免在介绍半潜式平台、自升式平台、坐底式平台及钻井船结构时重复介绍同一种形式的结构,我们将平台的沉垫,也是船舶的主体,在这一章作较详细的介绍,因为这一部分结构不仅是多种平台结构的一部分,而且在每一种平台、船舶中,这一结构都是整个结构的最重要部分。

考虑到船舶工程结构在海洋工程结构中占有重要的地位,从事任何海洋工程设计、研究及海洋资源开发利用,都离不开船舶的直接参与,而一般船舶及工程船舶仅介绍主船体结构,还不能完全掌握这类船舶工程所需知识,因此我们在这一章介绍了船舶结构中除与平台沉垫相似的主船体结构以外,还介绍了一些船舶其它部分结构,这样,读者在学完了这一章后,不但了解了平台的沉垫结构,即船体的主船体结构,再加上一些少量补充的船体其它结构,便可全面了解一般船舶结构了。而海洋平台结构,由于其沉垫外的其它结构部分差别较大,内容较多,我们将分别在以后的各章中加以介绍。

2.1 船体与沉垫的受力状态

2.1.1 船体与沉垫的两种主要工作状态

活动式平台要经过建造、下水、停泊、拖航、作业及检修等不同的过程,但在工作期间,船体与沉垫有两种明显不同的工作状态,即拖航(漂浮)状态和作业状态。

船体处于漂浮状态时,其受力和变形同一般海上驳船并无原则区别。

一、船体与沉垫在漂浮状态的受力

1. 船体的总纵强度

作用在船体上的重力、浮力、波浪水动力和惯性力等而引起的船体绕水平横轴的弯曲称为总纵弯曲,总纵弯曲由静水总纵弯曲和波浪总纵弯曲两部分叠加而成。船体抵抗总纵弯曲变形和破坏的能力称为船体总纵强度。

(1)船体在静水中的总纵弯曲

船舶在静水中受到的外力有船舶及其装载的重力和水的浮力。重力包括船体本身结构的重量和机器、装备、燃料、水、供应品、船上人员及行李和载货的重量。

重力的方向向下,合力 P 通过船舶的重心 G 点。浮力的方向向上,浮力 D 等于船体排开水的体积 V 和水的重度 γ 乘积,其合力通过浮心 B 点。重力和浮力在静水中处于平衡状态。

设想将船体沿船长方向分割成若干段,由于重力与浮力沿船长方向分布不一致,故作用在每一段上的重力和浮力并不相等。如果将段与段之间的约束解除,每一段为了重新取得平衡,必须会产生上下移动趋势,直到以取得静力平衡为止,如图 2 - 1 所示。

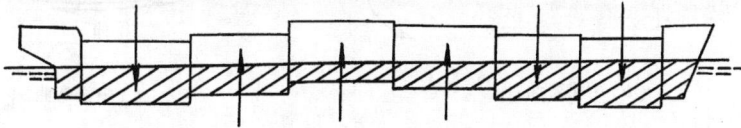

图 2 - 1　船体变形的趋势

事实上船体是一个整体结构,当然不可能发生如图 2 - 1 所示的那样变动。不让它们自由变动,在船体结构内部必然有内力产生,使船体发生弯曲(中拱弯曲或中垂弯曲)。

船体各段重力与浮力的不平衡总是存在的,因为船上各种重量除了固定的结构和机械设备外,常随着装载的情况而变动,而浮力的大小和分布则是由船体浸水部分的形状决定的。由于船体外形是光顺的,因此浮力曲线是一光顺曲线,而重力曲线则是阶梯形状曲线。长度方向上重力与浮力的差值即为作用在船体上的外载荷。船体受到外载荷会发生弯曲变形,在船体内产生弯曲力矩,图 2 - 2 是船长方向的弯矩曲线图。而对于半潜式平台的沉垫,受到平台立柱传来的集中力作用,其承受的总纵弯矩更大。

(2)船体在波浪中的总纵弯曲

在波浪状况下,船体内产生的弯矩会较静水中为大。一般认为波浪长度等于船长时,船体的弯曲最为严重。当波峰在船中时,会使船体中部向上弯曲,称为中拱弯曲(hogging)。当波谷在船中时,会使船体中部向下弯曲,称为中垂弯曲(sagging)。中拱弯曲时,船体的甲板受拉伸,底部受压缩。中垂弯曲时,船体的甲板受压缩,底部受拉伸,如图 2 - 3 所示。

(3)船体横向强度

在外力作用下船体发生的变形或破坏不是

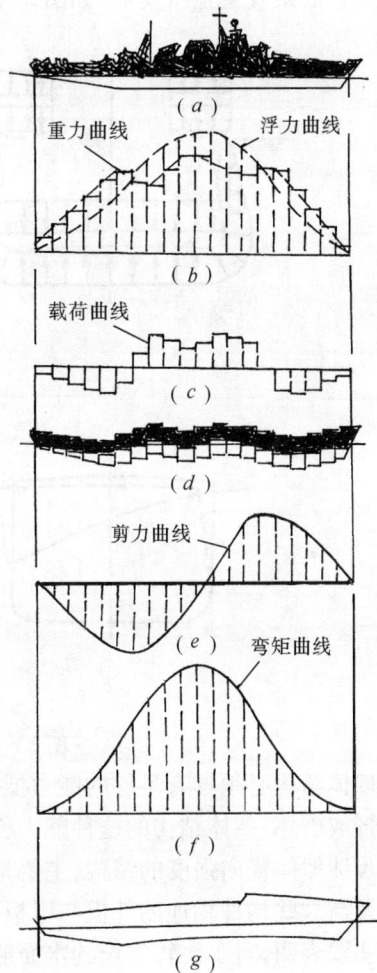

图 2 - 2　船体在静水中的浮力、重力、载荷、剪力和弯矩曲线

在船体纵向,而是在船体横方向。例如,在水压力与重力作用下,船体发生横向弯曲变形,如图 2 - 4 中(a)、(d)所示。在波浪中航行时,由于船体左右两舷水压力不对称作用,使船

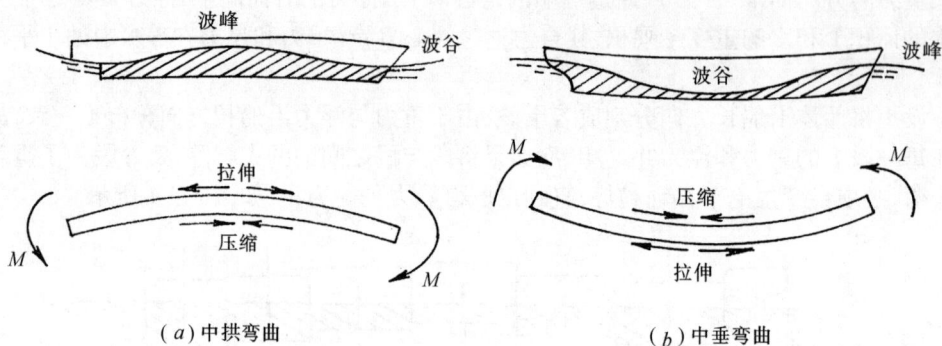

(a) 中拱弯曲   (b) 中垂弯曲

图 2 - 3　中拱弯曲与中垂弯曲

体的肋骨框架发生歪斜变形,如图 2 - 4 中(b) 所示。

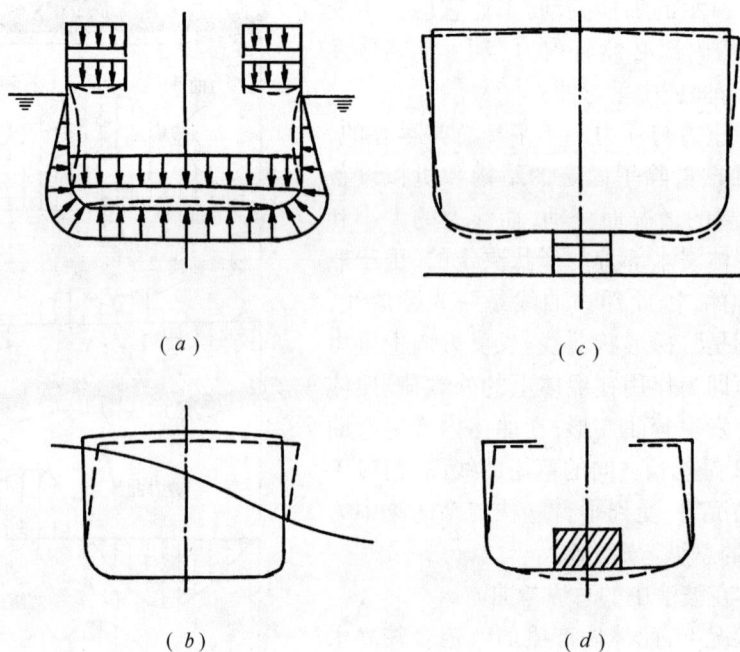

图 2 - 4　船体横向弯曲变形

　　船体结构必须具有足够的能力抵抗这些外力的作用,保持船体横向的正常形状,不发生变形或破坏。船体结构的这种能力称为船体横向强度。

　　保证船体横向强度的结构,主要是横舱壁,其次是由肋骨、横梁与肋板组成的横向框架以及与这些构件相连的外板与甲板板等。

　　实践表明,对于比较瘦长的水面船舶来说,在正常航行条件下,如果船体的总纵强度有了充分保证,船体横向强度通常也就有了保证。但是,仍需指出,船体在坞修过程中由于重力与墩木反力作用,加之拆卸部分构件对原船体强度有所削弱,此时船体也会产生严重变形或破坏,如图 2 - 4 中(c) 所示。因此,通常也要进行坞内强度校核性计算。

　　对于短而宽,宽深比值较大(B/D 比较大) 或甲板有大开口的船体来说,横向强度一般就比较严重了,往往是总纵强度要求有了保证,而横向强度还不能达到要求,在这种情况下就要侧重考虑横向强度,据此来确定船体结构的一系列问题。否则,将因横向强度不足而产生总体性的横向变形与破坏。

（4）船体的扭转强度

当船体斜向地处于波浪中航行时,船体首、尾部的波浪表面具有不同的倾斜方向,由于重力与浮力的分布不协调,再加上波浪的动力影响,船体结构除了总纵弯曲外,还产生整个船体的扭转,如图 2 - 5 所示。

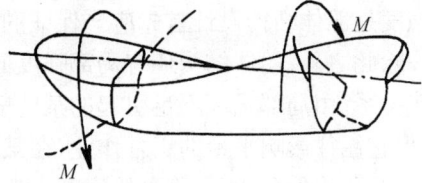

图 2 - 5　船体扭转变形

当首、尾部的重量分别堆集于不同一侧时,也会有扭矩产生,使船体发生扭转变形或破坏。

船体结构抵抗扭转力矩作用的能力称为船体结构的扭转强度。

船体总纵强度与船体扭转强度都属船体总强度范畴。

对一般水面船舶来说,由于其具有较多的横舱壁及横向肋骨框架,而且开口较小,因此具有较大的抗扭刚度,所以,由于扭转所引起的剪切应力通常比较小,故对船体强度的影响不大。但是,对于宽深比较大而舱壁少的船舶或甲板上有长大开口的船舶来说,扭转强度则是一个比较严重的问题,必须妥善设计,确保船体结构具有足够的扭转强度。实践表明,扭转强度与总纵强度有其密切的内在联系,当船体扭转强度不足而发生扭曲变形时,有的纵向构件(包括板)将扭曲、断裂、失稳,从而也削弱了船体的总纵强度。

二、船体与沉垫作业状态的受力

船体与沉垫作为平台的主要部分,处于作业状态时,按其受力情况的不同,一般可分为三种类型。第一种是拖航就位后,桩腿插入海底一定深度,将船体升离水面以上一定高度,如插桩自升式平台的上层平台,此时船体重量及作用在船体上的各种载荷均通过桩腿传到海底。第二种是通过充水使下船体潜入水中,平台下沉到工作吃水深度,用系泊系统定位,如半潜式平台中的下船体,此时船体受到重力、浮力、风力、波浪力、水流力、系泊力等多种载荷,半潜式平台应根据基本工作状态、运动状态及较为严重的波浪作用状态等不同的工况,确定计算载荷,进行受力分析。第三种是将船体坐于海底,如坐底式或带有整体沉垫的自升式平台的沉垫,沉垫(下船体)除受到本身的重量、浮力及作用于沉垫的波浪力外,还要受到通过支撑结构传来的集中载荷、力矩以及海底地基的反力等。

活动式平台的船体与沉垫,无论在拖航或作业状态,除承受由合成的静载荷、活动载荷所产生的总体弯矩、垂直剪力以及扭矩引起的总应力外,还要承受由静水压力或其他载荷引起的加强骨材支撑之间的局部弯曲,以及加强骨材之间的板的局部弯曲所引起的局部应力。

对于支撑在横向刚性构件之间的船体构件,例如在肋板之间的船底外板,在漂浮状态中,除发生上述纵向总弯曲变形外,由于水压力的作用,还会产生局部纵向弯曲变形,所以对这类构件,其纵向弯曲变形应为总弯曲变形与局部弯曲变形之和。在强度计算中,其弯曲应力也将由相应的弯曲应力叠加而成。

各种平台在不同工况下的受力情况,在以后的各章中,将有详细介绍。

2.1.2 船体总强度与局部强度

上述以船体结构总体受力变形状态（纵向弯曲变形、纵向弯曲应力）为基础进行的船体结构强度校核，叫作船体总纵强度校核。船体的总强度是属于全船性的、总体性的问题。如果船体某一断面上总强度不足，可能造成甲板或船底断裂，甚至引起全船的折断。所以总强度是船体结构设计首先应当保证的。

除此之外，船体结构还有局部强度问题。局部强度与船体结构总体受力变形状态并无直接关系。由局部强度不足引起的某些船体构件的损坏，虽其影响范围一般不属于全船性的，但它往往影响平台的正常作业，在某些情况下，也会扩及整个平台（全船）。例如，桩孔孔壁、开孔构件孔边、泥浆泵舱底部板架、机舱底部板架及机动船，如普通船舶、钻井船等首部要考虑碰撞，尾部推进器产生局部脉动压力等的局部强度都应当给予足够的保证。

船体与沉垫的最大应力，通常发生在风暴存在（或正常作业）状态。虽然船体在拖航漂浮状态下，不是船体总强度的设计控制条件，但它是某些局部结构构件的设计控制条件。

2.2   船体与沉垫的结构组成

船体结构是一个复杂的空间系统，如图 2 - 6 所示（见插页）。由图中可以看出船体结构是由板和骨架（交叉体系）组成的。由钢板及骨架构成的基本构件称为板架。船底、船侧、甲板和舱壁等板架组成整个船体。钢板上必须设置骨架，否则要满足强度和稳定性的要求，就得把钢板的厚度大大增加，这样不仅板太厚不经济，而且不易制造。因此船体上的板离不开骨架，通过骨架使所有的板架能很好地相互连接、相互支持并传递载荷。

2.2.1   外板

一、外板的分布及受力

外板分布

外板指船底部、舭部、舷部外壳板，由许多块钢板焊接而成。由于船体沿肋骨围长的曲率变化较大，钢板的长边通常沿船长方向布置，便于加工成型。

钢板横向的接缝称为端接缝，纵向的接缝称为边接缝。钢板逐块端接而成的连续长板条称为列板。组成船体外板的各列板的名称，如图 2 - 7 所示。位于船底的各列板统称为船底板，其中位于船体中线的

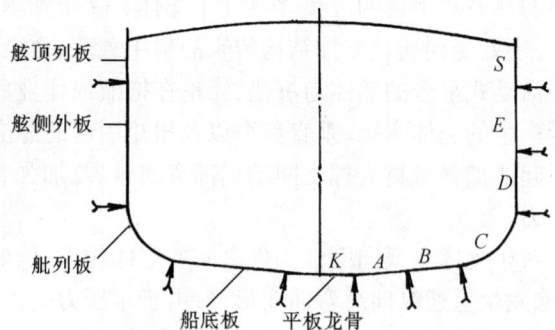

图 2 - 7   外板组成

一列船底板称为平板龙骨。由船底过渡到舭侧的转圆部分称为舭部，该处的列板称为舭列板。舭列板以上的外板称为舷侧外板，其中与上甲板连接的舷侧外板称为舷顶列板。

生产图纸中,一般称平板龙骨为 K 列板,相邻列板为 A 列板,其次的列板为 B 列板,余此类推,直至舷顶列板为 S 列板。甲板与舷侧连接的一列甲板板称为甲板边板。

为了减少上浪及迅速排除积水,船舶的上甲板沿纵向和横向都做成曲线或折线的形状。

外板的受力

1. 总纵弯曲载荷 —— 甲板板与外板作为船体梁的一部分,甲板板与底板作为船体梁上、下翼板,舷侧板作为船梁的腹板,承受总纵弯曲载荷。

2. 横向载荷 —— 外板承受舷外水压力,内部液舱承受液体压力,甲板承受重物压力、上浪压力。

3. 局部压力 —— 首部波浪力,机动船尾部螺旋桨水动压力,漂浮物碰撞,首部的碰撞、搁浅等。

二、外板的厚度

外板厚度主要由强度确定,主要考虑纵、横两种强度,适当考虑局部强度影响并给予局部加强。

外板上的各块钢板因其所在位置的不同,受力也就不同。为了在保证强度的前提下减轻结构重量,外板厚度沿船长方向及肋骨围长而变化,视其所在位置分别选取不同的厚度。

1. 外板与甲板厚度沿船长方向的变化

当船舶总纵弯曲时,弯曲力矩的最大值通常在船中 $0.4L(L$ —— 船长) 的区域内,沿首尾两端的弯矩逐渐减少而趋于零。因此,外板厚度沿船长方向也要相应地变化,一般说来,在船中 $0.4L$ 区域内的外板厚度较大,离首尾端 $0.075L$ 区域内的外板较薄,在两者之间的过渡区域,其板厚可由中部逐渐向两端过渡,如图 2-8 所示。考虑首尾端局部强度,机动船舶首尾端适当加厚。

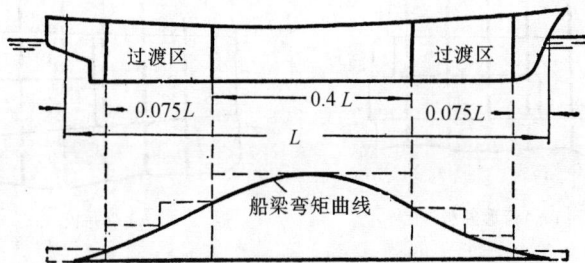

图 2-8 外板厚度沿船长方向变化

为确保总纵强度,船舶进坞或搁浅时的局部强度,以及考虑锈蚀、磨损等因素,平板龙骨的宽度和厚度从首至尾应保持不变。

2. 外板厚度沿肋骨围长的变化

在外板中,平板龙骨和舷顶列板的位置在船梁的最下端和最上端,受到较大的总纵弯曲应力,因此要比其它外板厚些。平板龙骨还承受船舶建造和修理时的龙骨墩或坞墩的反力和磨损,故应比其它船底板加厚;舷顶列板与上甲板相连接,又起着舷侧与甲板之间力的传递作用,故在船中 $0.4L$ 的区域内,舷顶列板的厚度应不小于甲板边板厚度的 $\frac{4}{5}$,且不小于相邻舷侧外板的厚度。

在甲板中,上甲板在总纵弯曲中因离船体梁中性轴最远,应力最大,故较其它下层甲板板厚。沿船宽方向,由于积水腐蚀、向舷侧传递力及甲板中间有许多大开口,如货舱口、机舱口等,只有甲板边板沿纵向连续,作为总纵强度中主要构件需比中间部分厚些。

三、外板的布置

船体外板通常是在肋骨型线图和外板展开图上进行布置的。

1. 外板的边接缝

在确定外板的边接缝时,应考虑到甲板、平台、纵桁、纵骨和内底边板等纵向构件的布置。板的边接缝与纵向构件的角焊缝应避免重合或形成过小的交角,否则会影响焊接的质量。若纵向构件与外板边接缝的交角小于30°时,则应调整接缝改为阶梯形,如图2-9所示。此外,板缝布置与纵向构件在很长一段距离中平行时,其间距应大于50mm。

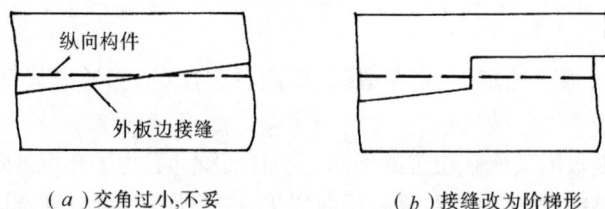

（a）交角过小,不妥   （b）接缝改为阶梯形

图2-9   外板的边接缝

外板的排列须充分利用钢板的规格,尽可能减少钢板的剪裁,减少焊缝数量。

外板的排列应力求整齐美观,特别是在水线以上部分的舷侧外板,应尽可能与甲板边线平行,并保持相同的宽度伸至船的两端。当肋围减小时,一般采取把原有的两列板并成一列板的办法。并板有双并板与齿形并板两种形式,如图2-10所示。

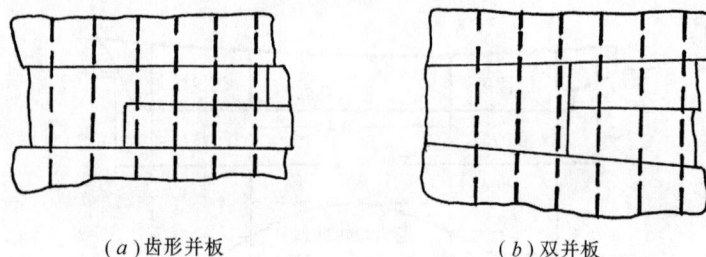

（a）齿形并板   （b）双并板

图2-10   外板的并板形式

并板接缝不宜设在外板的主要列板上或影响美观的地方。通常使平板龙骨、舭列板和舷顶列板的宽度保持不变,而将水线以下的外板进行并板。

2. 外板的端接缝

在确定外板的端接缝时,应考虑到强度及建造工艺上船体分段的布置情况,同时又充分利用钢板的长度。各列板的端接缝应尽可能布置于同一横剖面上,这样有利于减少装配和焊接的工作量,有利于采用自动焊接,并且容易控制焊接变形。

外板的端接缝应布置于$\frac{1}{4}$或$\frac{3}{4}$肋距处,因为板在该处的局部弯曲应力最小,并对端接缝避免承受弯曲变形有利。

外板的各列钢板的长度可根据具体情况而定。通常在船中部分取长些,而在首尾端则取短些。这是由于船体中部的型线曲率不大,可以充分采用长的钢板,而在首尾端型线曲率的变化较大,采用较短的钢板则便于加工。平台的沉垫由于沿长度方向曲率变化不大,外板更易于布置。

2.2.2 甲板板

船舶的主体部分设有一层或几层全通甲板。按自上而下的顺序分别称为上甲板、第二甲板、第三甲板等。

一、甲板板的布置

为了简化工艺,甲板板沿船长方向布置,通常以其边接缝平行于甲板中线,这样的布置方式只有甲板边板的舷侧边缘须加工成曲线边,其余的板均可保持直线边缝,既省加工,又便于焊接,这是现时普遍采用的布置方式。当然,也不排除局部区域采用横向布置,例如首尾端部、船中甲板大开口之间的区域、下层甲板的局部区域等均可根据结构重量、材料利用、板架周界的长宽比等情况选择布置方式——横向布置或纵向布置,如图 2-11 所示。

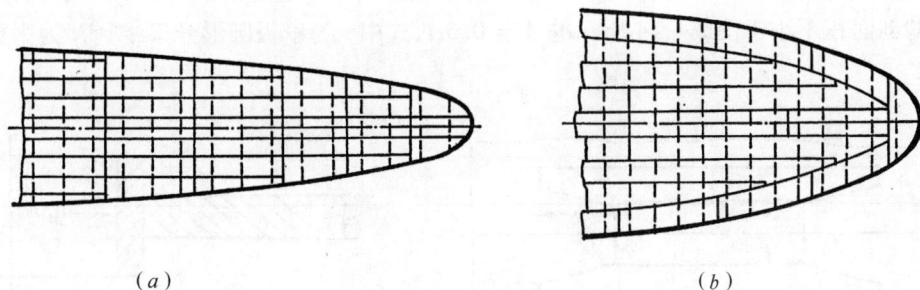

(a)　　　　　　　　　　　　　　(b)

图 2-11　甲板板的布置

甲板板的布置与外板的布置相似,也要涉及到船体强度、构件布置、结构重量、工艺焊接及材料利用率、经济美观诸方面,因此应周密考虑。

二、甲板开口处的加强及甲板间断处的结构

1. 甲板开口处的加强

甲板上的开口破坏了甲板的结构连续性,使甲板的横剖面面积沿船长方向出现突变,当船体总纵弯曲时,在甲板开口的角隅处将产生严重的应力集中现象。由于在中部 $0.4L$ 区域以内船体承受的总纵弯曲应力较大,故必须对一些开口给予加强或补偿;而在该区域以外的开口处,有的采取加强措施,有的可不予补偿。

甲板上的人孔开口,应做成圆形或长轴沿船长方向布置的椭圆形,以缓和应力集中的程度。

矩形大开口的长边通常沿船长方向布置。由于大开口的角隅处应力集中较严重,故角隅应做成圆形、椭圆形或抛物线形。圆形角隅的半径不得小于开口宽的 $\frac{1}{20} \sim \frac{1}{10}$,同时在开口角隅处的甲板板要用加厚板或复板给予加强。加厚板的厚度应较甲板板厚增加 4mm。常用的加厚板形式如图 2-12(a) 和 (b) 所示。如果舱口的角隅采用椭圆形或抛物线形,

则可不必将角隅处的甲板板加厚,但须符合图2-12(c)规定的要求。

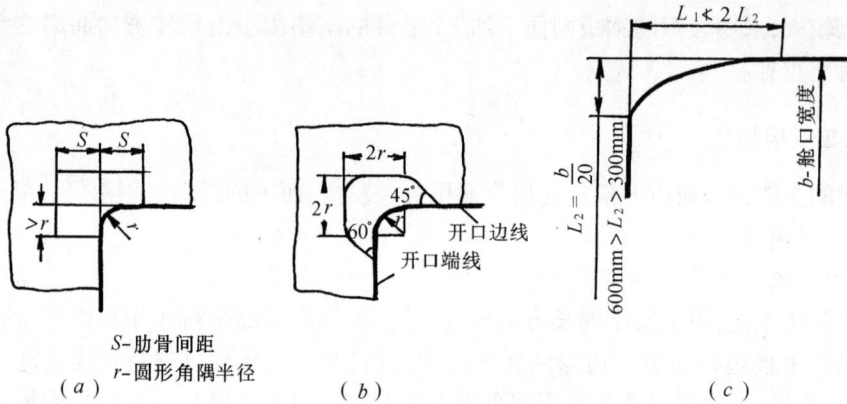

S-肋骨间距
r-圆形角隅半径

（a）   （b）   （c）

图2-12 舱口角隅处的加强

在有些船舶上,增设加厚板不仅是为了减少角隅的应力集中,而且也作为对甲板剖面积被大开口削弱的补偿。在此情况下,沿舱口两侧可设置长条形的加厚板,如图2-13所示。对强力甲板舱口线以外的圆形开口,可采用如图2-14套环形式加强开口边缘,其套环板的剖面积不小于图2-14所示的$A=0.5rt$,式中r为甲板圆形开口半径,t为甲板板厚度。

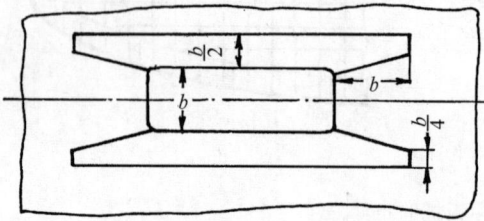

图2-13 矩形大开口处的加强

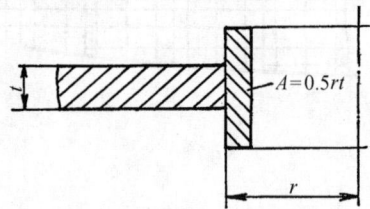

图2-14 甲板开口套环加强

2. 甲板间断处的结构

上甲板以下的各层甲板若有在机舱、货舱等处被切断,这些甲板尽管对保证船体总纵强度的作用不大,但因甲板间断处的结构连续性被破坏,在甲板突变的地方可能产生应力集中,导致结构破坏。因此,在甲板间断处应增设舷侧纵桁,且在过渡处用尺寸较大的延伸肘板加以连接。

对于平台甲板的末端,同时采用尺寸较大的弧形肘板逐渐延伸过渡。该弧形肘板的长度应延伸几个肋距,如图2-15所示。

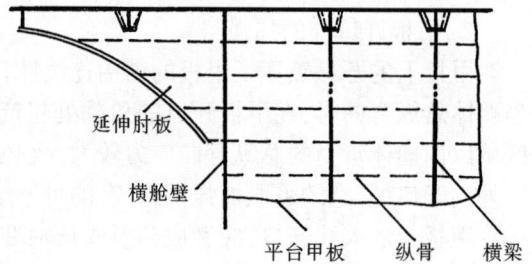

图2-15 平台甲板末端处的结构

2.2.3 骨架

一、骨架形式

船体中沿船长方向布置的构件称为纵向构件,如纵骨、纵桁等;沿船宽方向布置的构件称为横向构件,如横梁、肋板等。如果船体结构的某一部分(如船底、舷侧、甲板等),横向构件布置得密、间距小,而纵向构件布置得稀、间距大,则这一部分结构的布置方式称为横骨架式,如图 2 – 16(a)所示;如果船体结构的某一部分纵向构件布置得密,间距小,而横向构件布置得稀、间距大,则这一部分结构的布置方式称为纵骨架式,如图 2 – 16(b);如果纵横向构件布置的间距接近相等,这种骨架称为纵横骨架式,如图 2 – 16(c)。布置密的构件也称主向梁。

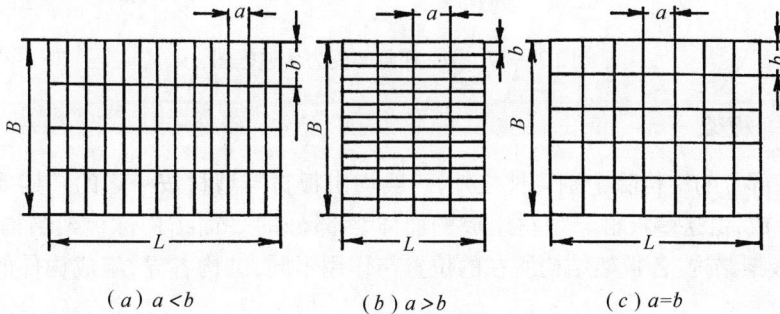

(a) a<b   (b) a>b   (c) a=b

图 2 – 16 船体骨架形式

二、骨架特点及应用

就整个船体来说,如果船体各部分都是由横骨架式结构组成的,就称为横骨架式船体;如果船体各部分都是由纵骨架式结构组成的,就称为纵骨架式船体。船体与活动式平台的上层平台或沉垫,有的一部分结构采用横骨架式,另一部分结构采用纵骨架式,即为纵横混合骨架式结构。例如上甲板和船底采用纵骨架式结构,舷侧采用横骨架式结构,或者船中段采用纵骨架式结构,首、尾采用横骨架式结构。结构的布置方式主要应根据船体纵强度和横强度的要求,使用及施工建造等方面具体情况综合考虑。以船底板架为例,当船底板架上只受水压力作用时,直接承受水压力的构件是外底板,外底板将水压力传给骨架(纵骨、肋板、船底纵桁、龙骨),然后再传到骨架的支撑周界(横舱壁、舷侧)上去。纵、横骨架受力传递过程可用图 2 – 17 进行比较。

由纵、横骨架的比较可以看出,它们之间的主要区别在于:不同骨架构件布置的方向不同,保证船体纵强度和横强度的要求不同。

从强度考虑,纵骨架式布置大量纵骨,其船体或沉垫梁剖面模数大,有利于总纵强度,因此对于大中型细长的船体与沉垫采用较多,而横骨架式结构横向构件较多,横向强度好,首尾采用横骨架式,其局部强度较好,肥大短粗型船体及甲板大开口船,其横向强度难以满足,因此采用横骨架式,以提高横向强度。

从工艺性考虑,横骨架式优于纵骨架式。

从使用性考虑,一般运输船、客货船及小型船采用横骨架式,而液体船用纵骨架式便于清理,采用纵骨架式较好。

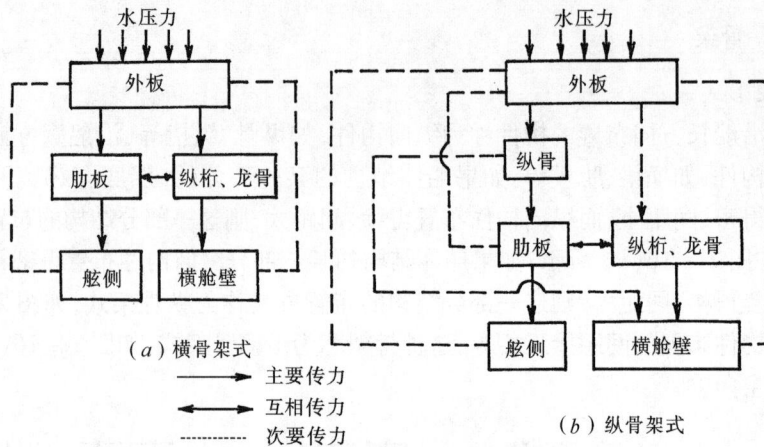

（a）横骨架式

→ 主要传力
←→ 互相传力
----- 次要传力

（b）纵骨架式

图 2 - 17　纵、横骨架受力传递框图

2.2.4　板架

船体各部分的结构除个别构件之外,一般均由板材与型材按一定的结构要求组合并坚固连接而成,由这些板材与型材组成的船体各部分的平面结构称板架结构,如图 2 - 18 为典型板架结构。各板架结构所在的位置与作用不同,结构各异,组成构件的名称也就各不相同。

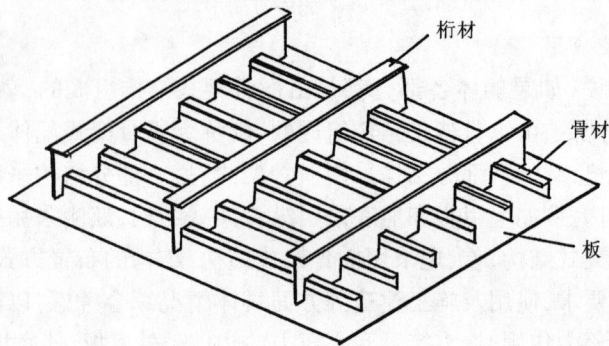

图 2 - 18　板架结构

一、底部板架结构的基本构件

如图 2 - 19 及图 2 - 20 所示。

外底板(船底板)是船体两侧舭部之间的船底外板的总称。船底中央的一列板称平板龙骨;平板龙骨左右两侧的列板称龙骨翼板;舭部的列板称舭列板;其余各列板均称船底板。

内底板是内底铺板的总称。其中,内底板左右两侧与外板相连接的列板称内底边板;其余各列板均称内底板。

船底的纵向型材根据单底船与双底船的区分而有不同的名称。

在单底船上,位于船体中央平板龙骨上的纵向大型材称中内龙骨;在中内龙骨左右两侧的纵向大型材称旁内龙骨,如图 2 - 19 所示。

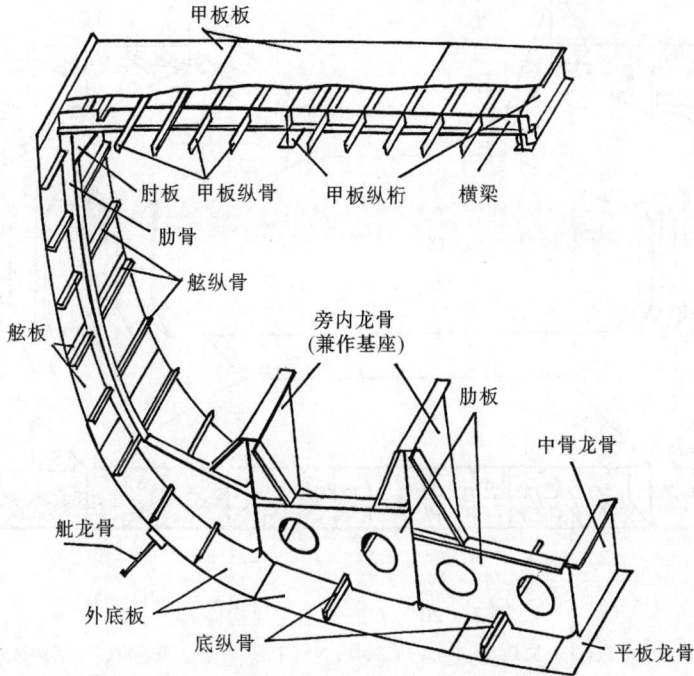

图 2 - 19   单底结构主要构件

在双底船上,位于船体中央平板龙骨上的纵向大型材称中底桁;在中底桁左右两侧的纵向大型材称旁底桁,如图 2 - 20 所示。

当船底板架结构为纵骨架式时,外底板上的纵向小型材称船底纵骨;在内底板下表面的小型材称内底纵骨。

船底的横向型材总称为肋板。根据其作用与结构的不同,可细分为主肋板、框架(组合)肋板、水密(油密)肋板。

此外,为减小船舶在航行中的横摇,在舭板的外表面纵向安置的板状结构称舭龙骨。

二、舷侧板架结构的基本构件

舷侧板是舭板以上的船舷外板的总称。舷侧板上缘与上甲板连接的舷侧列板称舷顶列板。在水线区域的舷侧板称水线列板(抗冰列板)。

船底与舷侧板构成船体外壳,总称为外板。

舷侧的横向型材:肋骨是支持外板与保持船形的横向骨架的总称。根据其结构强度尺寸、所在位置及作用等的不同,可细分为强肋骨、主肋骨、中间肋骨、甲板间肋骨与尖舱肋骨等。

舷侧的纵向型材:在舷侧板上纵向安置的尺寸较大的型材称舷侧纵桁。尺寸较小的型材称舷纵骨。通常在纵骨架式结构中才有舷纵骨。

三、甲板板架结构的基本构件

如图 2 - 19,图 2 - 20 中所示。甲板是由板与型材组成的板架结构的总称。甲板板是甲板铺板的总称。甲板左右两侧与舷顶列板相连接的一列甲板板称甲板边板。用铆接方法时,连接甲板边板与舷顶列板所用的角钢称舷边角钢。

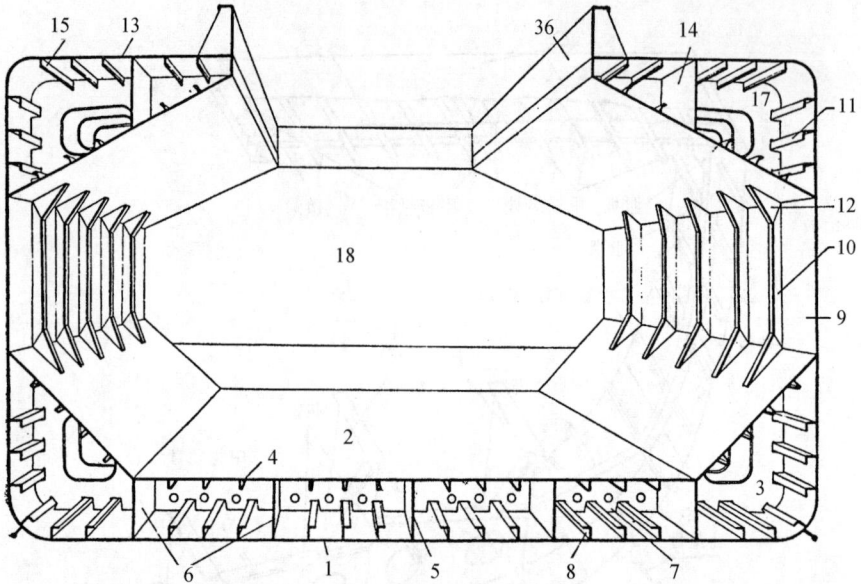

图 2 – 20 双底结构主要构件

1—船底板；2—内底板；3—底边舱；4—内底纵骨；5—中底桁；6—旁底桁；7—肋板；8—船底纵
骨；9—舷侧外板；10—肋骨；11—舷侧纵骨；12—肘板；13—甲板；14—甲板纵桁；15—甲板纵骨；
16—舱口围板；17—顶边舱；18—横舱壁。

甲板的横向型材:甲板板下表面安装的横向型材称横梁。根据其结构尺寸大小及所在
位置不同,又有强横梁、横梁、舱口梁及半梁等。

甲板的纵向型材:在甲板下表面纵向安置的尺寸较大的型材称甲板纵桁;尺寸较小的
型材称甲板纵骨。通常在纵骨架式甲板结构中才有甲板纵骨。

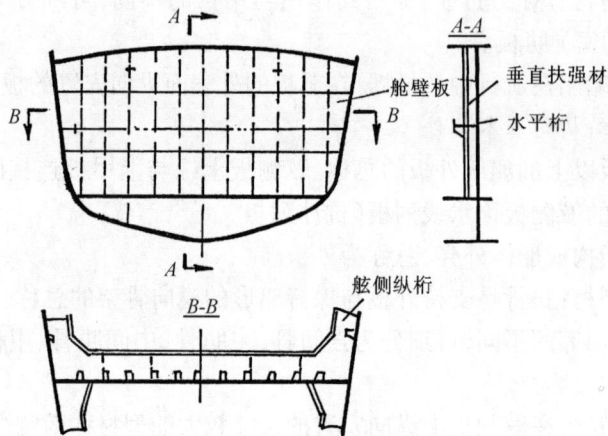

图 2 – 21 舱壁构件

四、舱壁板架结构的基本构件。

如图 2 – 21 所示,舱壁板架由舱壁板及舱壁型材构成。舱壁结构中所用的板材称舱壁
板。舱壁型材:横舱壁板上垂直或水平安置的小型材称扶强材;垂直安置的大型材称竖桁,

通常在舱壁中央安置;在舱壁上水平安置的大型材称水平桁。

以上所述是船体(沉垫)结构中的基本构件。此外,在船体的各部分结构中尚有一些构件均有统一的专业名称,将在学习各部分的具体结构时再逐渐熟悉。

2.2.5 船体(沿垫)中的箱形结构

一些箱形主桁(强承载结构)可以成为自升式平台船体的主体构架。半潜式平台等其它平台的甲板也有采用箱形组合体。从装载布置上考虑,一般是将平台或船体大部分装载重量集中在这些箱形主桁范围以内或尽量靠近箱形主桁。

一、方驳形

具有四条桩腿的自升式平台的上层平台及半潜式平台的下体(沉垫)一般采用方驳形。平台结构多采用混合骨架式。一般相邻两个桩腿之间用加强的箱形主桁相连,如图 2 – 22 中带斜线的部分。箱形主桁(也称强承载结构)是连接桩腿围阱

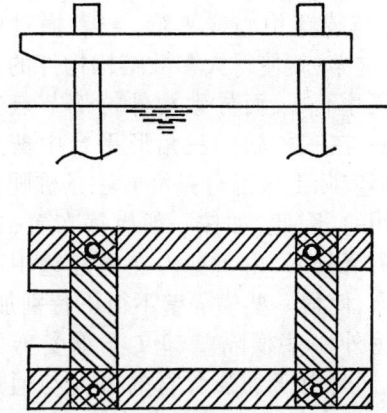

图 2 – 22 平台主桁布置图

的强力结构,是船体的一部分,通常由底部、舷侧、强力甲板及沿主桁长度方向的内侧壁或水密舱壁结构所组成。典型方驳形箱形结构横剖面如图 2 – 23 所示。

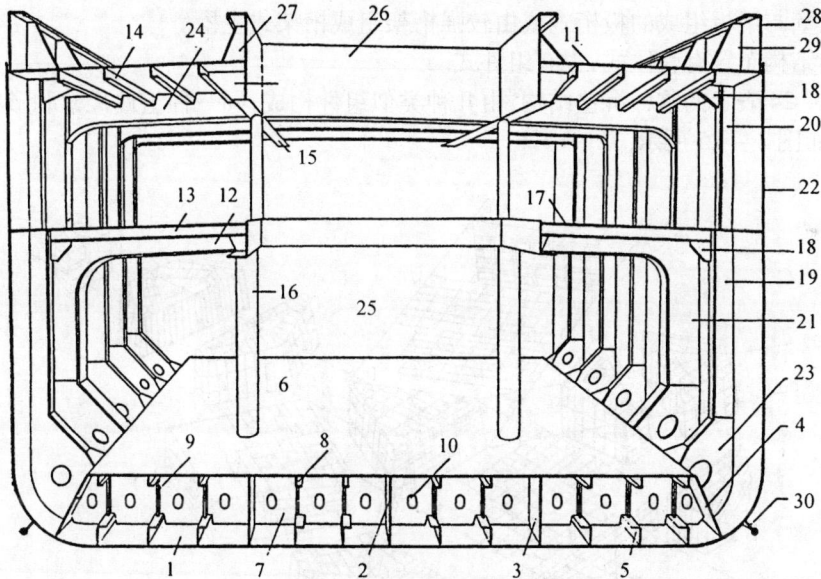

图 2 – 23 典型横剖面结构

1—底板;2—中底桁;3—旁底桁;4—内底边板;5—底纵骨;6—内底板;7—肋板;8—内底纵骨;9—加强筋;10—减轻孔;11—上甲板;12—强横梁;13—横梁;14—甲板纵骨;15—甲板纵桁;16—支柱;17—下甲板;18—梁肘板;19—舱内肋骨;20—甲板间肋骨;21—强肋骨;22—舷侧外板;23—舭肘板;24—舱口端横梁;25—横舱壁;26—舱口围板;27—肘板;28—舷墙;29—扶强肘板;30—舭龙骨。

二、其他形式

除矩形方驳船体外,亦广泛使用三角形沉垫、五角形、"V"字形等。建造三角形沉垫,不能采用上述的布置形式(即纵式、横式或者纵横混合式)。因一般的纵横结构系统,会使主隔壁、桁材和加强骨材,都在一个方向上,与装置中心线平行,或者横对中心线。这样,就使得大多数结构构件的长度和尺寸不一,而导致构件端部节点变化不一。在三桩腿的三角形平台中剪力和弯矩实际上大部分是沿着三条桩腿连线作用的。因此,如按一般纵横布置,在大多数情况下,由于剪力在横隔壁中间的分布,使得一些横隔壁不得不特别加强,而另外一些横隔壁却又不承受剪力载荷。同时由于加强骨材的方向与通过平台传递力的方向成斜角多为30°或60°角,因此,在总强度计算时,加强骨材的

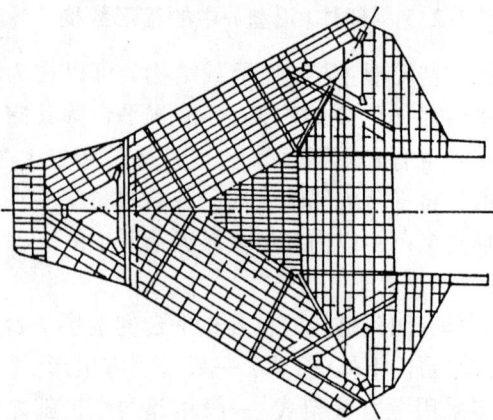

图2－24　组件式沉垫结构

总截面面积只能有部分起作用,所以这样就要求更厚的钢板。基于以上分析,美国斯堪狄尔公司提出了如图2－24所示结构设计方案。

该平台的主桁(强承载构件)方向是桩腿的连线方向。

一般情况下,主桁长度方向应是桩腿连线方向,主桁可以是一个箱形,也可以只有一个垂直舱壁与甲板组成的板桁式或由较强桁架组成桁架式主桁。

沉垫结构布置有整体式,也有组件式。

图2－24表示的这种沉垫结构,由几种类似组件构成,同一种组件尺寸和形状是完全相等的,如图2－25所示。

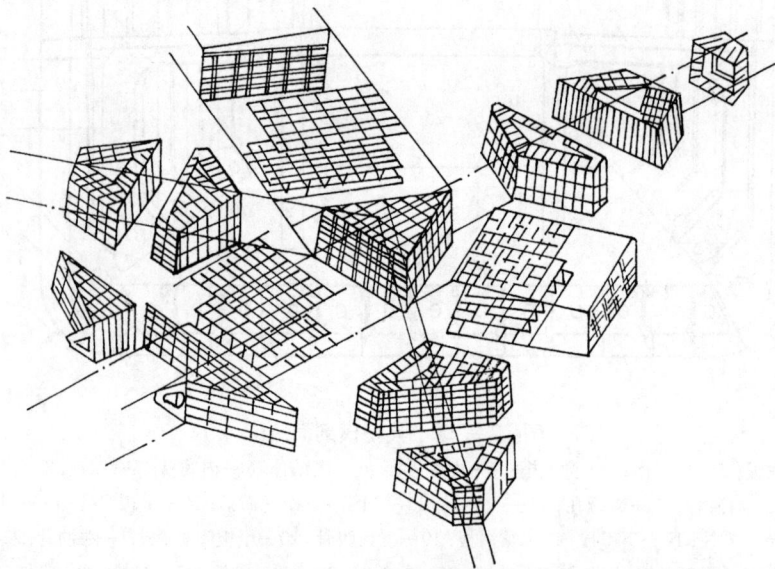

图2－25　组件装配图

组件由部件构成,它允许尽可能使用相同部件。由于特殊节点最少,因而大大加快施工进度。组装工作一般以中心三角形组件为起点,先装配三条边上的相同形状的矩形组件,然后装配三块相等的五边形组件,继而装配桩腿围阱组件和钻井槽组件。主要组件可根据船厂的条件,再细分为双层部件、舱壁和甲板部件等。组件装配的沉垫仍然是一个整体结构。

这种结构的主要优点是,不仅舱壁剪力分布合理,而且由于底板及甲板加强骨材的布置方向与桩腿连线平行,所以在抵抗平台弯曲力矩时能充分发挥作用。

2.2.6 船体与沉垫基本构件设计

一般船体设计是在长期积累的经验基础上进行的,已有成熟经验和大量母型结构。但作为活动式平台的主体结构的船体或沉垫,其结构形式如采用一般像船体那样的箱型结构,则往往由于尺寸庞大,而带来建造上的困难;由于保持固定位置的要求,而带来系泊问题,抗滑问题等。进行平台与船体结构设计之前,首先应明确设计任务与要求,然后进行船体与平台结构总布置,选取构件,进行强度校核。

船体(沉垫)结构设计主要任务与要求

船体(沉垫)结构设计是在船体(平台)的主尺度及总布置基本决定后进行的。因为只有完成上述工作之后,才能提供出船体结构设计的依据及基本数据。譬如,在船长 L、桩腿数目及布置给出之后,才便于选取骨架的布置方式。船体结构设计的任务是:选择合理的结构形式,确定构件尺度、材料和合理的连接形式,使船体具有足够的强度与刚度。

船体(沉垫)结构设计的要求:应使船体(沉垫)具有足够的强度、刚度,良好的技术经济性能,结构合理,重量轻。力争增大承受可变载荷,最大限度地满足使用效能方面的要求。

所谓结构合理性,是既保证强度与重量有良好统一性之外,还需保证结构的连续性。如果结构不连续(即存在突变或强力构件突然终止),就会产生应力集中(即应力在结构不连续处突然加大到几倍),应力集中容易引起裂纹以至扩大破坏面。即使在一般情况下不致引起裂纹,但在低温及材料选得不恰当时,可能产生"低温脆断"破坏。

不能只追求减轻结构重量,而忽视使用要求。如在泵舱内设置较多的支柱,虽然可使结构重量减轻,但却导致舱容分隔过小,使用不方便;又如在设计浅海钻井平台时,在保证结构强度、刚度的基础上,力争减少船体结构重量,主要是为了满足使用要求,因重量轻吃水小,才能在浅海使用。

设计中要考虑船体与平台结构的工艺性,例如构件尺寸及各种开孔、切口尺寸尽可能统一,以便于施工,双层底内的空间及各种人孔尺寸应尽可能大些,以有利于施工和维修。

2.3 底 部 结 构

船体(沉垫)底部结构由底部板与骨架组成。它是整个船体与平台结构的基础。有些船体(沉垫)只有一层底部,称为单底船(沉垫)。有的船体在底部骨架上再铺设一层保持紧密的钢板,形成第二层底部板,称为双底船(沉垫)。

单底结构只有一层底板,结构简单,施工方便,大多用于小型船或中型船的首尾端。

双层底除了底板外,还有一层内底板,当底部在触礁或搁浅等意外情况下遭到破损时,双层底能保证船舶的安全。双层底舱的空间可装载燃油、润滑油和淡水,或用作压载水舱。除油船外,大多数海船从首尖舱舱壁到尾尖舱舱壁都采用双层底,小型船舶仅在机舱等局部区域采用双层底。半潜式平台的沉垫既有单底也有双底。

2.3.1 外力及结构形式

一、作用于底部结构的主要外力

(1)船体总纵弯曲时底部纵向连续构件(如中底桁、旁底桁、底纵骨及底部板,有内底时还包括内底板及内底纵骨),将承受比较大的拉伸力或压缩力。

(2)经常性横向载荷:如水压力、机械设备等的重力。

(3)动力载荷:如机舱区域及泵舱的底部将受到机器的振动载荷及机械不平衡运转时产生的惯性力等。

(4)偶然性载荷:如搁浅、擦底时的碰撞力。

上述(1)、(2)两种外力是底部结构设计的主要依据。

二、底部的结构形式

根据底部的骨架形式及底部是否有内底两种情况,底部的结构形式分为四种类型,即单底横骨架式、单底纵骨架式、双底横骨架式与双底纵骨架式。各种结构形式的组成构件及其一般适用范围,列于下表2-1中。

表2-1

分类		主 要 构 件		
		横 向 构 件	纵 向 构 件	一般应用范围
单底	横骨架式	主肋板,每档设置肋骨(有的间隔安置组合肋板)	中内龙骨 旁内龙骨	小型船及大中型船首尾端部。
	纵骨架式	主肋板	中内龙骨、旁内龙骨、底部纵骨	小型船、大中型沉垫(船)的双底以外区域。
双底	横骨架式	主肋板,每档设置肋骨(或每隔一档、二档、三档设置肋骨),组合肋板,水密肋板	中底桁、旁底桁	辅助船舶 民用船舶
	纵骨架式	主肋板 水密肋板	中底桁、旁底桁、内底纵骨、外底纵骨	大中型沉垫(船),民用船舶

2.3.2 横骨架式底部结构

横骨架式底部结构有单底与双底两种情况。

一、单底横骨架式底部结构

1. 单底横骨架式底部结构形式

如图2-26所示。这种底部结构由中内龙骨、主肋板、旁内龙骨组成。

2. 各组成构件的布置

(1)主肋板:这是单底船(沉垫)底部骨架中横向构件。应按每档肋骨位置设置,一般其间距应为0.5m~0.7m,随船的大小和肋板所在的区域不同而改变。底部中部主肋板向

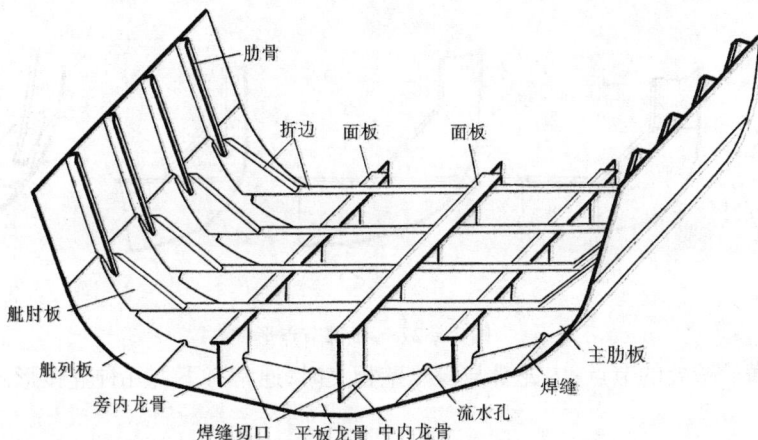

图 2 - 26　单底横骨架式底部结构

两舷延伸的腹板高度可逐渐减小,但在舭部区域,因肋板受剪切力较大,必须有足够的腹板面积,故要求在离中线面 $\frac{3}{8}B$(船宽) 处的腹板高度不得小于中线面处腹板高度的 $\frac{1}{2}$,其目的是保证该处肋板的强度与刚度,以防止其发生破坏。

主肋板是这种底部(沉垫)结构中的重要构件,它所受的最大弯矩 $M = (1/8 \sim 1/12)S \cdot d \cdot B^2$,($S$ - 肋距,d - 吃水深,B - 船宽)。如果材料一定,$[\sigma]$ 为已知,则所需要的剖面模数 $W = \dfrac{M}{[\sigma]} = \dfrac{(1/8 \sim 1/12)S \cdot d \cdot B^2}{[\sigma]} = k \cdot S \cdot d \cdot B^2$,由此可知,肋板的剖面模数 W 与肋距 S、水柱高度 d 及船宽 B^2 成正比关系。

为了保证肋板具有一定的刚度以防止发生变形,它的高度通常取肋板跨距的 $\frac{1}{20}$ 左右,或按规范要求取。

主肋板通常作成 T 型,也可用折边板,但因剖面形状不对称,其抗弯强度与刚度均比 T 型材差,一般用于较小船舶。

(2)中内龙骨:它通常是连续贯通船长(仅在首尾端可在肋板处间断),除参与总纵弯曲及底部板架的局部弯曲而在总纵强度及局部强度中起作用之外,还起着联系肋板,防止其歪倒及承受坞墩木反力的作用。通常它的高度与主肋板相同,但其面板面积至少为肋板面板面积的 1.5 倍。中内龙骨的厚度要由强度计算确定。

(3)旁内龙骨:在中内龙骨两侧可布置 1 ~ 2 根,间距尽可能均匀分布,在首尾两端可逐渐减小间距。它起着联系肋板,防止其歪倾,承受和分散偶然性集中载荷的作用,并将其传递到更多的肋板上。通常它是间断地设置在肋板之间。

为了便于构件之间相互连接以利于传递外力,也为了简化结构,应尽可能与甲板纵桁布置在同一平面内。这样,不仅便于布置支柱,也便于使甲板纵桁、舱壁扶强材与旁内龙骨组成封闭的纵向框架,能更好地相互支持与传递外力。

旁内龙骨的尺寸一般以主肋板为准,取同样的高度及厚度。

3. 各构件的连接

(1)舭部节点:主肋板与肋骨下端一般采用舭肘板连接。常用的连接形式如图 2 - 27

所示。

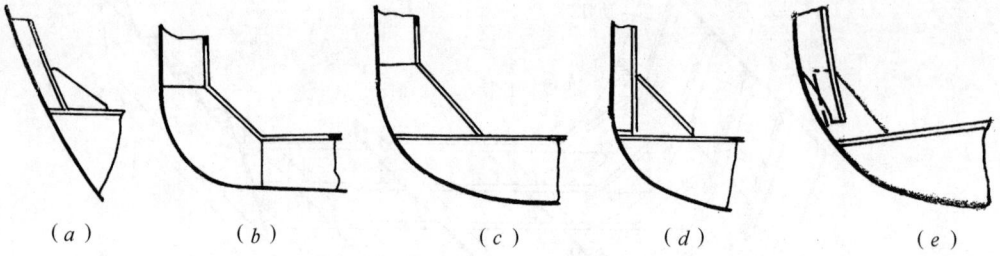

（a）　　　　　（b）　　　　　（c）　　　　　（d）　　　　　（e）

图 2 - 27　舷部节点形式

（2）横舱壁处的节点：内龙骨与横舱壁相交时，通常有下列几种连接形式，如图 2 - 28 所示。

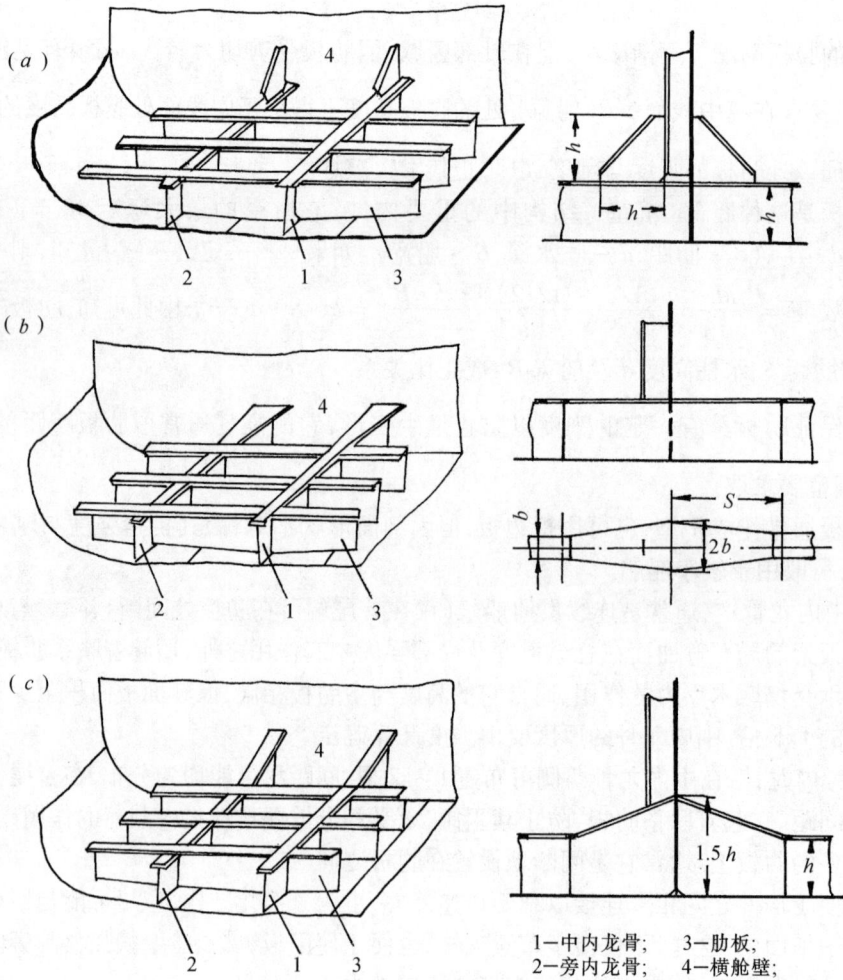

1—中内龙骨；　　3—肋板；
2—旁内龙骨；　　4—横舱壁；

图 2 - 28　龙骨与横舱壁的连接

① 用带有面板或折边的肘板将内龙骨与舱壁连接。肘板的厚度与内龙骨腹板厚度相

同,高度为$(1 \sim 1.5)h$。中内龙骨的面板通常在舱壁处间断,而腹板则可连续,也可间断。旁内龙骨通常是间断的,如图2-28(a)所示。

②将内龙骨的面板在一个肋距内逐渐加宽一倍,与舱壁连接,而腹板仍与上述相同,如图2-28(b)所示。

③将内龙骨的腹板在一个肋距内逐渐升高至$1.5h$,直接与舱壁连接,如图2-28(c)所示。

除上述三种形式之外,尚有内龙骨腹板连续通过舱壁,而面板间断的连接形式,或者舱壁上开孔,让内龙骨连续通过的连接形式。

为了减轻结构重量,在主肋板与旁内龙骨腹板上可开圆形或椭圆形减轻孔。孔的直径或高度不应超过腹板高度一半。孔的尺寸开大了,腹板容易丧失稳定。为此,开孔边缘应焊接扁钢圆环或安装加强型材。

在首端部及船型尖瘦具有升高肋板的小型船上,肋板与肋骨可直接对接或搭接而不需安装肘板。

中内龙骨及直接位于支柱下面的肋板和旁内龙骨上,不允许开孔,以防腹板因受剪切而失稳,必要时该处还须加强。

二、双底横骨架式底部结构

主尺度较大的船,在船中部分的底部骨架上铺设有内底板,两端的部分与上述单底结构相同。设置内底的目的在于提高船的抗沉性以增强船舶的生命力。此外在底舱内还可装油、装水,也可起压载舱的作用,提高船的稳性。当内底长度较大时($\geqslant 0.15L$),可将其计入船体(沉垫)梁剖面面积之内,参与抵抗总纵弯曲。同时,对船体(沉垫)横向强度及局部强度也有利。但是,为便于施工及使用、维修,内底与外底之间必须有一定高度,根据当前的工艺条件,此高度不得小于$0.7m$。

1. 双底横骨架式底部结构形式:这种底部结构通常由肋板、中底桁及旁底桁组成,如图2-29。肋板一般有主肋板、水密肋板、组合肋板三种形式,如图2-30所示。

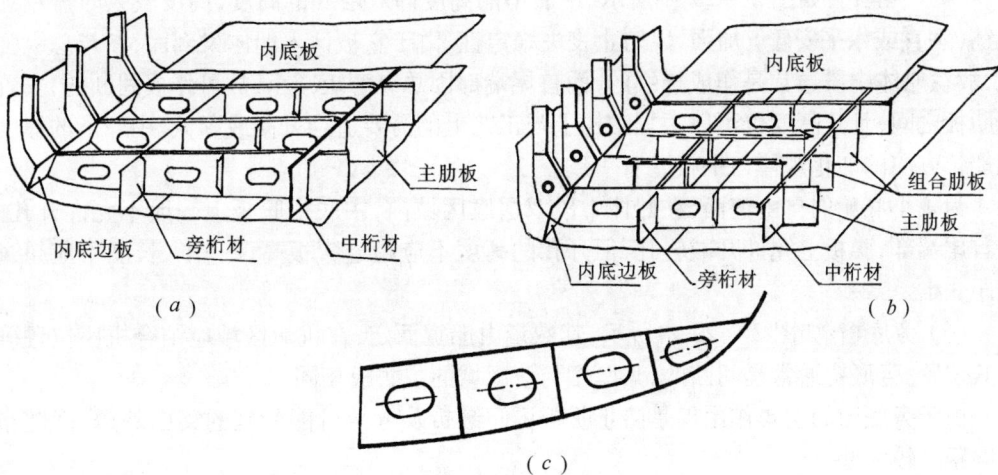

图2-29 双底横骨架式底部结构

2. 各构件的布置与结构

（1）主肋板：肋板的间距与肋骨间距一致，在受力较大的区域，如机舱区域及支柱、推力轴承等处，应每一肋距均安置主肋板。其它区域至少2～4个肋距设置一档主肋板，与组合肋板交替布置。

主肋板由钢板制作，如图2－30（a）所示。由于有内底，肋板的高度与内底一致，仅肋板的厚度须由强度计算确定。当肋板高度较大时，应安置加强筋（垂直的或水平的）以提高其稳定性。主肋板中央应开人孔，而四角应开流水孔和通气孔（可由焊接切角代替）。为使肋板不致因开人孔而削弱强度，根据实际需要可以补强。由于肋板两端所受剪切力较大，为不减弱肋板的抗剪强度和刚度，故开口应慎重考虑。否则，开口所减小的重量不多，而强度与刚度的损失却较大，往往是得不偿失。

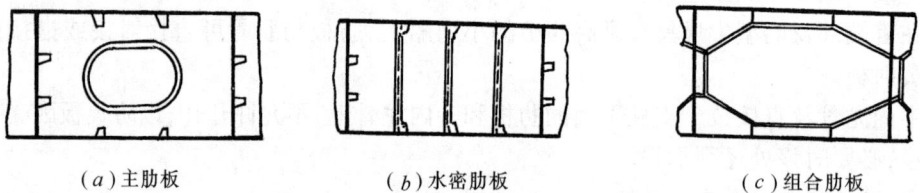

（a）主肋板　　　　　（b）水密肋板　　　　　（c）组合肋板

图2－30　肋板结构

（2）组合肋板：通常用几块肘板组合而成，如图2－30（c）所示。也有用底部肋骨、内底横骨（梁）与肘板组成框架式。当肘板高度大于0.8m时，这些肘板应有面板或折边，其厚度与主肋板相同，折边宽度为厚度的10倍。为减小组合肋板的跨距，在其跨中应安置中间撑柱。大型船采用组合肋板，可有效减少钢材重量。

（3）水密或油密肋板：如图2－30（b）所示。通常在横舱壁下面安置，其它位置应根据分舱的需要确定。其厚度至少与主肋板相同或加厚1～2mm以防腐蚀损耗。当其高度大于0.9m时应设置垂直加强筋，间距不大于0.9m。

（4）中底桁：如图2－29中所示。中底桁的高度即双层底的高度，高度较大时需用加强筋（垂直或水平安置）加强，以防止丧失稳定性。由于它被计入船体梁剖面，参与总纵强度，故在船体中段通常是作成连续的，而首尾端部因总纵弯矩减小，故可作成间断的，安置于肋板之间，且其高度也可以根据结构上与工艺上的需要适当升高或降低。中底桁的厚度在船长方向的变化规律与平板龙骨一致。

为减小底舱的自由液面，在船体中段双层底区域内，中底桁腹板上一般不允许开孔。在首尾端部，腹板上允许开减轻孔，但开孔的高度不应超过腹板高度一半，长度不应超过肋距一半。

（5）旁底桁：如图2－29中所示。其数量由船宽而定，在机舱区域应结合机座位置确定其位置。旁底桁通常是间断的，其厚度与该区域的主肋板相同。

由于旁底桁的主要作用仅是防止肋板歪倾皱折及分散可能受到的集中外力，因此布置间距可较大些。

旁底桁上可根据需要开人孔与减轻孔，开孔高度不得大于旁底桁高度一半，长度不得超过肋距一半。在靠近横舱壁处与中底桁一样不允许开孔，因该处的剪切力较大。

旁底桁虽然是间断地安置于肋板之间，但在向首尾两端延伸过程中可以在横向刚性构件上转折或结束。端部结束时应逐渐降低高度,减小剖面,不应突然终止以免引起应力集中。

2.3.3 纵骨架式底部结构

这种骨架形式的底部板架结构由中底桁(中内龙骨)、旁底桁(旁内龙骨)、主肋板及纵骨组成。由于船的类型、用途及主尺度不同,又有单底结构与双底结构之分。

1. 纵骨架式单底结构:如图2-31所示。这种结构形式广泛应用于小型船舶及大中型船舶双层底区域以外的底部结构。

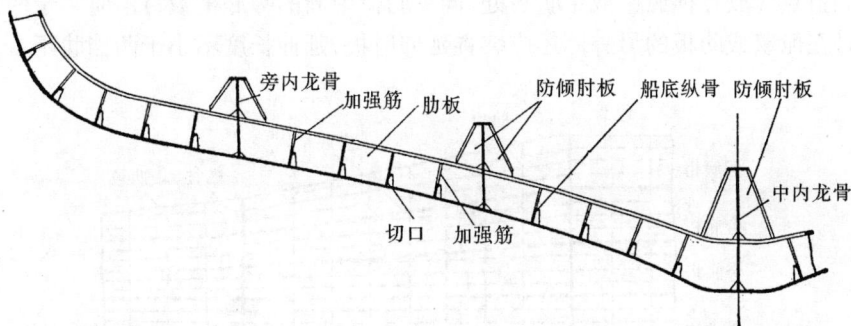

图2-31　单底纵骨架式底部结构

在小型船舶上肋距通常约为1.0m~1.5m,纵骨间距为0.3m~0.6m,考虑到焊接变形和施工方便起见,最小间距不得小于0.25m~0.4m,视船舶大小而定。旁内龙骨的间距一般约为1m~2m,每舷有1~3根,随船宽大小而定。

2. 纵骨架式双底结构:如图2-32所示。这种结构形式用于大、中、小各型船的双层底区域。

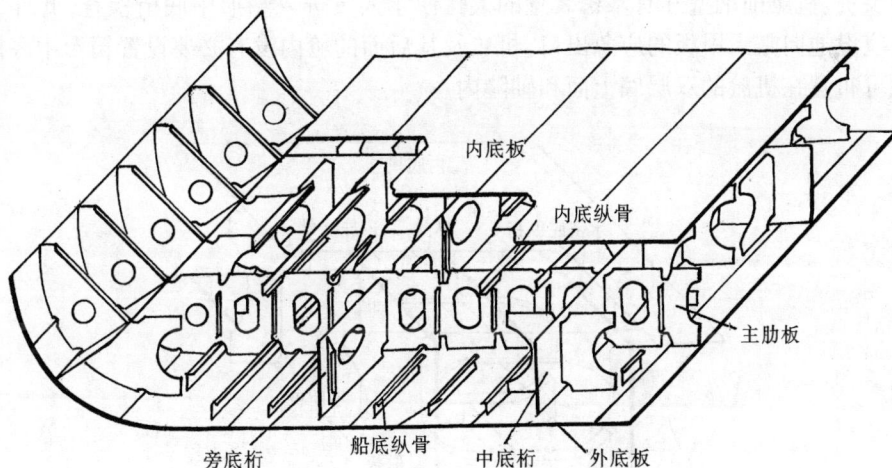

图2-32　双底纵骨架式底部结构

肋骨间距通常约为1.0m~2.0m,内底及外底板上的纵骨间距约为0.4m~0.7m,最小不得小于0.3m。在这种底部结构中,肋板通常均为主肋板,很少采用组合肋板。因为组合肋板强度较差,不能支持纵骨。

3. 各构件的布置与结构

（1）中底桁（中内龙骨）与旁底桁（旁内龙骨）

中底桁是水密的连续构件。因为纵骨架式的肋板间距比横骨架式的大，所以在两肋板之间的中底桁的跨距较大，其两侧应设置一对通达邻近纵骨的肘板来加强它的刚性。水密的中底桁在肘板与肋板之间还应设垂直的加强筋。

旁底桁为非水密构件，它垂直于基线面或底板，并在肋板处间断。

旁底桁的布置应考虑在船长方向保持延续，见图2-33。船中区域旁底桁平行于中线面布置，靠近首尾区域随着船宽减小，旁底桁改为折线形布置，并逐渐减少旁底桁的数目，旁底桁的折点应放在横舱壁或主肋板处。同一肋位中断的旁底桁数目不应多于两道。旁底桁中断时在舱壁或肋板的另一侧还应装置延伸肘板，延伸长度不小于两档肋距。

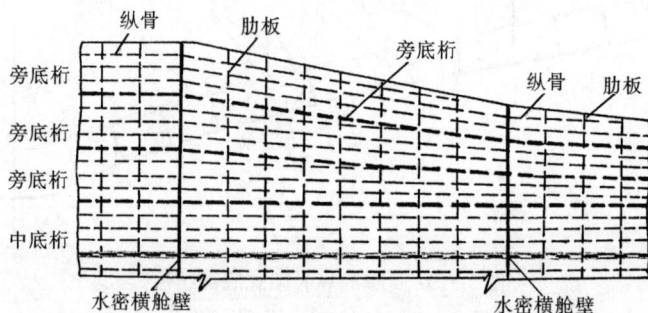

图2-33 底纵桁与纵骨的布置图

（2）箱形中底桁

有些船舶在双层底中线面处设置箱形中底桁，这是一道沿船长方向水密的内部通道，通常从防撞舱壁通向机舱前端壁。箱形中底桁主要用于集中布置管系，避免管系穿过货舱而妨碍装货。机舱前端壁开有水密装置的人孔便于人员进入箱形中底桁检查，此外，箱形中底桁应设通向露天甲板的应急出口。机舱及其后面的舱内没有必要设置箱形中底桁，因为管系可布置在机舱的双层底上面和轴隧内。

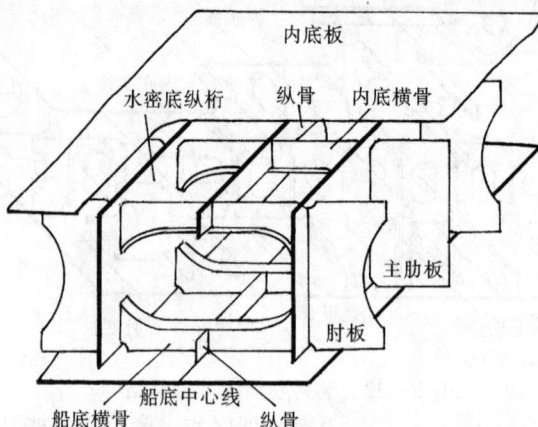

图2-34 箱形中底桁

箱形中底桁是由两道水密的侧板(底纵桁)和内外底板、骨材等组成,如图2－34所示。侧板的厚度与水密肋板相同,两侧板的距离不大于2m。对侧板间距的限制是因为在船舶进坞时必须保证底纵桁能搁置在墩木上。为了补偿横向强度的削弱,箱形中底桁区域的底部板和内底板应增厚。横骨架式结构的箱形中底桁的每个肋位上应设环形框架或底部横骨和内底横骨。横骨的跨度中央设间断的纵向骨材。纵骨架式结构的箱形中底桁在每档主肋板处设置环形框架或内、外底横骨。与侧板连接的横骨端部其腹板高度应增大。

箱形中底桁端部与中底桁的衔接处,至少应有不小于3个肋距的相互交叉过渡区以保证结构纵向的连续性。

箱形中底桁有两种结构布置形式,如图2－35所示。其中,图(a)为一道侧板位于中线面上,另一侧板偏向船的一舷,采用环形框架的形式;图(b)为对称于中线面的箱形中底桁,采用内、外底横骨的形式。

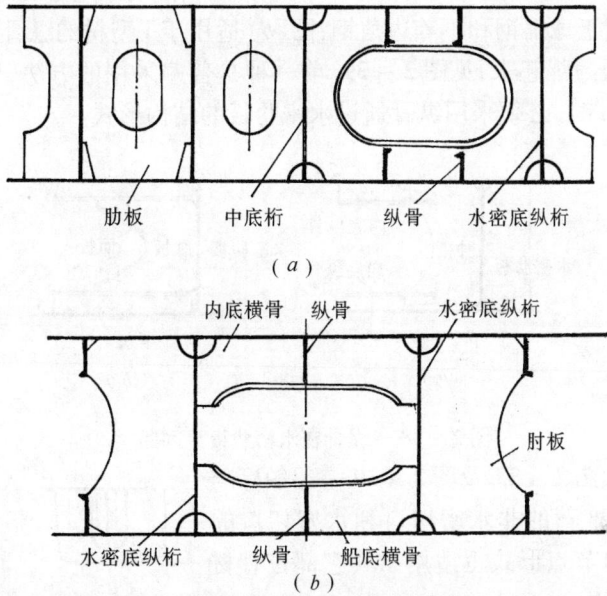

(a)

(b)

图2－35　箱形中底桁的不同形式

(3) 纵骨

纵骨分为内底纵骨和底部纵骨,沿船长方向和中底桁平行,并在船宽方向均匀设置。纵骨由型钢制成,最常用的是球扁钢。内底纵骨的剖面模数为底部纵骨的0.85倍。习惯上将纵骨型材的凸缘朝向中线面,但是邻近中底桁的那根纵骨应背向中线面,这是为了便于安装中底桁两侧的肘板。

靠近首尾端随着船宽减小,纵骨的数目也相应减少,但不允许较多的纵骨在同一肋位上间断,应该用逐渐过渡的形式来减少纵骨的数目,见图2－33。

为了使纵骨连续贯通,在肋板上开切口让纵骨通过,切口的大小和形状与所用的骨材有关,开口的尺寸在有关标准中有具体的规定。图2－36所示为骨材穿过板材的通用节点形式,其中图(a)为扁钢;图(b)为球扁钢;图(c)为不等边角钢;图(d)为T型材。在切口处骨材腹板的一侧与板材焊接。在承受较大载荷处,切口应采用具有衬板形式的节点,见

图 2 - 37。

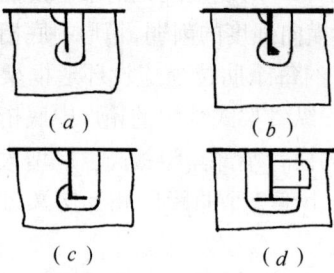

(a)	(b)
(c)	(d)

图 2 - 36　骨材穿过非水密构
件的节点形式

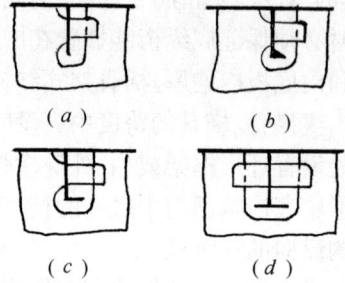

(a)	(b)
(c)	(d)

图 2 - 37　具有衬板的非水密切口

纵骨与水密肋板连接有两种形式:一种是纵骨切断,用肘板与水密肋板连接,见图2 - 38,其中图(a)适用于球扁钢和不等边角钢;图(b)适用于 T 型材的纵骨。另一种是纵骨穿过水密肋板,用衬板封焊起来,见图2 - 39。前一种是普遍采用的方法,后一种较少采用,但当船长大于200m 时,必须采用纵骨通过水密肋板的结构形式。

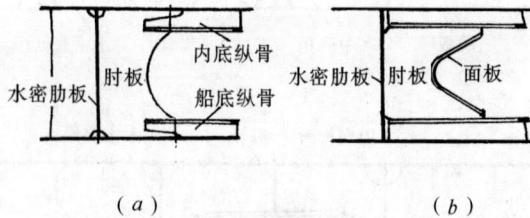

图 2 - 38　纵骨在水密肋板处间断

以上图 2 - 36、图 2 - 37 及图 2 - 39 是船舶标准化技术委员会最近推荐的非水密切口和水密切口的节点形式。这些切口节点形式也适用于其它部位骨材穿过板材的节点结构。

为了排除双层底内的积水以及疏通灌水时剩留的空气,在内底纵骨上要开透气孔,在底部纵骨上开流水孔。按照新标准流水孔、透气孔和通焊孔都应做成圆形或带圆角的开孔形状。

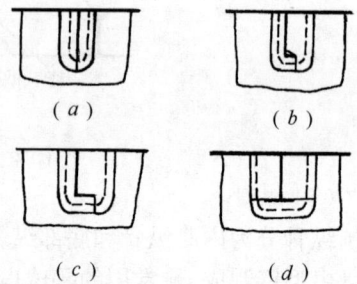

(a)	(b)
(c)	(d)

图 2 - 39　纵骨在水密肋板处穿过

（4）肋板

图 2 -40 为大型货船的肋板结构,其中:图(a)为主肋板结构,舱内每隔3 ~ 4 档肋距设置一主肋板,机舱内和首部0.2L 范围内每隔两档肋距设置主肋板。在受力较大处,如主机基座纵桁端部、支柱与横舱壁下等位置必须设置主肋板。在肋板上纵骨位置处设垂直加强筋,肋板上人孔的长轴垂直布置;图(b)为肋板间结构,每个肋位上须设置紧靠内底边板的内侧肘板,使同一肋位上的舭肘板获得可靠的支撑。

（5）舭肘板

纵骨架式和横骨架式双层底的舭肘板有着相似之处。舭肘板应在每个肋位上设置,其

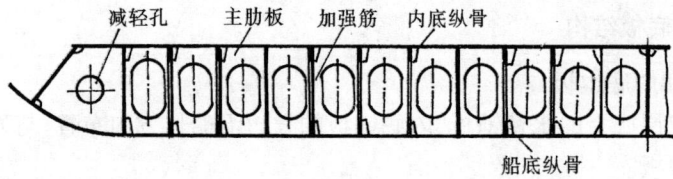

（a）主肋板

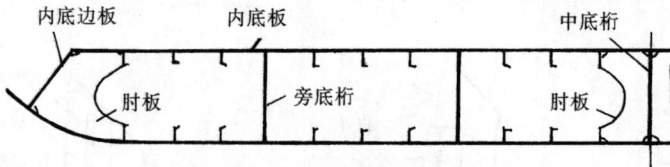

（b）肋板间结构

图 2-40　大型货船肋板结构

厚度与主肋板相同。图 2-41 为双层底舭肘板的结构形式,其中:图(a)为横骨架式水平内底边板,舭肘板趾端下面的肋板上设置垂直加强筋,以增加舭肘板趾端的支撑刚性;图(b)为纵骨架式水平内底边板。强肋骨腹板的下端做成圆弧形代替舭肘板,其趾端应终止在内底纵骨上;图(c)为倾斜式内底边板,在型深较大的船上,为了加大舭肘板面板与内底板的连接宽度,其面板做成上面小、下面大的梯形形状,如 A 向视图所示。

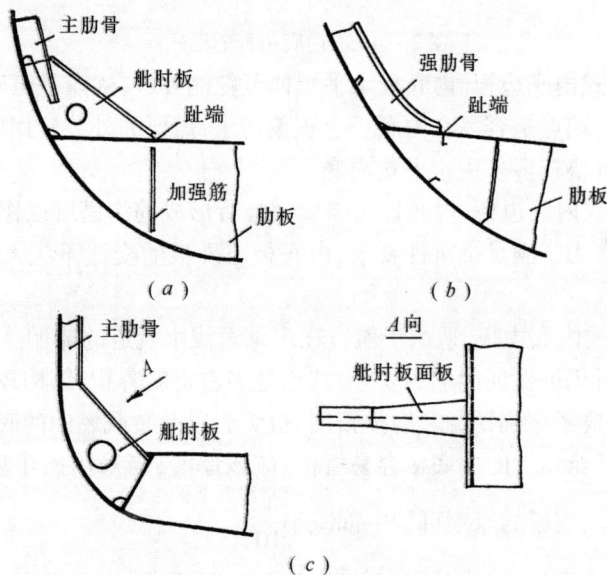

图 2-41　双层底舭肘板结构形式

在舭肘板上可开圆形减轻孔,但孔缘周围的板宽不得小于舭肘板宽度的 $\frac{1}{3}$。舭肘板的高度不小于内底板至最下层甲板之间距离的 $\frac{1}{10}$,或肋骨高度的 2.5 倍。

2.3.4 内底板结构

1. 内底板和内底边板

内底板是双层底上的水密铺板,内底铺板的长边沿船长方向布置。与外板相连接的那列板叫做内底边板。

为进入双层底施工、清舱和检修,在内底板上开设人孔,图 2 - 42 为内底边板结构。

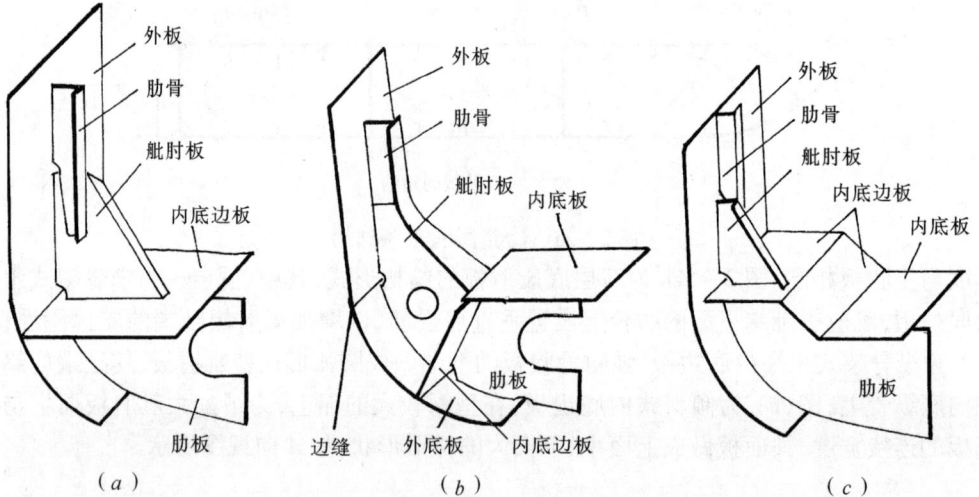

图 2 - 42 内底边板的形式

图(a) 为水平式内底边板。内底板水平延伸至舷侧外板,优点是舱底平坦,施工方便,并且更有利于安全。缺点是容易在内底板上积聚污水,需要另外装置用以聚集和排出舱底水的污水井。平台沉垫较多采用水平式内底。

图(b) 为下倾式内底边板。内底边板与舭列板所形成的沟槽可以作为舭部污水井,舭肘板大半埋在井内。为了满足抗沉性要求,内底板与外板的交线不应太低。内底边板应尽可能垂直于舭列板。

图(c) 为上倾式内底边板。适用于航行在多礁石浅水航道的船舶。优点是内底的覆盖面积大,舭部触礁时仍可保证船舶的安全。缺点是多占货舱容积,结构较复杂,施工不便。

内底板的厚度应考虑到锈蚀和磨损裕度。机炉舱以及装载燃油的底舱容易锈蚀,它们的内底板应加厚。货舱口下的内底板容易磨损,应该厚些,当采用抓斗装卸货物时更应加厚。船(沉垫)端部内底板的厚度可较中部减小 $\frac{1}{10}$。

内底边板应比内底板厚些,并应有足够的宽度,下倾式内底边板的宽度不小于中底桁高度的 $\frac{4}{5}$,水平式内底边板至少比舭肘板的宽度加大 50mm。

2. 双层底端部的过渡结构

双层底中断时应以逐渐交替变窄的方式过渡到单底,通常将它转变为中内龙骨和旁内龙骨上面的锯齿状的舌形面板,舌形面板的延伸长度应不小于双层底高度的两倍或不小于 3 个肋距。内底边板也向单底延伸,其宽度可逐渐减小,见图 2 - 43。

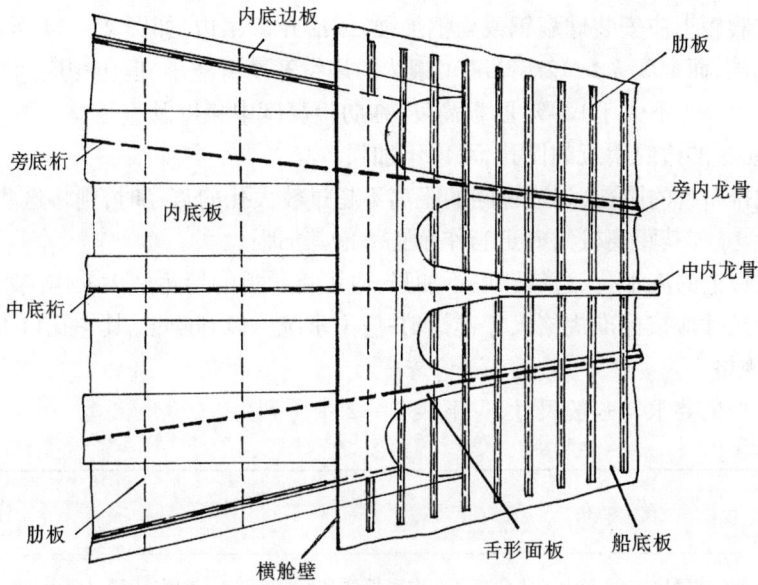

图 2 - 43　双层底端部过渡结构

在过渡区域,当底纵桁的高度和内龙骨高度不同时,应将较大的桁材从某一高度逐渐过渡到另一高度。

3. 底部各种构件的开口与补强

在肋板与旁底桁(包括中底桁)腹板上的开口与加强结构。

为减轻重量或便于人员进出底舱而须在肋板与旁底桁上开减轻孔或人孔时,应注意:

(1) 在中底桁腹板上一般不允许开孔,当实在无法通达底舱各部分时才允许开人孔,当必须要开人孔或接通管路的开口时,开口应布置在剖面中和轴处,并应远离其支座(横舱壁)布置开口。为减小由于总纵弯曲而产生的应力集中,这些开口应为圆形或椭圆形,开口边缘应用扁钢镶边或者利用水平加强筋加强开口的上下边缘。

(2) 在旁底桁与肋板的腹板上布置人孔时,应能进入底舱,并通达底舱的各个部位,而且尽可能缩短通往底舱各处的距离。

(3) 开人孔及其它大、小的开口不应布置在肋板、旁底桁的边缘,应在肋板高度和长度的中央,一般不应超过高度的 40% ~ 50%,在舯部的肋板上开口及靠近舱壁的旁底桁

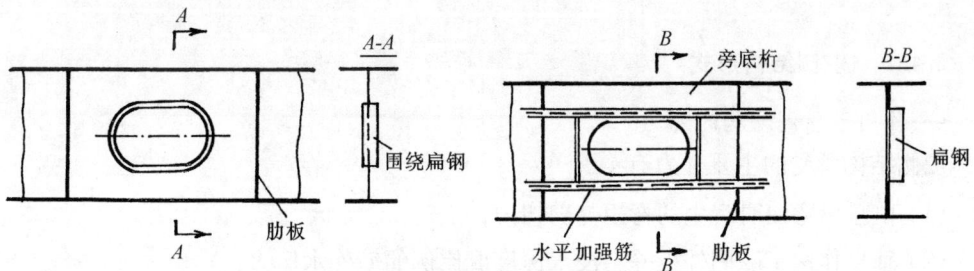

图 2 - 44　底部纵桁和肋板开孔的加强

上开口尤应慎重。因为该区域受较大的剪切力作用，容易丧失稳定。由于开口而削弱的肋板及旁底桁腹板上应安装球扁钢或扁钢加强，或沿开口镶边，如图 2 - 44 所示。扁钢的厚度与肋板相同，而宽度 $b \geqslant 12t$（厚度），镶边的扁钢宽度可减小，但应相应加厚。

（4）直径 $\not>$（不大于）20% 肋板高度，在肋板高度中央以及直径 $\not>$（不大于）10% 肋板高度，在肋板的边缘附近的圆孔，可以不加强。

（5）成排布置的圆孔，如边缘间的距离不超过较大孔的直径时，则将这些开口当作一个大孔来考虑。如其距离较大时可当作单孔考虑其加强。

（6）肋板上的流水孔、通气孔可不加强，也可将肋板的切角加大兼作流水孔。

人孔的尺寸应按标准规格尺寸选择，并应力求统一以利施工。其它孔口也应尽量减少类型、统一规格。

各种开口的要求与一般尺寸，见下表 2 - 2 中所列。

表 2 - 2

开孔类型	开 孔 要 求	备 注
人孔和减轻孔	1. 每个双底隔舱，内底板上的人孔应开在内底板的对角线上，但不得靠近中底桁及内底边缘。 2. 主肋板、旁底桁（旁内龙骨）上的开孔（人孔或减轻孔）一般不应超过腹板高度之半。 3. 直接位于支柱下面的主肋板、旁底桁（旁内龙骨）上不允许开孔。 4. 中底桁（中内龙骨）上一般不允许开人孔、减轻孔，首尾端例外。	1. 常用长圆形人孔尺寸 350 × 500mm 350 × 450mm 400 × 500mm 450 × 600mm 2. 圆形孔的直径一般为450mm。 3. 肋板上的人孔最好前后直线排列。 4. 开口处应该加强。
流水孔	肋板、内龙骨（非水密桁材）上，均应开一定数量的半圆流水孔，亦可加大间断构件的切角尺寸，兼作流水孔。	半圆流水孔的半径 R = 25 ~ 30mm。 焊缝切角作流水孔尺寸为： 50 × 50；70 × 70（mm）。
空气孔	双底非水密肋板及旁底桁上，在靠近内底板的二角，应开空气孔，亦可加大焊接切角代替空气孔。	仅双底区域内才有。
空气管	双底内须装设通至干舷甲板上约500mm 高的空气管，若此管兼作测深管时，宜用直管。	仅双底舱内设置。

2.4　舷 侧 结 构

2.4.1　舷侧结构形式

一、作用于舷侧结构的外力

舷侧结构承受的主要外力有：

（1）由总纵弯曲时产生的弯矩与剪切力；

（2）垂直作用于舷侧外板并与浸水深度成比例的舷外水压力；

（3）由底部及甲板传递来的压缩力；

（4）波浪的冲击力、爆炸波的冲击力、振动及各种偶然性的撞击力等横向载荷。

二、舷侧结构形式

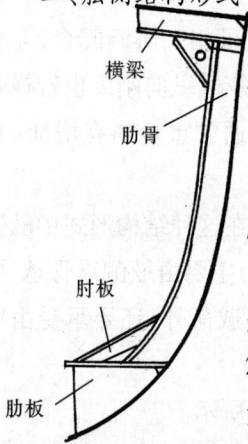

图2-45 由普通肋骨
组成的舷侧结构

舷侧结构通常有三种类型,即横骨架式舷侧结构、纵骨架式舷侧结构及混合骨架式舷侧结构,分别叙述于下:

1. 横骨架式舷侧结构

(1)由普通肋骨组成的舷侧结构:如图2-45所示(称为单一肋骨制舷侧结构)。

对于甲板、底部及舷侧均为横骨架式时,一般采用单一肋骨制舷侧结构。当舱深较大时亦可设置舷侧纵桁支持肋骨,舱深大于2m时,一般需设舷侧纵桁,可减小肋骨尺寸,从而可减轻一点重量。但在舱室长度很大时,则不宜设置舷侧纵桁。因为长的舷侧纵桁一般不仅不能支持肋骨,反而成为肋骨的负担。

若要舷侧纵桁作为肋骨的中间支座以减小肋骨跨距时,必须增大舷侧纵桁的尺寸。这样就须占用较大的舱室容积,影响内部布置与装载量。因此,仅在机炉舱段及首尾端部区域的舷侧结构采用这种结构形式。由于机炉舱一般无中间甲板,深度较大,安置舷侧纵桁既可作为中间甲板的过渡性构件,也可增强舷侧结构,一举两得。

首尾端部舷侧结构一般肋距较小,而跨距增大,但舱容的限制较小,故可设置较大的舷侧纵桁作为肋骨的中间支座,既可增强该区域的强度与刚度,又可减小肋骨尺寸,减轻结构重量。

(2)由普通肋骨与强肋骨交替布置,并设置舷侧纵桁组成交替肋骨制的舷侧结构,如图2-46所示。

当甲板、底部为纵骨架式,而舷侧为横骨架式时,采用这种结构形式从结构观点来讲是比较合适的。因有相当数量的强肋骨与甲板强横梁、底肋板组成横向刚架,对保证船体横向强度与刚度是有利的。

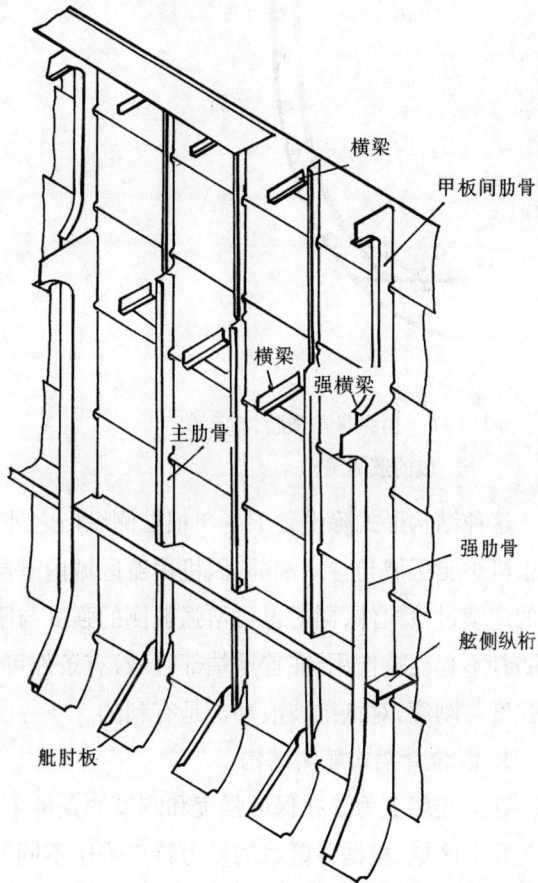

图2-46 由强肋骨、舷侧纵桁和主肋骨
组成的舷侧结构

· 41 ·

2. 纵骨架式舷侧结构

当舷侧结构与底部、甲板一样采用纵骨架式时，不仅在结构上可相互协调配合，互相支持较好，在建造工艺上也比较有利，而且在保证总纵强度与提高舷侧纵向刚度也较横骨架式为好，尤其是有防止裂缝扩展的优点。但是从重量观点来讲，通常重量稍有增加（相对于横骨架式）。

（1）由舷侧纵骨与强肋骨组成的舷侧结构，如图2－47所示。在这种结构形式中舷侧纵骨与外板一起除承受总纵弯矩和剪力之外，作用在舷侧的水压力主要由舷侧纵骨承受，并传递给强肋骨与横舱壁。强肋骨作为舷侧纵骨的支座，除了传递载荷外，还要承受由甲板与底部传来的压缩载荷，保证船体的横向强度。

（2）由纵骨、强肋骨与舷侧纵桁组成的舷侧结构，如图2－48所示。

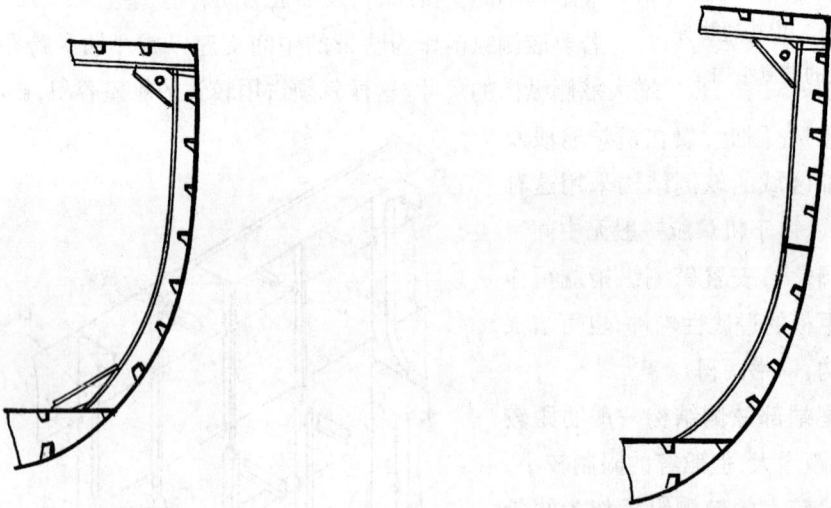

图2－47　由纵骨与强肋骨组
　　　成的舷侧结构

图2－48　由纵骨、强肋骨与舷侧纵
　　　桁组成的舷侧结构

这种结构形式除设置1～3根舷侧纵桁之外，与前一种结构形式无实质性差别，多应用于机炉舱区域与首尾端部。因机炉舱区域内下层甲板被切断，用舷侧纵桁作为甲板间断后的连续过渡构件，同时也可增强舷侧的强度与刚度，传递集中力。一般来说，舷侧纵桁对强肋骨不起支持作用。在首尾端部区域，有条件可设置舷侧纵桁支持强肋骨以增强该区域的强度与刚度，对抵抗波浪冲击是有利的。

3. 混合骨架式舷侧结构

在某些船上为了在保证强度和刚度的条件下力求获得最小重量的船体结构，将舷侧分为几个区域，根据各区域的受力特点采用不同的结构形式。例如，船体的首尾端部采用横骨架式比纵骨架式对抵抗局部性载荷要好得多，船中部总纵弯矩大，采取纵骨架式，对总纵强度有利，因此首尾端为横骨架式，中部为纵骨架式，整个船体为混合骨架式；舷侧的下部采用横骨架式比纵骨架式对抵抗水压载荷也更适宜，为了保证舷顶列板不致因纵弯曲而发生失稳的情况,在舷侧的上部采用纵骨架式又比采用横骨架式为佳,这样,整个舷侧的结构形式就成为混合骨架式结构了。虽然在保证强度、减轻结构重量上这种结构形式有较大的好处,但是在结构上与制造工艺上却复杂了,尤其是在结构的转变区域,如不妥善设计,极易产生应力集中而引起损坏,这已为实践所证明。所以,中小船舶上如在重量上不能获得较大的好处时,一般不采用这种混合骨架式舷侧结构。

图2-49所示,为常用的几种舷侧结构骨架布置形式。

2.4.2 舷侧构件的布置与结构

一、肋骨

1. 肋骨的布置

横骨架式肋骨间距一般取整数值,通常取 450、500、550、600、650、700。大部分船取 500。为了工艺上方便,中小船舶肋距一般取等距,大型船舶中部一般取等距,首端、尾端肋距大些。

2. 肋骨的结构

(1)肋骨的形式与尺寸

肋骨的尺寸由强度计算确定,取决于它所受的横

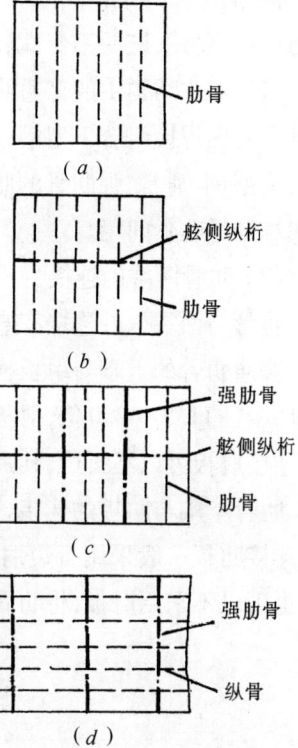

图 2-49 几种舷侧结构
骨架形式示意图

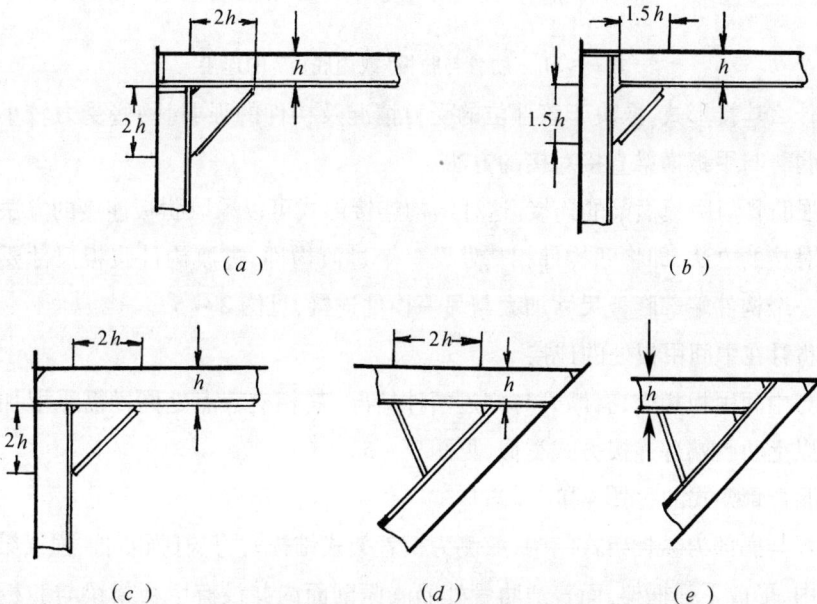

载荷、跨距及肋距的大小(它的最小剖面模数 $W = k \cdot h \cdot s \cdot l^2$,式中 k — 系数,s — 肋距,

图 2-50 肋骨与横梁的连接

h – 水柱高度, l – 肋骨跨距)。为使舷侧结构外观整齐,建造工艺方便起见,各区域的肋骨剖面尺寸应力求统一不变,以减少型材的规格品种。

横骨架式结构中的普通肋骨一般均用轧制型材作成,如球扁钢、不等边角钢等。而强肋骨则应用焊接组合 T 型钢,根据实际图样尺寸用钢板焊接而成。纵骨架式的强肋骨也用组合 T 型钢。通常,强肋骨的腹板高度为普通肋骨的 2.5 倍,厚度与主肋板相同,间距不大于四挡普通肋骨间距。

(2) 肋骨两端的连接

肋骨与两端构件连接有直接焊接、加肘板、加过渡板、端部尺寸加大等形式。

普通肋骨的上端与甲板横梁连接,一般用肘板连接,肘板高度一般是肋骨与甲板横梁高度大者的 1.5 ~ 2.0 倍,肘板可以与所连接的构件对接,也可以搭接。横断面尺寸小的肋骨,连接肘板可以不折边,其尺寸较大时,采用折边肘板刚度更大些,见图 2 – 50。

肋骨下端与肋板的连接,一般可以用肘板连接,可以对接,也可搭接。由于肋板尺寸较大,连接肋板一般采用折边肘板或"T"形断面肘板,肘板与肋骨、肋板可以对接,也可搭接。也可以不采用肘板,将肋骨端部腹板尺寸加大与肋板连接,见图 2 – 51。

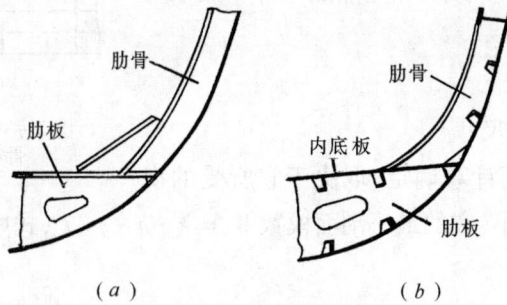

图 2 – 51 肋骨与肋板(或内底板)的连接

选择什么连接形式,取决于该部位的受力情况及构件的强弱。一些受力较小的部位,也可采取肋骨与甲板横梁直接对接的方法。

(3) 强肋骨与甲板横梁的连接。这种结构连接形式可以采取肋板连接的方法,也可采取无肘板对接的方法,即将两构件相交处设一个过渡构件,过渡构件腹板尺寸要加大,或者将其中一个构件端部腹板尺寸加大与另一构件连接,见图 2 – 52。

(4) 肋骨在中间甲板处的连接

肋骨与中间甲板相交,有断开与穿过两种情况,其相交节点处同样需采取加强措施,其方法与以上肋骨端部连接方式类似,见图 2 – 53。

(5) 混合骨架式的肋骨连接

当甲板与底部为纵骨架式结构,舷侧为横骨架式结构时,只有强肋骨、强横梁、肋板在同一平面内,形成了强框架,而普通肋骨处船体横剖面内并没有甲板横梁与肋板,肋骨的两端与甲板板或与底板连接。为避免产生"硬点"及应力集中,肋骨的两端需用肘板或半

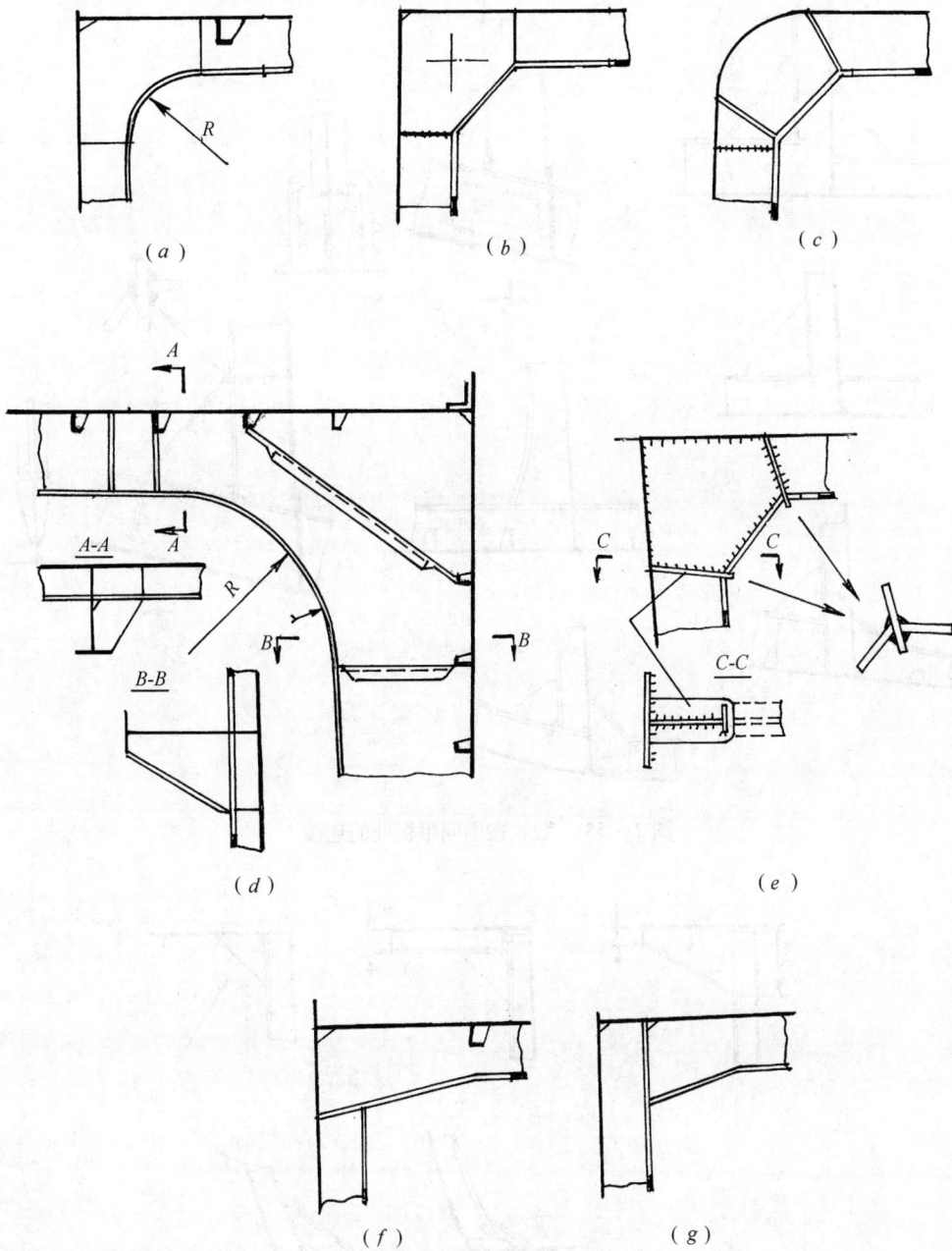

图 2 - 52　强肋骨与横梁的连接

梁连接到两端纵骨上,这样肋骨传来外力传到纵骨上,再均匀分散到甲板或底板上,见图
2 - 54。

二、舷侧纵桁

1. 舷侧纵桁的布置

舷侧纵桁的数量依肋骨的跨距和型深而定。型深大于 2m 要设舷侧纵桁。一般将其布

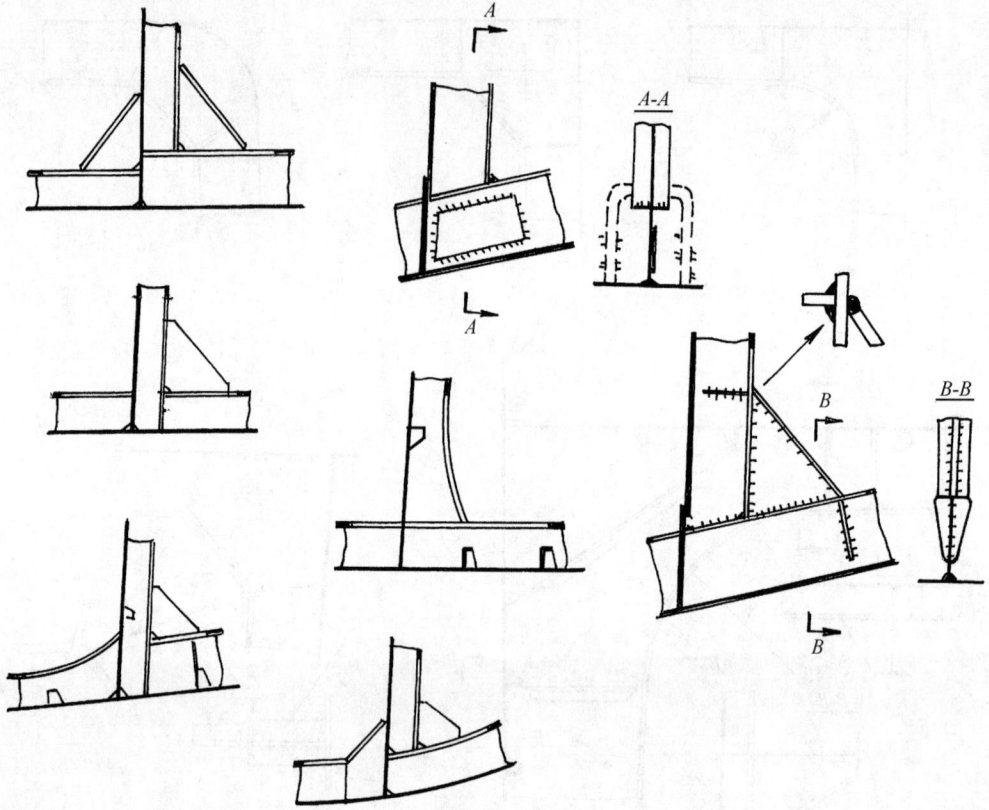

图 2 – 53 肋骨在中间甲板处的连接

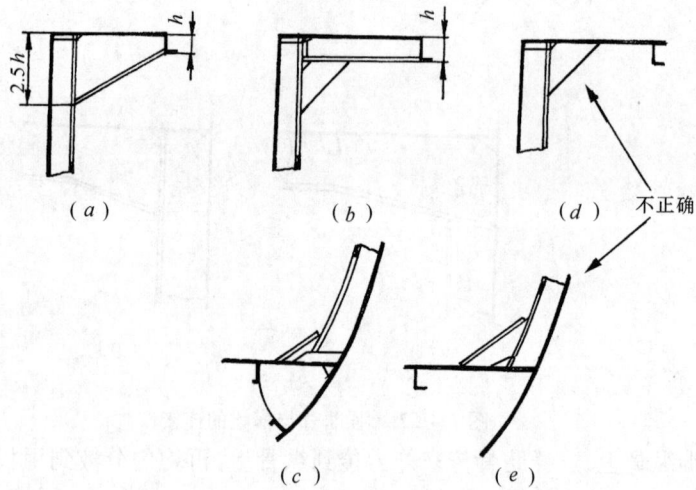

图 2 – 54 中间肋骨在上、下端的固定

置在肋骨跨距中央或稍偏下一些,约在$(0.4 \sim 0.5)H$处(H为型深)。因为作用在舷侧的水压载荷是按梯形分布的,作用力中心在肋骨跨距中点以下。当舷侧纵桁为二根以上时,应按强度计算确定其最佳位置,其结构重量可减轻。

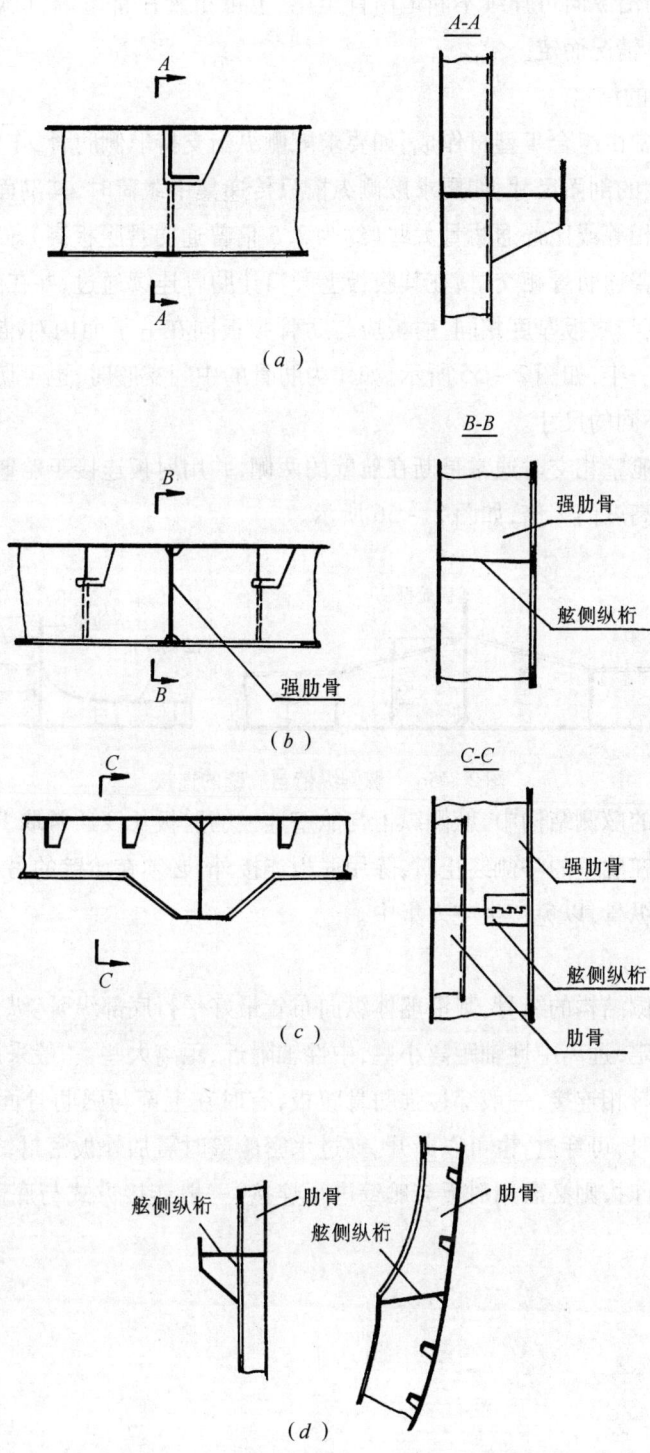

图 2 - 55　舷侧纵桁与肋骨的连接

当要求舷侧纵桁作为下甲板间断处的过渡构件时,则应将其布置在下甲板同样的高度位置。舷侧纵桁沿纵向可连续不断地由首至尾,也可布置在首尾端、机炉舱区域及平台间断区域,视具体情况而定。

2. 舷侧纵桁的结构

舷侧纵桁通常由组合T型材作成,如要求舷侧纵桁支持舷侧肋骨,作为肋骨的刚支座时,则须要有较大的剖面尺寸。如要求舷侧纵桁只传递集中载荷时,其剖面尺寸可以减小,一般可与强肋骨相等或比普通肋骨大些(约为2.5倍普通肋骨腹板高)。

舷侧纵桁与普通肋骨相交时,在其腹板上开口让肋骨连续通过,并在腹板下面用肘板连接肋骨,其厚度与腹板厚度相同,肘板应与肋骨腹板同在一平面内对准。肘板的高度约为纵桁腹板高度一半,如图2-55所示。如作为肋骨的中间支座时,也可切断肋骨,而使肋骨的上、下段有不同的尺寸。

舷侧纵桁与舱壁相交时通常是断在舱壁的两侧,并用肘板连接于舱壁上。肘板的长度不小于纵桁腹板高度的2倍,如图2-56所示。

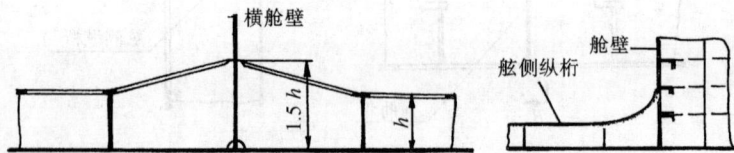

图2-56　舷侧纵桁与舱壁的连接

在横骨架式的舷侧结构中,舷侧纵桁与舱壁连接的肘板长度通常取1~2个肋距。

若舷侧纵桁在舱壁的一侧终止时,除用肘板连接外,必须在舱壁的另一侧用延伸肘板逐渐结束或转为纵骨,以免产生应力集中。

三、纵骨

纵骨架式舷侧结构的纵骨,其沿船体纵向布置最好平行底部纵骨。纵骨间距由受总纵弯曲应力大小而定,远离中性轴距离小些,中性轴附近,距离大些,一般采用统一规格。

纵骨与强肋骨相连接,一般穿过强肋骨腹板,有时在上部与强肋骨面板间加小肘板。纵骨与舱壁相连时,可穿过,也可以断开。穿过水密舱壁时需加外板密封,穿过非水密舱壁则不用密封。断开时,则必需用肘板与舱壁进行连接,一般连接方式与底部纵骨连接方式基本一致。

2.5 甲板结构

2.5.1 甲板的结构形式

一、作用于甲板的外力

甲板结构所受的主要外力有:

(1)承受总纵弯曲时的正应力;

(2)承受横载荷:如人员、设备重量及甲板上浪的水压力等,这是设计计算或校核甲板骨架局部强度的主要外力依据;

(3)承受甲板上的集中载荷:如甲板上的集中荷重、上层支柱传来的集中力等,由于数值较大,一般均由强横梁、甲板纵桁、支柱等直接承受。

二、甲板的梁拱与脊弧

随船舶的大小不同,甲板的层数也有多有少,不论甲板层数多少,通常露天的甲板均具有横向曲度与纵向曲度(除特殊情况外),以免甲板积水,其余的下层甲板则是平的。

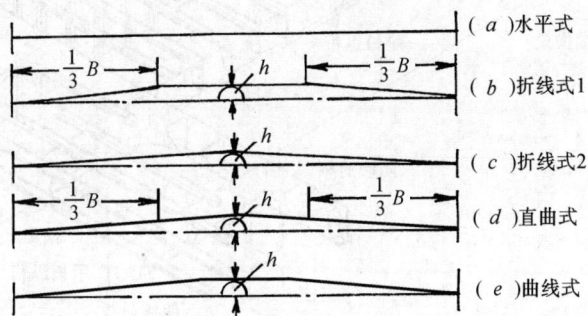

图 2 - 57 甲板梁拱形式

甲板横向的拱度称为梁拱,目的在于迅速排除甲板上的积水。通常梁拱高度定为 $(\frac{1}{50} \sim \frac{1}{100})B$($B$ 为船宽),此拱度沿船长保持不变。梁拱的形式有多种,如图 2 - 57 所示。从工艺观点来讲,折线式与直线式最为简便,放样、下料、加工与装配焊接等工序均可简化。

甲板中心线在船长方向由船中向首尾两端逐渐升高形成曲线或折线形,即甲板中心在中线面上的投影线称脊弧。甲板边线在中线面的投影线称弦弧。脊弧的大小依船舶航海性能要求而定。目的是为减轻波浪飞溅到甲板上的程度以改善航海性能及舱面工作条件。通常首部升高比尾部升高大。

三、甲板的结构形式

与舷侧结构相类似的理由,甲板结构形式也有各种类型:

1. 横骨架式甲板结构

①由普通横梁组成的甲板结构:这种结构形式往往与单一肋骨制的舷侧结构形式相对应,配合一致。当机炉舱区域或首尾端区域有强肋骨时,甲板也相应设置强横梁支持,当甲板局部区域有重载时,也可设置强横梁或甲板纵桁,或安置支柱支持重载荷,普通横梁与甲板纵桁组成的结构形式经常被采用。

②由横梁、强横梁及甲板纵桁组成的甲板结构:如图2-58所示。这种结构形式与交替肋骨制的舷侧结构形式也是相匹配应用的。普通肋骨与普通横梁相对应,强横梁与强肋骨相对应。这样协调一致,在结构上、强度上及建造工艺上都比较合理。

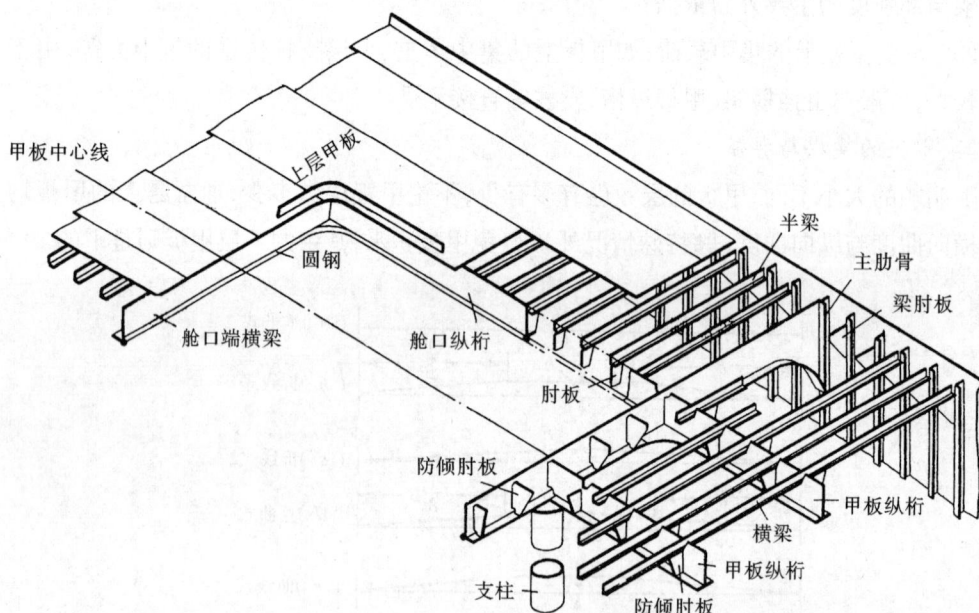

图2-58 横骨架式甲板结构

这两种形式的共同点是载荷的传递相同,甲板上的荷重主要由横梁传给舷侧结构,甲板纵桁仅传递少量载荷给横舱壁。设置甲板纵桁的目的与设置舷侧纵桁的考虑也是相似的,不过因甲板宽度较两层甲板间的舷侧高度要大,因此,甲板纵桁的数量可比舷侧纵桁稍多。如果二舱壁间距小,而船宽较大,使甲板纵桁作为横梁的中间支座,支持全部横梁,在减小横梁跨距、减小结构重量上是有益的。否则,由于受甲板间高度限制,不允许过大的甲板纵桁占用舱容,影响内部布置。在此情况下,设置支柱支持甲板纵桁,减小甲板纵桁跨距,从而减小其尺寸是可取的。

在船体(沉垫)中部区域的甲板上经常有机炉舱的大开口,横梁被切断,为此常利用甲板纵桁作为开口两边的加强构件。

连续的甲板纵桁计入船体(沉垫)等值梁剖面面积,因而参与保证船体的总纵强度。对于长度不大的间断甲板纵桁,由于是局部性的构件,等值梁的剖面内不予计入是偏于安全考虑,是合理的。

下层甲板是否设置甲板纵桁,由局部强度计算、舱内布置等条件确定。

2. 纵骨架式甲板结构

由甲板纵骨、强横梁及甲板纵桁组成的甲板结构,如图2-59所示。

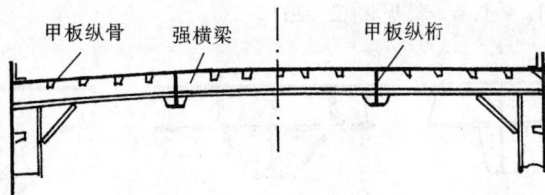

图2-59　纵骨架式甲板结构

为了保证船体(沉垫)的总纵强度及提高甲板的稳定性,在现代船舶(沉垫)上广泛采用这种结构形式。在此结构形式中甲板纵骨较多,作用在甲板上的横向载荷主要由纵骨承受,并经它传给横梁与横舱壁,再由横梁传给舷侧结构。横梁作为纵骨的支座。而甲板纵桁作为横梁的中间支座,目的是减小其跨度,从而减小其尺寸,通常有甲板纵桁2~4根。在机炉舱开口的两侧常利用甲板纵桁或安装短纵桁作舱口的加强构件。

3. 混合骨架式甲板结构

根据船舶的具体情况,甲板中段大部区域采用纵骨架式,而首尾端部采用横骨架式,对整个甲板结构而言是混合骨架式结构,一些甲板大开口的船舶,在甲板大开口之间的区域采用横骨架式结构,而开口两边到舷侧的甲板为纵骨架式结构,如图2-60所示。目的是为了减轻结构重量,因为在大开口之间的区域,板及纵向构件均被切断,在总纵弯曲中不起作用,因此,此区域按局部强度要求确定,可减少板的厚度与构件的尺寸以减轻重量。

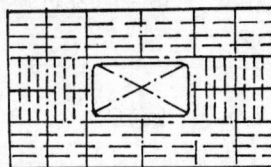

图2-60　混合骨架式甲板结构

2.5.2　甲板结构构件布置与结构

一、横梁

横梁是甲板主要构件,它的作用是:(1)支持甲板横向载荷;(2)作为舷侧肋骨支座,并与肋骨、肋板组成封闭平面框架,保证船体横向强度;(3)提高甲板板及纵骨的刚度与稳定性。

横梁间距与肋骨一样,并且与肋骨、肋板布置在同一铅垂平面。

横梁尺寸由强度计算确定。与横荷重 h(水柱高),肋距 S,跨距 l 大小有关。横梁边界条件简化为自由支持与刚性固端,最大弯矩 $M = K \cdot s \cdot h \cdot l^2$,其中 k 为系数,其剖面模数 $W = c \cdot s \cdot h \cdot l^2$,其中 c 为系数。横梁应尽可能统一规格,以利于建造。

普通横梁一般采用球扁钢,不等边角钢,而强横梁一般是采用T型钢。

二、甲板纵桁

甲板纵桁参与总纵强度,一般尽可能连续,甲板纵桁如果可以作为横梁的支座,可以减小横梁的跨距,从而减小横梁尺寸。横梁与甲板纵桁相交,横梁穿过甲板纵桁腹板,并在横梁上缘与甲板纵桁面板间加肘板或将横梁在纵桁处的腹板加大与甲板纵桁面板相连。规范要求甲板纵桁被横梁穿过后,其腹板剩余高度要大于开孔高度。因此,甲板纵桁腹板高度要大于横梁高度 $1 \sim 1.6$ 倍,见图 2 - 61。

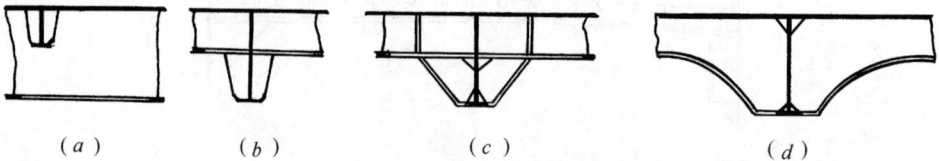

图 2 - 61　横梁与甲板纵桁的连接

三、纵骨

甲板纵骨作用是:① 承受甲板横向载荷,并将其传递给横梁;② 参与总纵强度;③ 提高甲板稳定性。

纵骨沿船长方向应连续,尽可能与底部纵骨、舱壁扶强材布置在同一铅垂面内,以形成纵向框架。

纵骨尺寸按强度要求确定(强度要求 $W = c \cdot s \cdot h \cdot l^2$,其中 c 为系数)。纵骨与甲板强横梁相交,一般纵骨穿过强横梁,连接方式与尺寸要求类似横梁与甲板纵桁连接方式与尺寸要求。

2.5.3　支柱

支柱的作用是支撑甲板骨架,主要承受轴向压缩力,并将其向底部传递。受支柱支撑的构件,由于跨距减小,构件尺寸将大大减小。

支柱的剖面形状,常采用对称形的,以圆管最为合适。有时为了使用上的需要,也可用钢板或型刚组成各种剖面形状,见图 2 - 62。

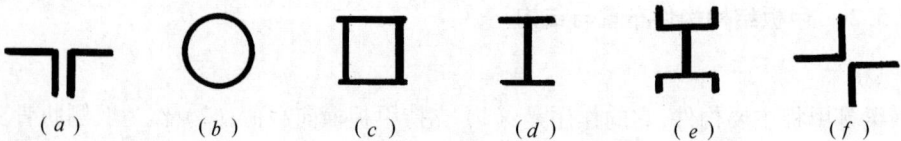

图 2 - 62　支柱的剖面形状

为了有效地支持甲板骨架,支柱应设在甲板纵桁与横梁的交叉节点上,船舱支柱的下端则设在底纵桁和主肋板等刚性较大的构件上。端部一般需用水平垫板、垂直肘板加强。在多层甲板船上,支柱应尽可能设在同一垂线上,使甲板上的载荷通过支柱一直传到底部的刚性物体上,见图 2 - 63。

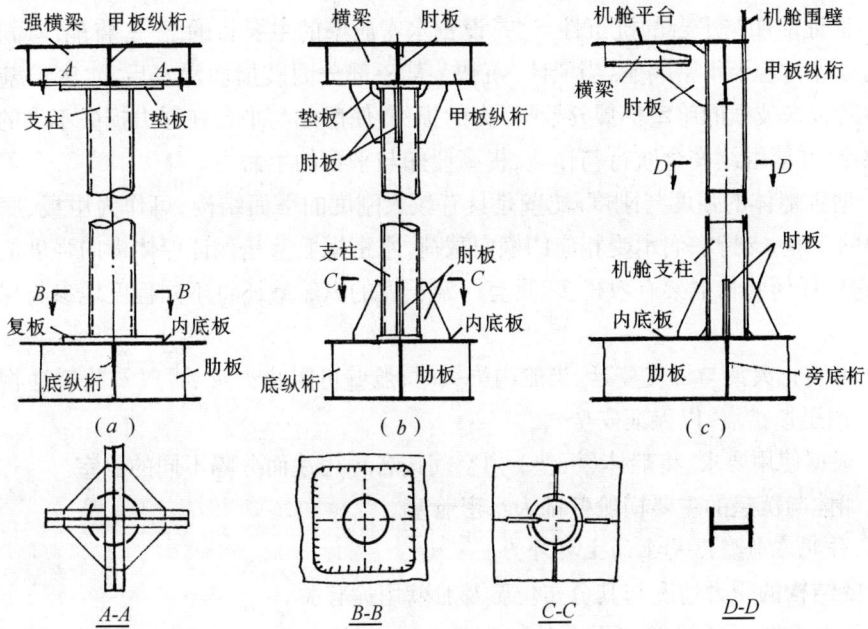

图 2 – 63　支柱两端的连接形式

2.6　舱 壁 结 构

2.6.1　概　述

　　船舶(沉垫)上由于总体布置(舱室划分、舱室布置等)、抗沉性、船体强度及使用要求等的需要,在船体内设置一定数量的横舱壁与纵舱壁。

一、舱壁分类

1. 按舱壁的主要用途与紧密性要求分

水密舱壁 ——(为抗沉性要求而设置)

油密舱壁 ——(为油舱的舱壁)

非水密舱壁 ——(作为划分舱室或因强度要求而设置,不要求紧密)

防火舱壁 ——(作为防火区间的舱室,有防火与隔热要求)

气密舱壁 ——(有防毒气要求的舱室,其舱壁要求不漏气)

2. 按舱壁结构与布置分

横舱壁、纵舱壁、半舱壁(不构成密闭空间的局部舱壁)、活动舱壁(可折卸的舱壁)。

3. 按舱壁结构强弱分

坚固舱壁(也称主舱壁)、轻舱壁(也称次要舱壁)。

4. 按结构形式分

平面舱壁、压筋舱壁(波形舱壁)、槽型舱壁。

二、舱壁的用途

1. 保证船舶与平台的抗沉性。这是设置水密舱壁的主要目的之一。将船体（沉垫）内部空间分隔为若干水密隔舱，当船体（沉垫）某一部分因破损而浸水后，水密舱壁将阻止海水向其它未破损的舱室扩展，减小浮力的损失，使船舶与平台在浮力损失不大的条件下仍能漂浮，并能继续安全航行与作业，提高船舶与平台的生命力。

2. 增强船体的强度与刚度。舱壁是具有较大刚度的平面结构，可作为甲板、底部及舷侧结构的支座，支持它们承受相应的横向载荷。水密横舱壁是保证船体横向强度的最有效构件，它比任何肋骨框架有效得多。具有一定长度的纵舱壁还将不同程度地参与保证总纵强度。

3. 可防止火灾与毒气蔓延。当舱内失火时，舱壁可阻止火灾、毒气及放射性物质在船（沉垫）内迅速扩展，以保证安全。

4. 根据使用要求，将船体（沉垫）内空间按各种用途而分隔不同的舱室。

主船体与沉垫的主要横舱壁都为水密舱壁。

三、作用在舱壁结构上的主要外力

舱壁结构的受力情况与其分布位置及舱壁用途有关。

（1）由于要保证船舶与平台的抗沉性，因此它将承受船体（沉垫）破损后水压力的作用，如图2-64所示，此压力垂直于舱壁平面并成三角形或梯形分布。舱壁所在位置不同，破损浸水后舱壁所受的水压力是不同的，两端的舱壁所受水压力较大，船中部分的舱壁所受水压力要小些。

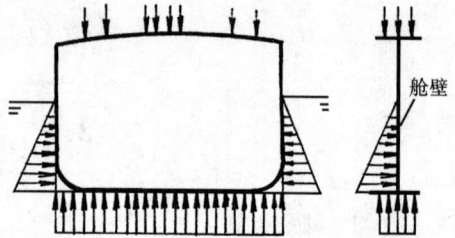

图2-64 作用在舱壁上的力

（2）承受由甲板、底部及舷侧传来的压缩力。

（3）当船体与平台坞修时将承受重力与坞墩反力的作用，产生横向弯矩与剪力，数值不小，不可忽视。

水密纵舱壁：除承受上述破损水压力与压缩力作用外，中部的连续纵舱壁在总纵弯曲时将受到纵弯矩与剪力的作用。

液体舱舱壁：油舱舱壁与水舱舱壁除承受液体静压力之外，还要考虑船舶与平台摇摆时液体在舱壁上的冲击力。

2.6.2　平面舱壁

平面舱壁由舱壁板和骨架组成。图2-65所示为水密平面舱壁结构。

一、舱壁板

舱壁板由许多块钢板并排焊接而成，其列板布置形式可分为水平和垂直两种，如图2-66所示。

当舱壁板沿水平方向布置时，单块钢板自下而上地排成板列。这种布置的优点是各列舱壁板可取不同的厚度，因为舱壁下端列板承受的水压力最大，而且易腐蚀，应取厚些；位

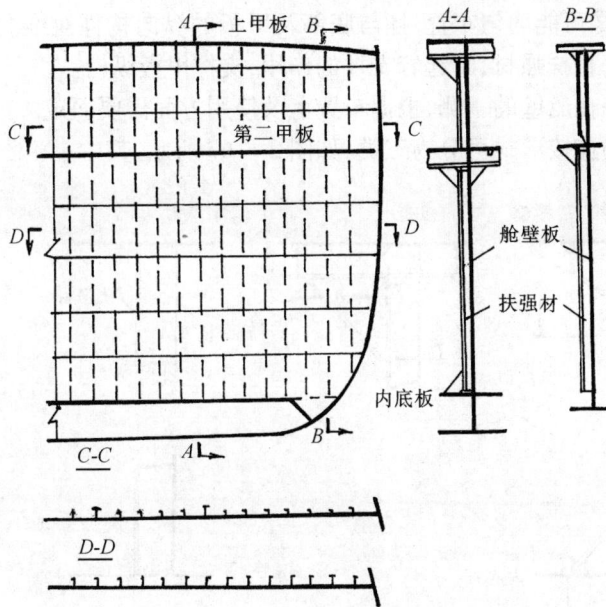

图 2 – 65　水密平面舱壁结构

于其上的列板随着深度的减小而逐渐减薄。在大型船舶上,上下板列的厚度差异显著,故一般都采用水平布置,以达到减轻重量、节省钢材的目的。

舱深不大的舱壁,舱壁板可垂直布置,见图2 – 66,因为重量增加不多,施工方便。

二、舱壁骨架

为了承受横向的水压力及在舱壁平面内的压缩力,且保证舱壁结构的刚性,在舱壁板上须由骨架加强。

舱壁骨架有扶强材和桁材两种。扶强材是较小的骨架,一般采用不等边角钢或 T 型材。桁材是较大的骨架,一般采用焊接 T 型材或折边板,它支持扶强材,作为中间支座使其跨度减

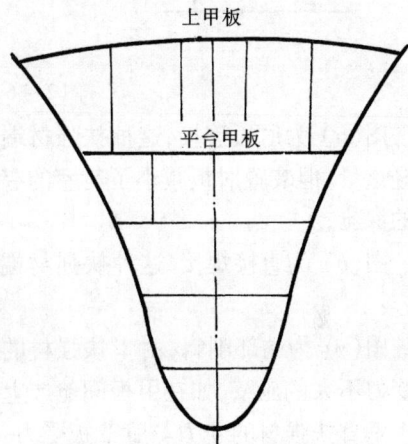

图 2 – 66　舱壁板的布置形式

小,从而减小扶强材的剖面尺寸。由于尺寸较大的桁材会使舱容减少,故在干货船的货舱内一般都不设桁材。

舱壁扶强材和桁材有垂直布置的,也有水平布置的,可分为垂直扶强材和水平扶强材,竖桁和水平桁。

1. 垂直扶强材

在货舱舱壁上都采用垂直扶强材,根据受力分析,这种布置方式比较有利。从承受舱壁平面内的压缩力来说,上下方向的压缩力较左右舷方向的压缩力大;而且,从承受横向的水压力来说,由于舱深比船宽小得多,将扶强材沿跨度较小的方向布置比较合理。

扶强材间距一般在 600mm ～ 900mm 之间,但防撞舱壁的扶强材间距不得大于600mm。扶强材应尽可能均匀布置,且与底部及甲板的纵向构件对准。在甲板纵桁底下须设置加大尺寸的垂直扶强材,它起着支柱的作用,支撑甲板纵桁。

扶强材仅安装在舱壁的一侧,根据布置上及使用方面需要而定。

扶强材末端的连接形式可分为三类,如图 2－67 所示。其中:

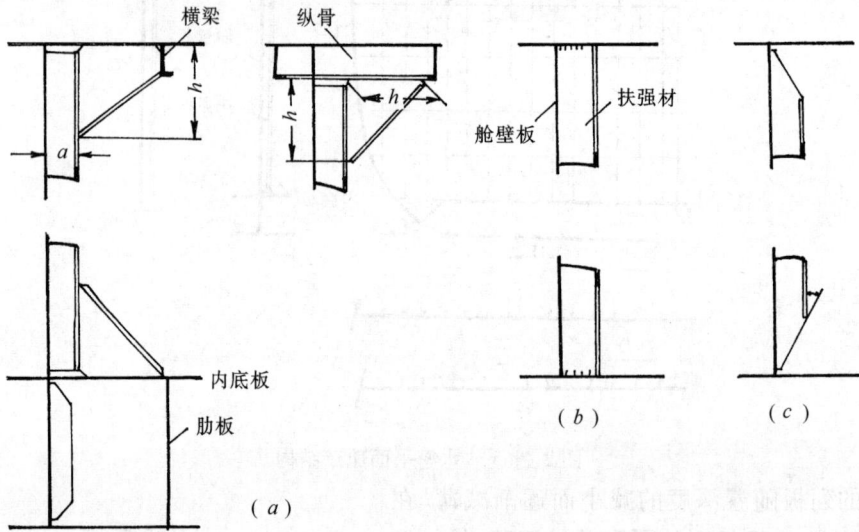

图 2－67　扶强材末端的连接

图(a) 为肘板连接,这种扶强材端部的连接最为坚固,故扶强材的尺寸可小些,从而减轻重量。但装置肘板减小了舱室的有效容积,故一般适用于受力较大的舱壁或不影响舱容的深舱;

图(b) 为直接焊接,这种扶强材端部的坚固程度略差于肘板连接的情况,但不影响舱容;

图(c) 为端部削斜,由于扶强材的末端削斜,这种扶强材的承载能力最差,故仅适用于受力不大的舱壁,如在甲板间舱或上层建筑的舱壁上。

垂直扶强材的受力与舱壁板受力一样,因此扶强材受力为三角形分布载荷,扶强材的端部在载荷条件已经确定的情况下,端部连接情况决定扶强材尺寸大小。例如图(a) 的肘板连接可简化为端部刚性固定;图(b) 的直接焊接可以简化为弹性固定;图(c) 的端部削斜可简化为端部自由支持。一般端部越坚固,其构件剖面尺寸则越小。

2. 水平桁

如图 2－68 所示,舱壁上设置一道由焊接 T 型材做成的水平桁,它支撑着尺寸较小的垂直扶强材。当深舱或液舱的深度较大且舱壁采用垂直扶强材时,须设水平桁作为垂直扶强材的中间支座,使其跨度减小,以减小扶强材的剖面尺寸。如果在舷侧设有舷侧纵桁,则舱壁水平桁应与它布置在同一平面内,组成坚固的框架。水平桁两端须用肘板固定,该肘板的宽度至少取与水平桁腹板高度相同。

为了使水平桁具有足够的刚性,其腹板高度不得小于扶强材腹板高度的 2.5 倍。扶强

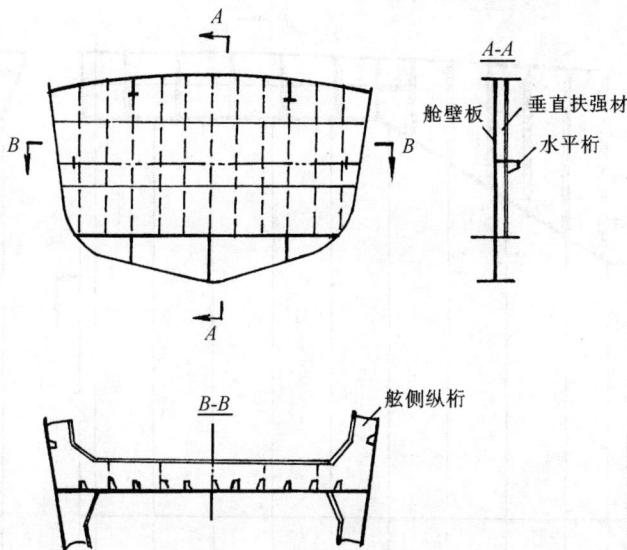

图 2 – 68　带有水平桁的平面舱壁

材穿过水平桁处每隔 2 ～ 4 档扶强材间距须装设防倾肘板。

3. 水平扶强材

在狭窄的舱壁上,其高度比宽度大得多,且舱壁平面内左右舷方向的受力又较大时,则可考虑采用水平扶强材以代替垂直扶强材。例如,在冰区航行的船舶或工作的平台的首尾舱壁上,采用这种扶强材较多些。

4. 竖桁

竖桁的作用与水平桁相似,可作为水平扶强材的中间支座。竖桁对承受舱壁平面上下方向的压缩力有较大的作用。

当舷侧结构采用纵骨架式时,舱壁应采用水平扶强材和竖桁的结构,这时,舱壁的水平扶强材与舷侧纵骨——对应。

上面主要讨论了横舱壁的结构情况。纵舱壁与横舱壁在结构上没有原则的差别,对参与总纵弯曲的纵舱壁,与横舱壁相遇时,通常使纵舱壁连续而横舱壁间断。在纵舱壁终断处,应在横舱壁的另一侧设置较大的肘板,并延伸几个肋距,以保证结构的连续性,减小端部应力集中。

2.6.3　槽形舱壁和轻舱壁

一、槽形舱壁

除平面舱壁外,还采用槽形舱壁。图 2 – 69 所示为槽形舱壁结构。

槽形舱壁由钢板压制而成,以它的槽形折曲来代替扶强材的作用。槽形舱壁与平面舱壁相比较,其优点是在保证同样的强度条件下,可以减轻结构重量,节省钢材。同时,由于取消扶强材及其肘板,从而减少了装配和焊接的工作量,更便于清舱工作。但槽形舱壁也存在一些缺点,主要是它在垂直于槽形方向的承压能力较差;此外,若要保证槽形舱壁的强度,就必须使槽形体具有一定的深度,对于舱容就不很有利。至于在靠近首尾的区域,由于位置狭窄,型线变化较大,通常不采用槽形舱壁。槽形舱壁的剖面形状如图 2 – 70 所示。

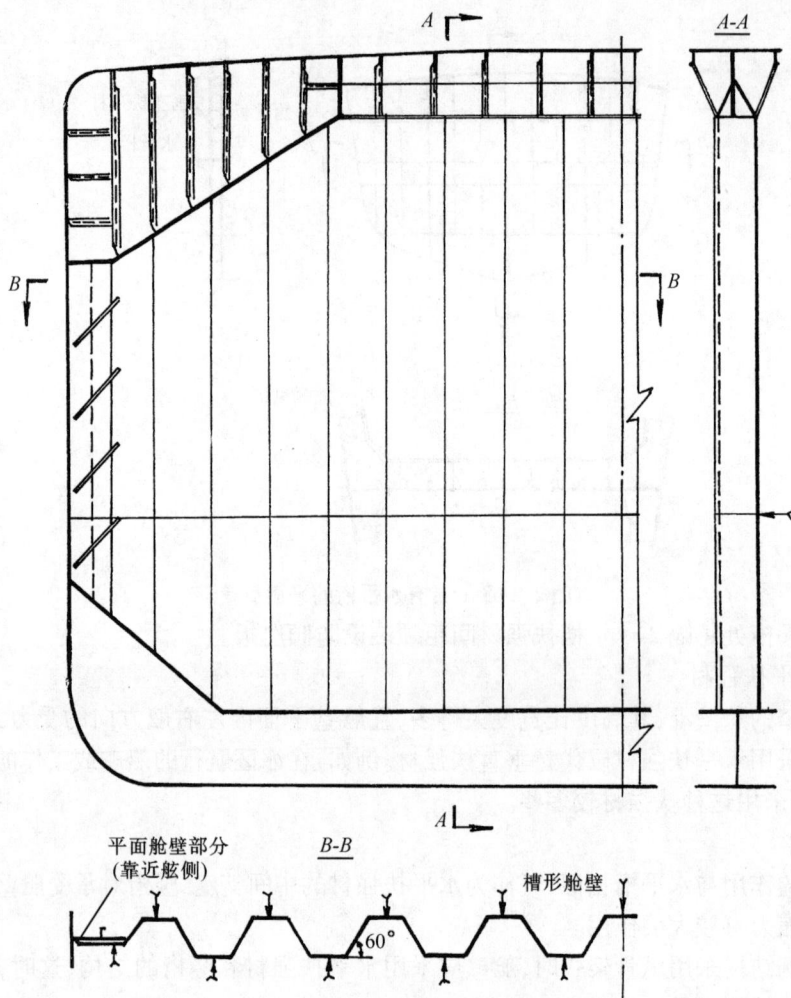

图 2 - 69   槽形舱壁结构

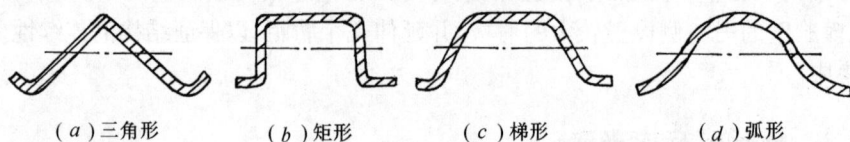

(a) 三角形　　　(b) 矩形　　　(c) 梯形　　　(d) 弧形

图 2 - 70   槽形舱壁剖面形状

其中,以梯形剖面应用较广,有的槽形舱壁上,也有采用弧形剖面的。

　　如同平面舱壁的扶强材布置一样,槽形舱壁的槽形体也有垂直和水平布置两种。由于这种舱壁在垂直于槽形方向和平行于槽形方向的承压能力不同,因此要注意槽形方向的合理布置。横舱壁的槽形体通常采用垂直布置。考虑到装配工艺及水平方向的承压能力较差,故在靠近舷侧处保留一部分平面舱壁,其上设垂直扶强材,另一面设斜置的加强筋,见图 2 - 69。或在槽形舱壁四周加装平面框架,如图 2 - 71 所示。油船上的纵舱壁因参与总纵弯曲,则槽形体常采用纵向水平布置。

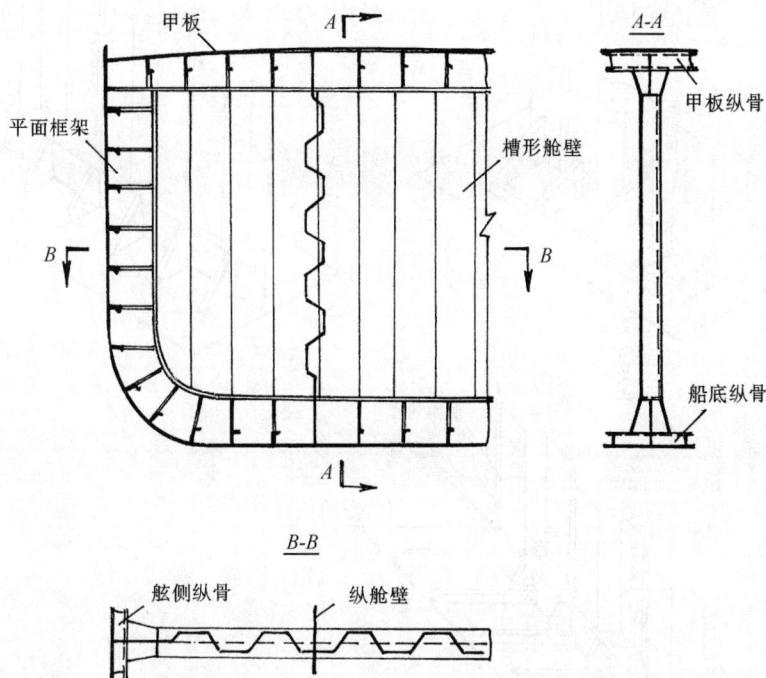

图 2 – 71　加装框架的槽形舱壁

槽形舱壁的端部也可直接与底部及甲板焊接,如图 2 – 72(a) 所示。但是,这样却把与它连接的构件弄得参差不齐。因此,有些槽形体装在 T 型材的面板上,如图 2 – 72(b) 、(c) 所示,或置于箱形体墩上。

某些槽形舱壁上须设与槽形体垂直的水平桁或竖桁。同样地,在水平桁或竖桁上也要安装防倾肘板。

二、轻舱壁

轻舱壁是指只起分隔舱室作用而不承受载荷的舱壁,通常用作上层建筑内部舱室的隔壁。

轻舱壁须具有一定的刚性,它与前面讨论过的舱壁在结构上相似,只是其构件尺寸较小而已。平面的轻舱壁由舱壁板和扶强材组成。用压筋板作轻舱壁,称为压筋舱壁,压筋舱壁可省掉扶强材。

压筋舱壁上压出的筋即小槽,可以增强板壁的刚性,如图 2 – 73 所示。采用压筋舱壁节省材料,减轻重量,也可减少变形。为了便于装配和维修,在压筋舱壁周界装有加厚的板条外框。

钢质轻舱壁一般采用 2mm ~ 4mm 的钢板制成。为了减轻结构重量,也可采用

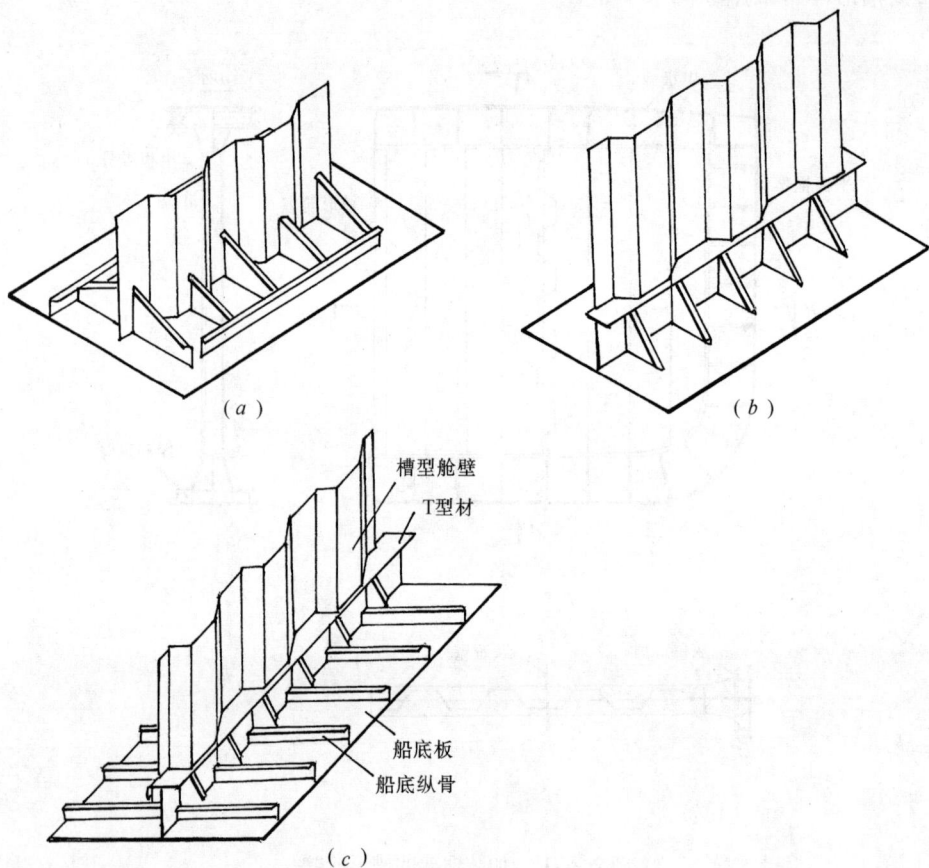

（a）

（b）

槽型舱壁
T型材

船底板
船底纵骨

（c）

图 2 - 72　槽形舱壁端部的连接

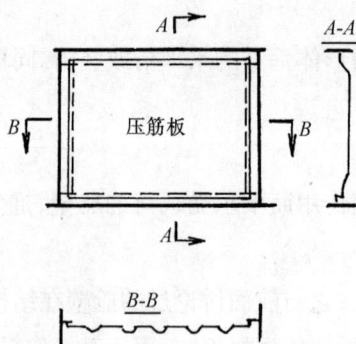

压筋板

A-A

B-B

图 2 - 73　压筋舱壁

1.2mm ～ 3mm 硬铝板制成的铝质轻舱壁,如图 2 - 74 所示。在舱壁板的周界用钢板条与船体焊接,而铝质舱壁与钢质的周界板用铆钉连接。为了防止腐蚀及保证水密,在搭接的两层板之间敷以填料,见详图 A;铝板条边缘折边代替扶强材,其连接情况见详图 B。

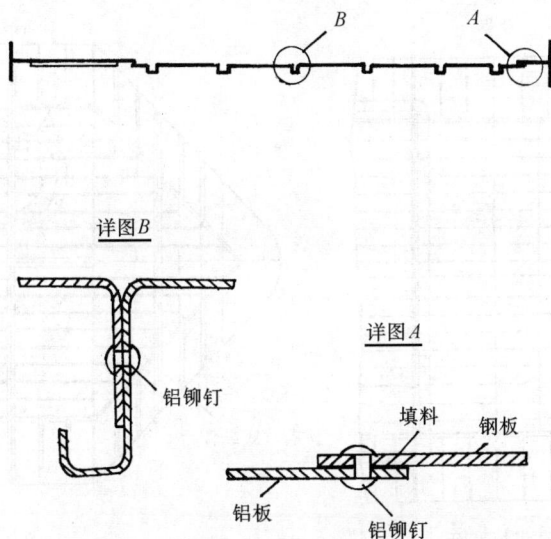

图 2 - 74　铝质轻舱壁

2.7　首尾端结构

2.7.1　概　述

船体与沉垫的首尾端结构差别较大,一般半潜式平台、自升式平台、坐底式平台的沉垫,由于这些平台都为非机动海洋工程物,使用要求其较长时间固定于某一位置工作,如需移动,则用拖轮牵引,移动时的拖航阻力及速度并不重要,其首尾端结构设计只考虑强度,因此其首尾端结构外形较简单,并且首尾形状相同。其端部外形水平面形状多为矩形(平头)、三角形(尖头)、半圆形(圆头)。纵剖面形状多为前倾式、直立式、曲线式(半圆式)。

一、沉垫首尾端结构

1. 水平面形状为三角形,纵剖面形状为直立的沉垫首(尾)端结构,见图 2 - 75。

这种结构由底部平面板架、甲板平面板架、横向平面板架(横隔架)、舷侧平面板架及一些肘板组成。

底部及甲板平面板架是沉垫中部结构的延伸,其板架中型材的布置可以是中部构件的延续,形式与中部一致,也可以改变布置方式。因为中部考虑到总纵强度,采用纵骨架形式(主向梁沿沉垫长度方向)较为有利。但首、尾端由于总纵弯矩较小,局部应力较大,采用横向布置较有利,因此也可将端部结构采用横骨架式布置。

两端部舷侧板架,其布置一般采用与沉垫中部舷侧结构相同的骨架形式,这样使所有纵向构件连续地连接为一个平面封闭框架,对加强总体强度,减少局部应力集中都有好

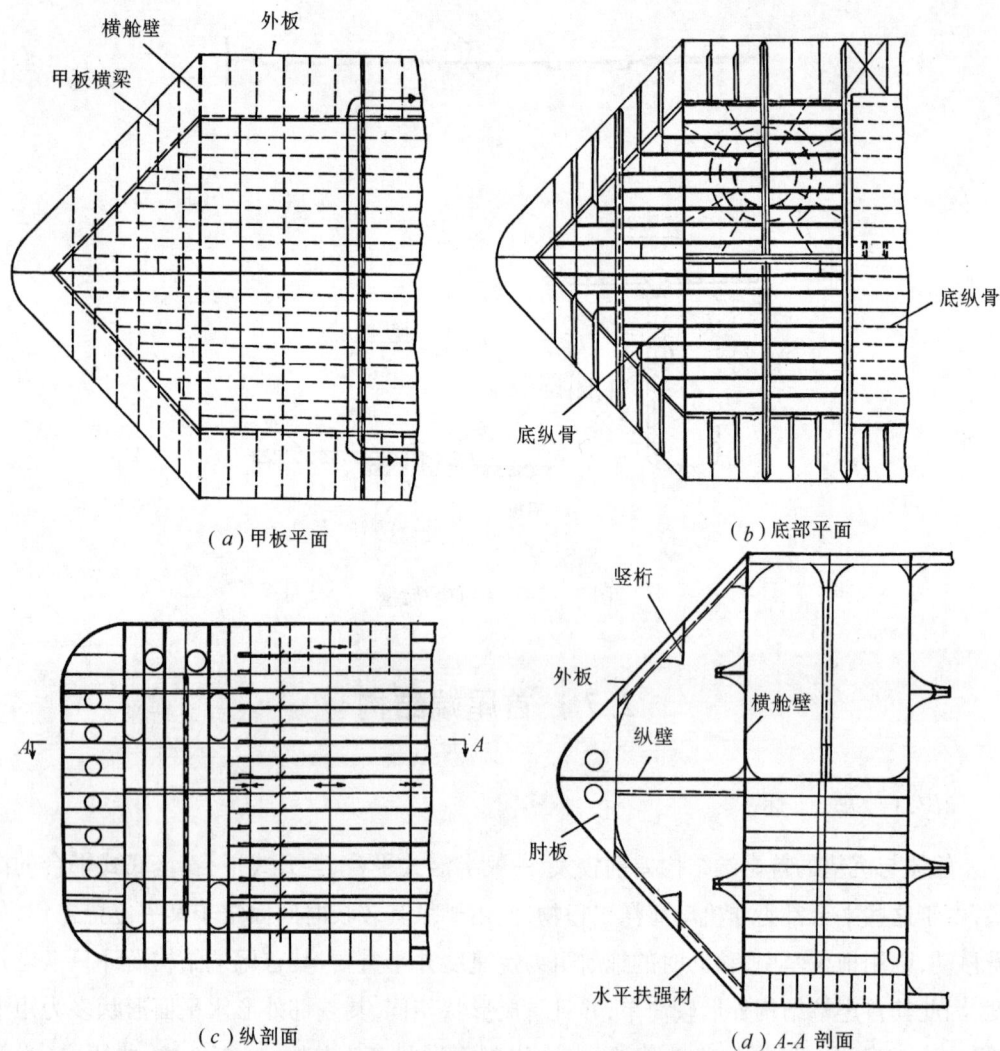

（a）甲板平面　　　　　　　　（b）底部平面

（c）纵剖面　　　　　　　　　　（d）A-A 剖面

图 2 - 75　尖头沉垫首(尾)端结构

处。沉垫的舷侧结构大都为纵骨架式,由外板、纵骨与强肋骨组成。

　　首尾端成尖角布置的两舷侧结构同样由外板、纵骨及强肋骨组成。两舷侧板架相交处,一般成圆弧形,这对于减小应力集中,保证该处的焊接质量有利。端部内侧设多层水平肘板,水平肘板一般要将两舷侧纵骨连接在一起,横向加强是设一局部横隔壁,纵向的加强是设一纵隔壁。这样在三维方向都有加强构件,从而保证首尾端的局部强度。这种形状的端部结构可以采用钢板与型材焊接而成,也可以采用船体结构中的首柱结构形式。

　　2. 水平面形状为半圆形,纵剖面为直立形状的沉垫首(尾)端结构,见图 2 - 76。

　　这种结构的结构形式及构件布置情况类似于平面舱壁结构,只是水平面形状是半圆形状。整个结构由半圆形钢板、水平扶强材及垂直桁组成,水平扶强材一般应与舷侧水平扶强材相连。垂直桁应尽可能与底龙骨及甲板纵桁相连。有些情况下,还需布置水平桁,水

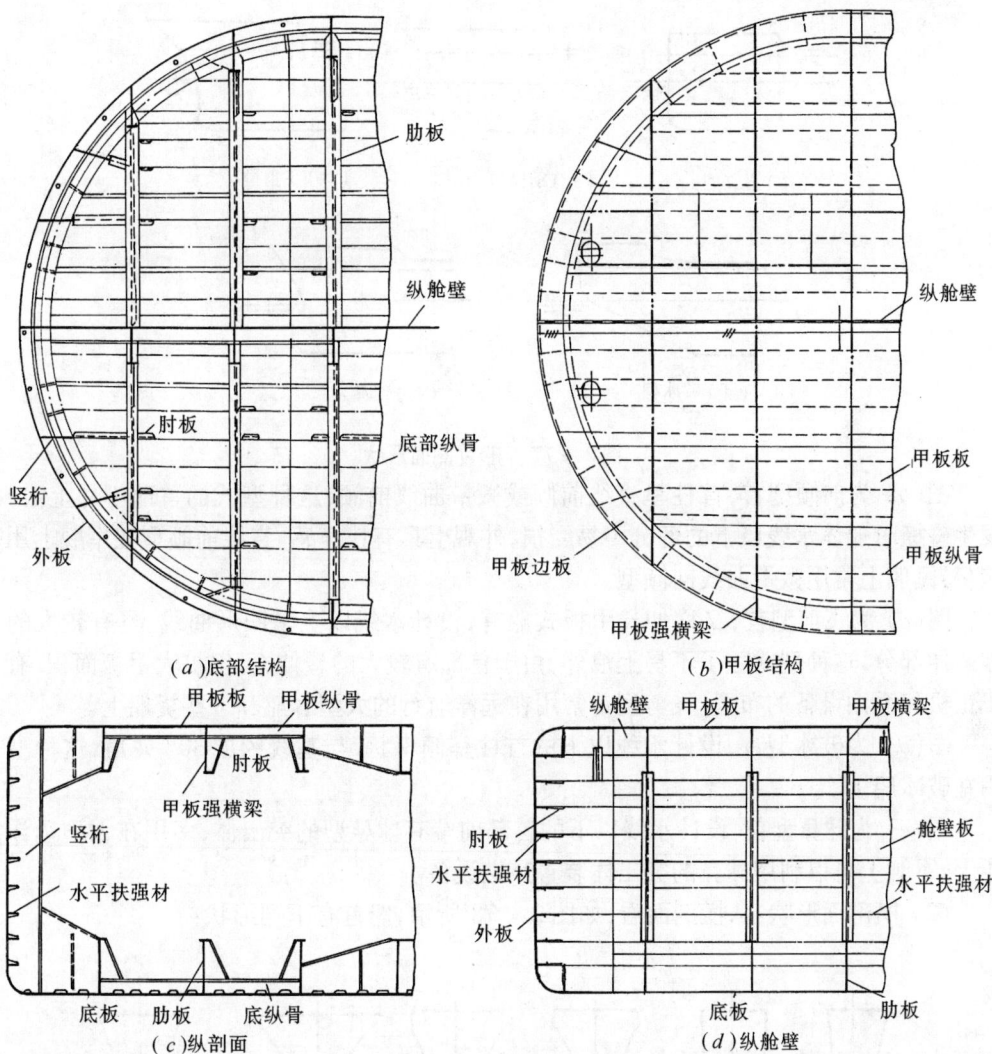

（a）底部结构

（b）甲板结构

（c）纵剖面

（d）纵舱壁

图2-76 圆头沉垫首（尾）端结构

平桁应与舷侧水平桁相连。

舱壁板一般采用水平布置,厚度分布与平面舱壁的舱壁板分布规律相似,上部较下部薄,这与其所承受的静水压力变化一致。水平扶强材一般为球扁钢,水平桁与垂直桁一般采用"工"字钢,桁材与桁材间的连接形式,与平面舱壁中桁材的连接形式相似。

二、首尾端形状

根据船舶的不同类型和性能要求,常见的首尾端的型式有以下几种:

1. 船首形状

（1）侧视形状

船首形状见图2-77,其中:

图（a）为直立型首,首柱呈直线型,与基线相垂直或接近垂直。早期的铆接船舶用这种形式较多,现代船舶除了一些驳船和特种船舶外已很少采用。

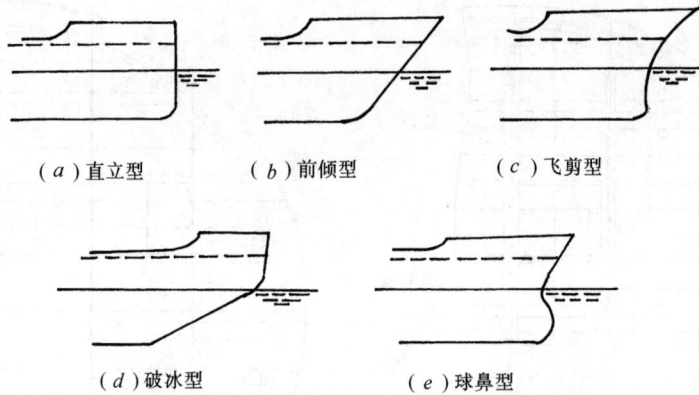

(a) 直立型   (b) 前倾型   (c) 飞剪型

(d) 破冰型   (e) 球鼻型

图 2 - 77　船首侧面形状

图(b)为前倾型首,首柱呈直线前倾或微带曲线前倾,这种型式的首部不易上浪,在发生碰撞时船体水线以下的部分不易受损,外观上具有快速感。直线前倾型在军舰上用得较多,民船上常用微带曲线前倾型。

图(c)为飞剪型首,又称伸长甲板式船首,设计水线以上呈凹形曲线,具有较大的甲板悬伸部分。这种型式除了不易上浪外,由于首部有较大的悬伸,可以扩大甲板面积,有利于锚机和系泊设备的布置。飞剪型首常用在远洋航行的大型客船和一些货船上。

图(d)为破冰型首,设计水线以下的首柱呈倾斜状,与基线约成30°夹角,这种型式用在破冰船上。

图(e)为球鼻型首,设计水线以下的首部前端有球鼻型的突出体,多用在大型远洋货船上。军舰上可以利用球鼻的突出体装置声纳设备。

(2)横剖面形状:从横剖面看,如图 2 - 78 所示,船首有下列形状:

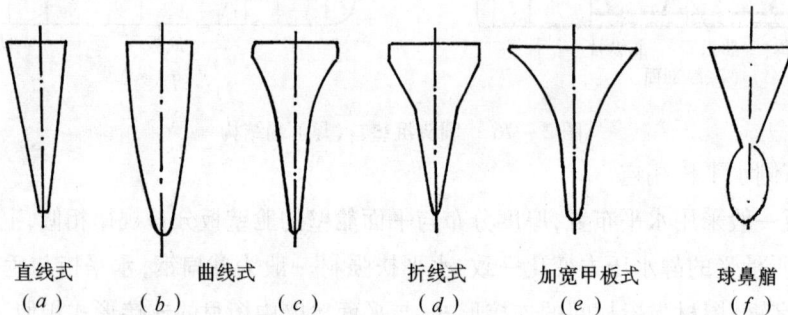

直线式　　曲线式　　折线式　　加宽甲板式　　球鼻艏
(a)　　　(b)　　　(c)　　　(d)　　　(e)　　　(f)

图 2 - 78　船首横剖面形状

(a)直线式:船型简单,工艺性好,溅水性欠佳。

(b)曲线式:溅水性差,船型较肥满,舱容较大,弯曲加工量大。

(c)折线式:将曲线改变为折线,工艺性有改善。

(d)加宽甲板式:甲板面积增大,溅水性较好,工艺性较差。大型船舶上有的采用。

(e)球鼻首:形状复杂,施工较难,但在中速船上如设计适当,可降低兴波阻力,对提高航速有利。因中速以上的船舶航行时,其阻力中的兴波阻力是主要部分(约占总阻力的

60%以上),为降低此兴波阻力,将水线以下的船首作成球鼻形,航行时船体和球鼻首都会兴起一组波流,若设计得当,可利用球首兴起的一组波浪干扰船体所兴起的一组波浪,使其中一组波浪的波峰与另一组波浪的波谷相遇,如图2-79所示,互相干扰,使波浪削弱,从而降低了兴波阻力,可提高航速。

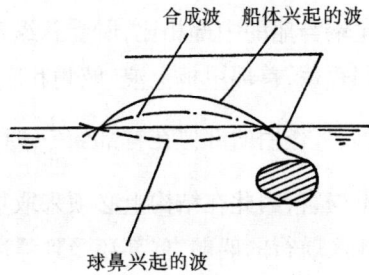

图 2-79　球鼻首的减阻作用

球首部位是装置声纳的良好位置,因此利用此位置安装声纳换能器的居多,减小阻力相对次要,不是设置球首的目的。

现今在各种船舶上采用的球鼻首形式较多,有下列几种:

水滴形球鼻首:这种形式满载时效果较好,但在轻载航行时和大风浪中航行时,球鼻首受波浪拍击较大,效果几乎全丧失。

撞角形球鼻首:球首前端是尖角伸出首部,尖角端点与压载水线长度平齐,所以在压载航行时效果较好,而满载航行时效果较差,风浪中航行时效果更差。这种形式对运油船、矿石船、散装货船等压载航行较多的船舶有利。

S-V型球鼻首:从侧看,呈S形,从横剖面看,又是V形,因而得名。这种球首在满载时效果显著,压载航行时效果也好,在风浪中航行时遭受波浪拍击也较轻,因此,得到广泛应用。

此外还有结构工艺较简单的圆筒形球首,在一些旧船改装时采用。

一般来说采用球鼻首(如选形适当)可提高航速0.5节左右,还提供了安置水声设备的最好部位。但是也应指出,不管是那一种球鼻首,结构上都比较复杂,施工较难,在使用上也颇为不便,如靠码头、起锚、抛锚时都有发生锚及锚链撞击碰擦球首的可能,若无特殊目的或重大经济效果,从结构与工艺观点或从使用角度来讲,较为复杂,尽量少用为好。

2. 船尾形状

船尾形状见图2-80,其中:

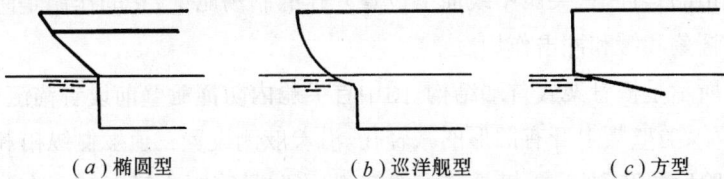

(a)椭圆型　　　　　(b)巡洋舰型　　　　　(c)方型

图 2-80　船尾形状

图(a)为椭圆型尾,船的尾部有短的尾伸部。折角线以上呈椭圆体向上扩展。这种尾型过去曾用在货船上,现在仅有些驳船上可以见到。

图(b)为巡洋舰型尾,具有光顺曲面的尾伸部,水平剖面呈半卵形。由于水线部分尾伸部的加长,有利于减小船的阻力,并有利于保护舵和螺旋桨,这种尾型用得较广。

图(c)为方型尾,尾部有尾封板,大多用于航速较高的船舶。近年来许多货船也采用了这种尾型。

三、首尾部的受力特点

首尾端与船的中部相比，所受总纵弯矩较小，局部外力是主要的。船在波浪中航行，发生纵摇和垂荡，首部甲板上浪、舷侧和底部受到波浪的冲击、波浪产生的动力载荷比静水压力大得多，作用的部位在首部约 $\frac{1}{4}$ 船长范围内。波浪冲上甲板和对底部的砰击作用常造成严重损害，因此在结构上必须采取加强措施。

在冰区航行的船舶，首部还受到浮冰的撞击和冰层的挤压。

船的尾部，除静水压力外，还承受舵和螺旋桨的质量和螺旋桨运转时的水动压力。螺旋桨工作时引起的水动压力产生周期性的脉冲振动，最大的振动约在尾部 $\frac{1}{8}$ 船长范围内。对于机舱设在尾部，主机功率大的船舶常会引起激振，严重时会影响船上的正常工作，甚至造成局部结构的破裂，并可能迅速波及到更大的范围。因此尾部结构应有较好的防振措施。

四、首尾端结构与加强

1. 首端的加强

首端的加强可分为首尖舱区域、首尖舱后的舷侧区域和底部区域三个部分。

(1) 首尖舱区域的加强：首尖舱加强的范围，从首柱至防撞舱壁。首尖舱内的肋骨要求延伸至上甲板，肋骨间距不超过 600mm，每隔一档肋位设置强胸横梁。所谓强胸横梁就是上面没有甲板覆盖，起着撑杆作用的结构(见图 2-81)，从肋板上缘至下层甲板，每列强胸横梁之间的距离不大于 2m，且强胸横梁的位置至少达到满载水线以上 1m 高度处。每列强胸横梁在舷侧处须设置舷侧纵桁，或设开孔平台代替。平台的开孔面积不小于平台总面积的 10%。开孔的目的是减少平台上的载荷。设置平台代替强胸横梁和舷侧纵桁时，平台与平台的间距可放宽至 2.5m。当舱深大于 10m 时，必须在舱深的中部设置开孔平台。

首尖舱尖瘦的底部采用升高肋板，升高肋板之间设置间断的中内龙骨作为防撞舱壁后面底部中底桁的延伸。首尖舱中线面上设置开孔的制荡舱壁，它的作用是防止首尖舱内的压载水左右摇荡和缓和冲击作用。

图 2-81 所示是横骨架式首端结构。图中首尖舱内防撞舱壁前设置锚链舱。中线面上有纵向制荡舱壁，舱壁板上开有圆形的减轻孔。沿着舷侧设置三道舷侧纵桁和强胸横梁。

(2) 首尖舱后的舷侧加强：横骨架式的舷侧，当肋骨跨距小于 9m 时，在防撞舱壁后至距首垂线 0.15L 区域舷侧可以不设间断的舷侧纵桁，但该区域的外板必须加厚 5% ~ 15%。当肋骨跨距大于 9m 时，防撞舱壁后面的舱内必须设置延伸的间断舷侧纵桁，间断的舷侧纵桁设在首尖舱每道舷侧纵桁或开孔平台向后的延伸线上。间断的舷侧纵桁的高度与舱内肋骨相同，并在防撞舱壁处设宽度等于首尖舱内舷侧纵桁的舱壁肘板，肘板延伸的长度不小于两档肋距，见图 2-82。防撞舱壁后至首垂线 0.2L 舷侧加强区的肋骨间距不大于 700mm。

(3) 船首底部的加强：由于波浪砰击，防撞舱壁后至距首柱 0.2L 区域的底部应予加

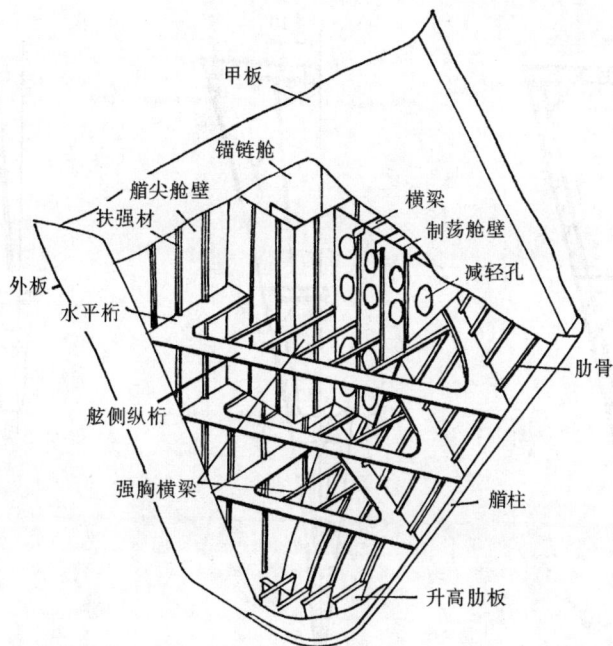

图 2 - 81　首端结构

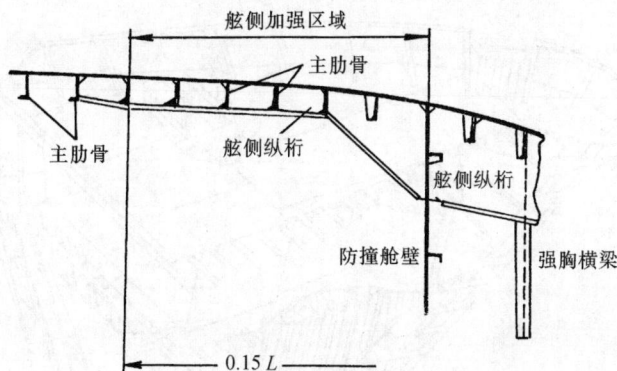

图 2 - 82　防撞舱壁后的舷侧纵桁

强。当为横骨架式双层底时,应在每个肋位处设置主肋板,并设间距不大于 3 个肋距的旁底桁,在旁底桁之间还要另外加装带有面板的半高旁底桁。当为纵骨架式双层底时,要求在每隔一个肋位处设置主肋板,并设间距不大于 3 个纵骨间距的旁底桁。所有旁底桁都应尽量向首端延伸。图 2 - 83 为纵骨架式首端结构。

近年来有许多大型货船和油船采用了球鼻型首,见图 2 - 84,在一定条件下可以降低阻力。但装有球鼻的船首,对抛锚、起锚和船舶靠码头有防碍,并且球鼻突出体使得结构和工艺复杂化。

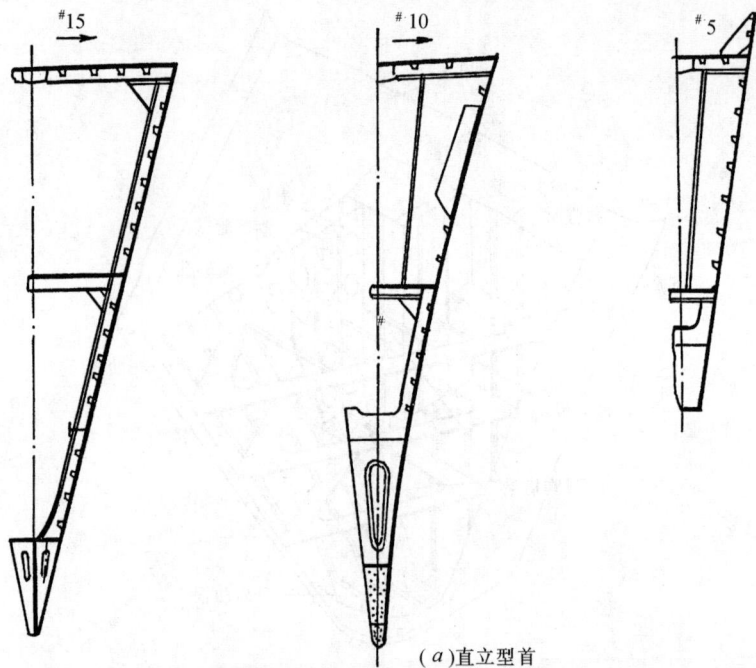

(a)直立型首

图 2-83 纵骨架式首部横剖面结构

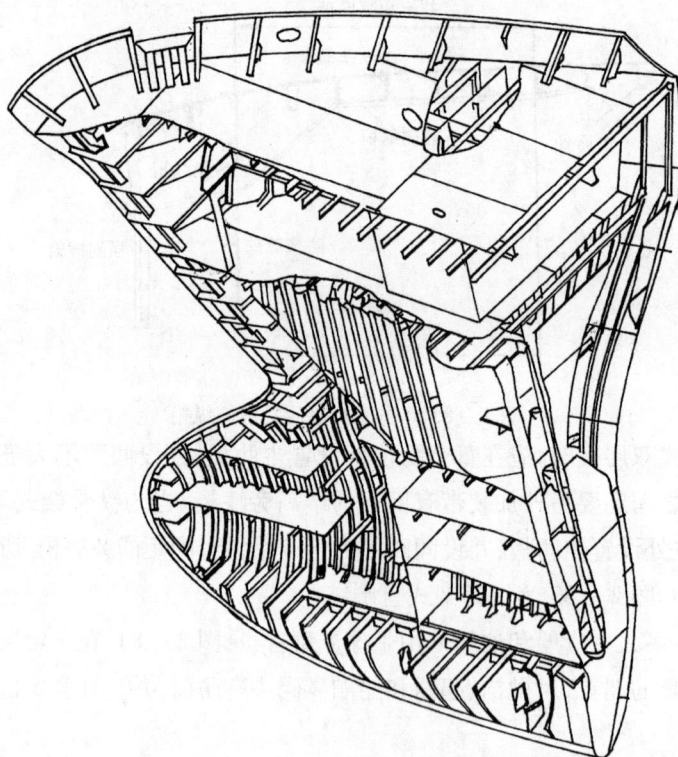

图 2-84 球鼻形首部结构

2. 尾端的加强

(1) 尾尖舱区域的加强:尾尖舱内的肋距不大于600mm,且每个肋位上应设主肋板,其厚度较首尖舱内的肋板增厚1.5mm。单螺旋桨船的肋板应伸至尾轴管以上足够的高度。在推进器支柱、尾轴架、挂舵臂处的肋板应伸至舱顶,肋板须加厚。当舷侧为横骨架式时,肋板以上应设置间距不大于2.5m的强胸横梁和舷侧纵桁或开孔平台,尾尖舱悬伸体的中线面应设置纵向制荡舱壁。当悬伸体特别宽大时,最好在中线面左右两侧各设一个制荡舱壁。

(2) 尾端悬伸部的结构特点:船舶的尾部与首端不同,首端有首柱将底部板和舷侧外板连成一体,刚性较好;而尾部的下部有舵和螺旋桨,主船体延伸至尾部形成悬伸的突出体,结构出现突变。

巡洋舰型尾的悬伸部具有圆卵形形状,不能采用通常的肋骨布置方式。尾伸部要采用扇形的斜肋骨和斜横梁,这样可以有效地与尾部的主要结构牢固地连接起来。斜肋骨在上甲板上量得的肋骨间距不大于750mm。

图2-85为巡洋舰型尾端悬伸部的结构图。为了看得清楚,图中的斜肋骨和斜横梁只绘出一部分。

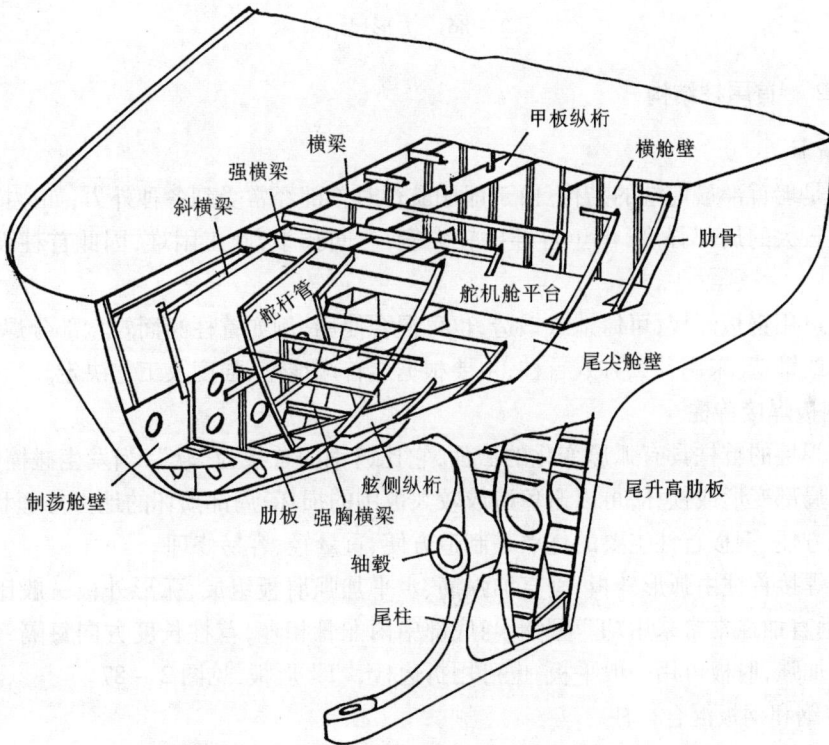

图2-85 巡洋舰型尾端悬伸部结构

图2-86为方形尾端结构,其结构形式类似平面舱壁结构。

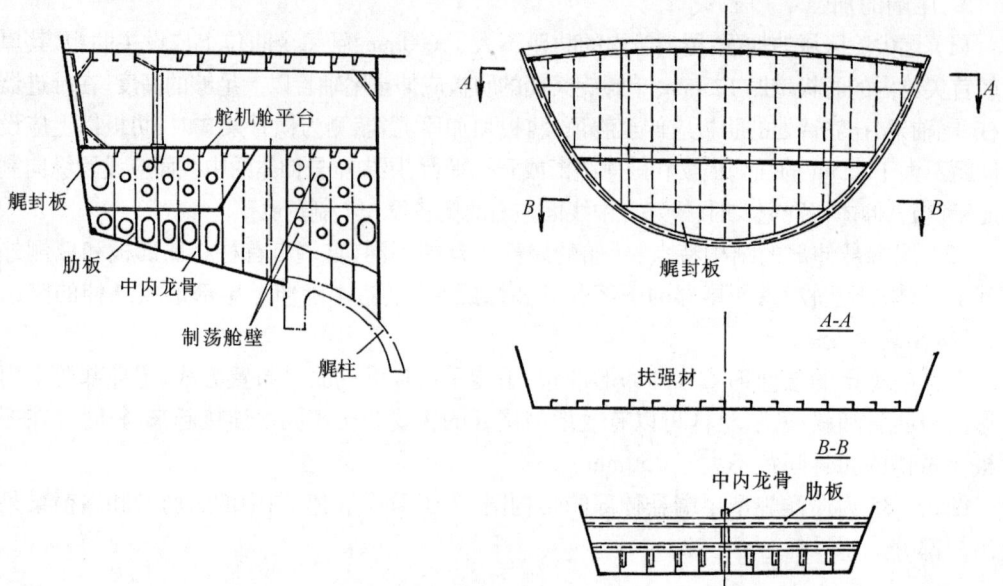

图 2 - 86　方形尾结构

2.7.2　首尾柱结构

一、首柱

首柱是船首部最前端的结构。由于船舶航行时首部经常受到各种外力,如碰撞、砰击,因此需要较大的局部强度,由于首部比较尖瘦,空间狭小,施工困难,因此首柱设计比较复杂。

首柱可用钢板焊接,可铸造或锻造,也可混合使用,例如首柱断面较宽部分焊接,狭窄部分铸造或锻造。采用什么方式首柱,主要根据船首端线型、强度及工艺决定。

1. 钢板焊接首柱

钢板焊接的首柱具有弧形变化的截面,它比铸钢的首柱为"软",当发生碰撞时,钢板首柱只在局部变形或损坏,可以避免造成较大范围的损坏。局部损坏的地方修理和更换钢板也比较方便。钢板首柱主要的优点是制造方便、重量轻、容易修理。

钢板焊接首柱由弧形外板、垂直加强筋、水平加强肘板组成,弧形外板一般比相邻外板厚些,垂直加强常常采用"T"型钢,与底部中内龙骨相连,首柱长度方向每隔一段布置水平肘板加强,肘板可用一般平板,也可用折边板、"T"形板,见图 2 - 87。

2. 铸钢和钢板混合首柱

铸钢首柱刚性好但重量较大,适用于截面形状比较复杂,刚性要求较大以及焊接困难的船的首端,如破冰船的首柱。现在大型的运输船上仍有这种首柱,但通常只在水线附近及首柱下部采用铸钢件,而水线以上部分用钢板焊接,然后将这两部分焊接起来,这种首柱称为混合首柱,见图 2 - 88。图中铸钢的一段,铸有横向和纵向的加强筋,加强筋可与船体的其他构件相焊接。铸钢首柱的边缘有凹槽,便于外板嵌入焊接。

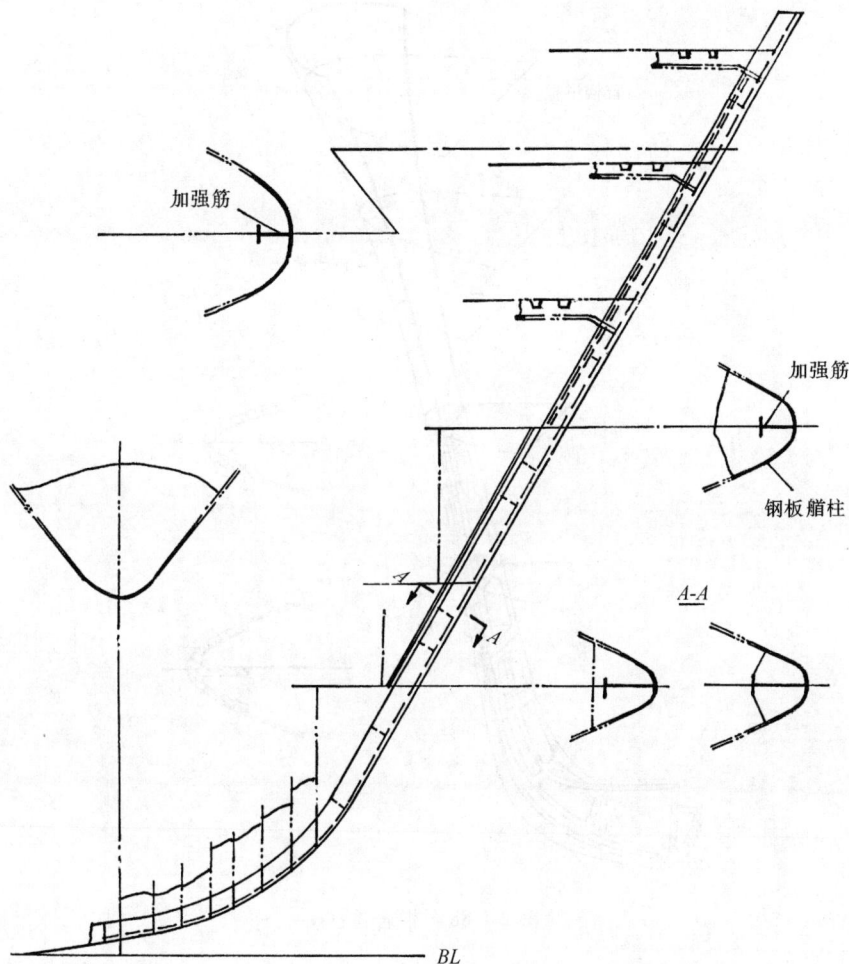

图 2 - 87 钢板焊接首柱

3. 锻钢首柱

用钢锭锻造的首柱,强度和冲击韧性都很好。锻钢首柱适用于截面形状简单,容易加工的构件以及首端狭窄,焊接困难的船舶。大型的锻件不如钢板焊接首柱容易加工制造。对于小船的首柱可用厚扁钢等棒状型钢制造,大型的首柱也可用锻造和钢板混合结构。

二、尾柱

一些船在尾端的下部设尾柱,用以支撑舵与螺旋桨,使其能有足够的强度与刚度,保证其正常工作,并可保护舵与桨免遭损坏。

尾柱一般用于不平衡舵、支承式平衡或半平衡舵、一个或三个舵的船上。一般双推进器、悬挂式方尾船上不需设置。

尾柱的型式根据船的大小、船尾形状、舵的类型、螺旋桨数量决定。

尾柱与首柱一样,可以采用钢板焊接、锻造、铸造,或者采用钢板焊接与铸造(锻造)混合型式。现在除了极老式的船舶,不平衡舵已很少见到,因此矩形框架式的尾柱也随着淘汰,见图 2 - 89(a)。最常见的是由螺旋桨柱和底骨组成的无舵柱的尾柱,见图 2 -

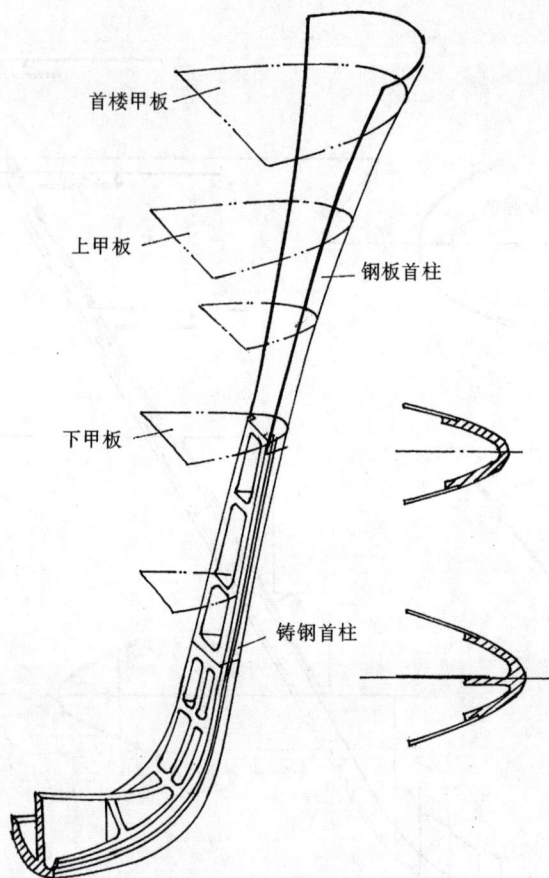

图 2 - 88　混合首柱

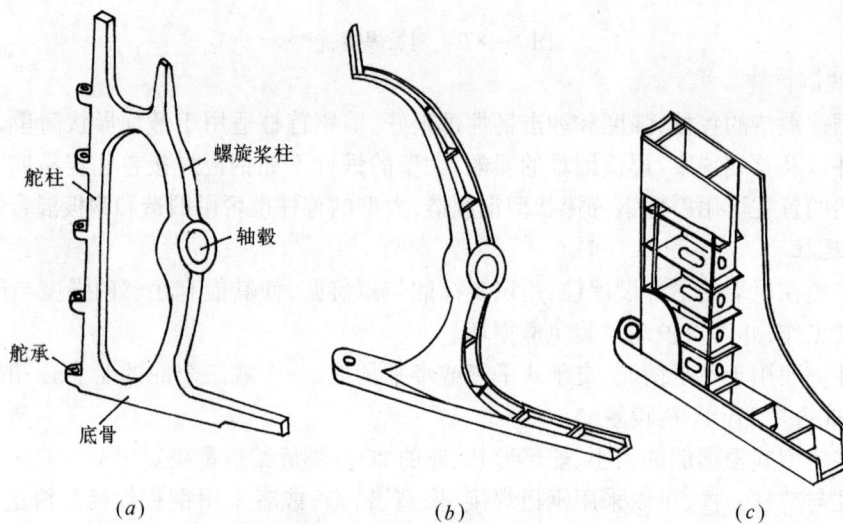

图 2 - 89　尾柱的形式

89(b),这种型式用于有下支承点的单螺旋桨平衡舵的船上。双螺旋桨有中间舵的船上采用如图 2 – 89(c) 所示的尾柱形式。

形状复杂的尾柱都采用铸钢浇铸,结构简单的尾柱可采用锻钢制造。大型的尾柱整体铸造比较困难,可用分段铸造然后装配焊接起来。

图 2 – 90 是铸钢尾柱结构,该尾柱分四段焊接而成。

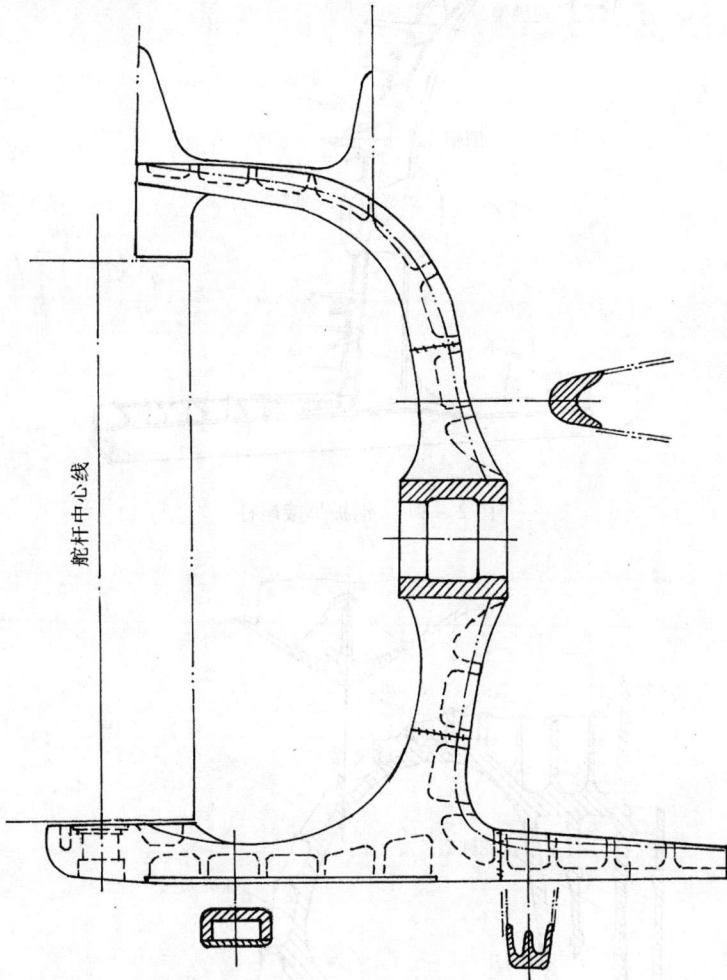

图 2 – 90 铸钢尾柱

图 2 – 91 是钢板焊接的大型尾柱,它与同样大小的铸钢尾柱相比,重量可减轻,不需要大型浇铸设备就可以制造,这是它的优点。

该尾柱钢板最大厚度为 50mm,总重量约 17t。螺旋桨柱的钢板焊在直径为 100mm 的圆钢上,尾柱内有肘板加强,尾柱的上端装有纵向加强筋。

近年来许多运输船舶趋向于采用悬挂舵,尾柱结构也相应地有了改变。悬挂舵的下端没有支承点,不需要向后伸出的尾柱底骨,简化了尾柱结构。图 2 – 92 是单螺旋桨悬挂舵船上的无舵柱底骨的铸钢尾柱,分二段铸造。该船采用的是半平衡悬挂舵,上面有舵轴架,它与螺旋桨柱上端弧形部分焊接成整个尾柱。尾柱上的纵向和横向加强筋与船体内部的肋板等构件焊接,使尾柱与尾端结构获得牢固连接。

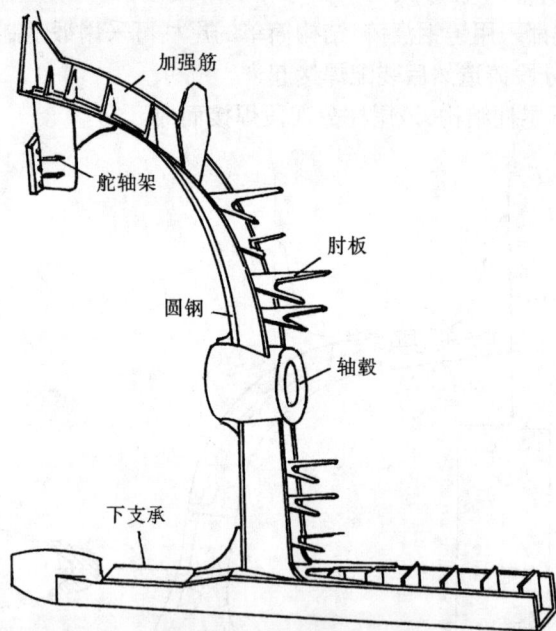

图 2 - 91　钢板焊接尾柱

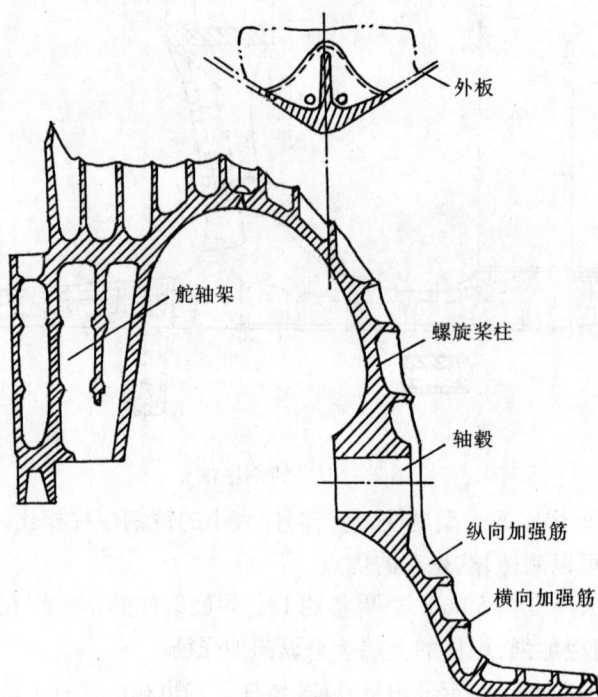

图 2 - 92　无舵柱底骨的铸钢尾柱

2.8 船舶上的特殊结构

2.8.1 舭龙骨结构

为了减小船舶在波浪中航行时所产生的摇摆,在各类船舶上普遍地采用舭龙骨结构。当然,舭龙骨对减小船舶航行时的阻力是不利的。为此,要求布置位置尽可能与船舶舭部的流线吻合。

舭龙骨通常布置在船体宽度较大的一段长度上,其长度约为船长的30% ~ 50%。为减小阻力,通常经模型试验或凭经验选择最佳位置,纵向应顺着流线安置,而且尽量不要伸至首端$\frac{1}{3}L$范围内。短而宽的舭龙骨比长而窄的舭龙骨效果更好些。为了减少舭龙骨受损的可能性,布置时要求舭龙骨不要超出船舶的基线和舷垂线(船宽),以免停靠码头、搁浅等情况下碰坏舭龙骨,如图2 – 93所示。舭龙骨的宽度一般约为船宽的3% ~ 5%。在中小型船上通常为0.2m ~ 0.5m左右。在确定舭龙骨的位置时应避免与舭部的开口相交,也应避免布置在开口边缘附近。

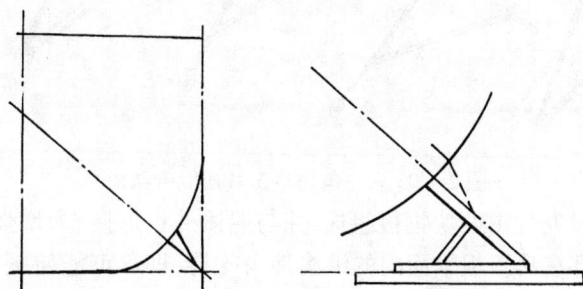

图2 – 93 舭龙骨位置

舭龙骨的结构形式有下列类型:

1. 单板式:结构简单,通常宽度为250mm ~ 450mm左右,用于中、小型船舶。

2. 三角式:结构较单板式复杂,舭龙骨宽度在500mm以上时,单板式难以保证强度与刚性,须用此种形式。

3. Y式:大、中型船舶上均应用。

单板式舭龙骨可以用球扁钢、钢板作成。为了减轻其重量,可用不同厚度的钢板作成变断面梁的形式,也可用钢管、半圆钢、弧形钢或扁钢作成镶边,这既可防止割坏缆索,也可防止缆索损坏舭龙骨。

单板式舭龙骨是利用板条与船体连接,舭龙骨的腹板焊接在板条上,而不直接与船体焊接,当舭龙骨上作用较大的横向力时(例如当其撞击礁石上时),首先受破坏的是舭龙骨腹板与板条的连接,而船体仍完好无损。为此目的,腹板与板条的焊脚尺寸应小于板条与船体外板之间的焊接尺寸,才能实现上述的不等强度连接,如图2 – 94所示。

板条的厚度应等于舭龙骨与板条相连接部分的厚度,板条的宽度不大于其厚度的

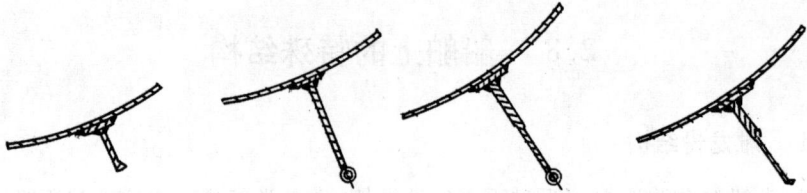

图 2 - 94   单板式舭龙骨结构

10 倍。

为了减小阻力,舭龙骨表面应平整,不允许采用安置加强筋的办法来增强它的强度与刚度。采用角钢固定舭龙骨腹板的办法,实践表明,不仅工艺性不好,而且损坏外板的可能性较大,因而不宜采用。

当舭龙骨的宽度大于 500mm 时,采用单板式舭龙骨就难以保证它的强度与刚度了。因此采用其它的结构形式,如图 2 - 95 所示。

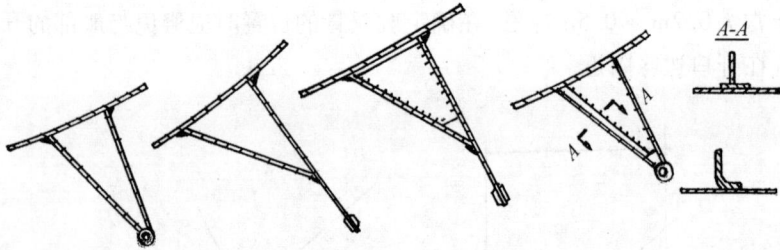

图 2 - 95   三角式与 Y 式舭龙骨结构

三角式与 Y 式舭龙骨由两块钢板组成,并与船体外板焊接,为增强其强度与刚度,还应充分利用船体内部在其腹板平面内的纵构件来支持,即尽可能使舭龙骨腹板与旁底桁或纵骨的布置位置协调一致。当不可能一致时,则应在舭龙骨腹板平面内安装肘板,使之与船体横向刚性构件(横舱壁、肋板)连接。这些肘板的数量与尺寸应由强度计算确定。

如果船体内无刚性较大的纵向构件可以用来支持舭龙骨时,则应在舭龙骨内装设肘板,这些肘板必须布置在船体横向构件(肋板、舱壁)的平面内,并焊接在外板上。

为防止舭龙骨受碰撞时损害船体,舭龙骨的强度要远远小于船体强度。

2.8.2　护舷材结构

为防止船舶靠码头或靠近其它船舶时碰坏舷侧外板、舷窗等,要求在舷侧装置护舷材。

护舷材应具有一定的强度,而且要富于弹性。当受到碰撞磨擦时,即使护舷材损坏,而船体外板无损。

布置护舷材时还应考虑经常停靠的码头高度和潮汐涨落情况,以便在各种情况下均不会碰坏舷侧。对小型船舶来说,护舷材通常安置在舷窗上面最上一根纵骨处或在舷顶列板上。对中型船舶来说,一般布置在载重水线以上一定高度位置,以免在满载时浸入水中增大航行时的阻力。对大型船舶来说,除在舷侧水线以上布置一条护舷材外,有时在水线下的舭板上边接缝(铆接缝)之上也装置护舷材。目的在于保护此铆接边缝,因碰擦后油漆脱落,此铆缝的铆钉易受腐蚀。有些型深较大的特种船,吃水深度变化较大,为保护舷侧而设置2～3条护舷材。

在船长方向中部船体宽度最大区域最易碰损,因此在此长度内应设置护舷材。在首尾端部船宽明显减小的区域,受碰撞的可能性不大,故不必要安置护舷材。对尾型较宽的船,护舷材则应向尾适当延伸,甚至可达船尾。

由于护舷材损坏的可能性较多,而且所在的位置差别较大,结构上的要求不相同。因此,即使它的长度较大,偏于安全考虑,通常认为它不参与船体梁的工作,即不计入船体梁剖面。

护舷材的结构类型一般可分为两类,一类是钢质护舷材,另一类是木质护舷材。

钢质护舷材:类型较多,如图2－96(a)中所示,有半圆钢、半圆管及钢板弯折的各种形状。

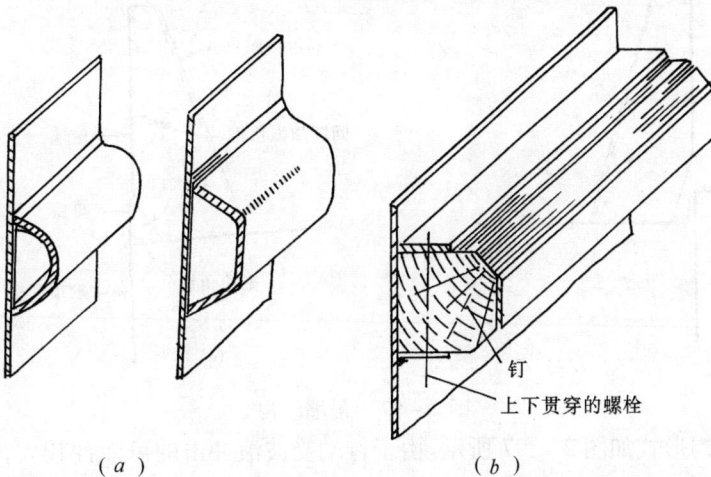

（a）　　　　　　　　　　（b）

图2－96　护舷材结构

为了提高钢质护舷材的刚性,在半圆管内每隔一定距离(每隔一档肋骨)安置肘板增强,此肘板可不与船体外板焊接。为防止腐蚀,此空心护舷材要涂刷沥青等防护涂料。大的护舷材内可充填轻质木材等,注入防护涂料填塞空隙以防破损浸水引起内部腐蚀。

钢质护舷材端部不应突然终止,以免产生应力集中,须逐渐改变断面减小尺寸,并与外板焊接。

木质护舷材:如图2－96(b)中所示将各段木方安装在与船体焊接的两块扁钢之间,用螺栓上下贯穿固定在扁钢上。如果使用橡木,则紧贴钢板处应该用松木或其它合适的木材。因为橡木中的柔酸是腐蚀剂,会腐蚀外板,故橡木只宜用作面板。

2.8.3　舷墙结构

在露天甲板上,为防止海浪冲击到甲板,或人员掉到海里,以保证生活、工作安全,须在甲板边缘设栏杆或舷墙。栏杆一般为圆管,垂直布置,栏杆间用铁链连接。由于栏杆不能阻挡波浪冲上甲板,因此可采用舷墙结构,其结构形式如图2－97。一般舷墙高度约为0.9m～1.2m,具体高度根据需要确定。

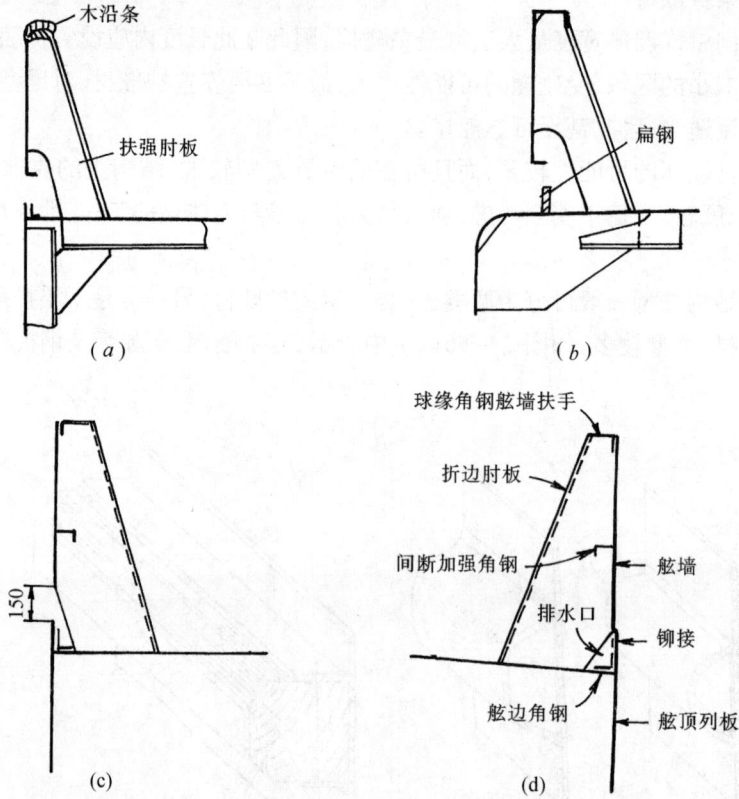

图2－97　舷墙结构

舷墙的结构形式如图2－97所示。由于首端受波浪冲击的可能性较大,因此,舷墙板的厚度一般与该处外板的厚度相同,并在每一肋距上安置肘板支撑。其它区域的舷墙板厚度可减小,肘板的间距也可增大,而不必与肋距配合。如舷墙较高,为增强其强度与刚度,在$\frac{1}{2}$高度处可装置纵向加强筋,尤其是首部的舷墙,因波浪冲击力较大,需要特别注意其结构的坚固性,使用经验表明,首部舷墙遭受破坏的概率较大。

位于其它区域的舷墙,虽然受波浪冲击的载荷比首端为小,但必须考虑船体总纵弯曲的影响,在结构上要采取措施,使其不参与总纵弯曲,一种办法是将舷墙板分割为长度不大的小段,每段之间不连接,且舷墙板也不直接与舷顶列板焊接,但可铆接。舷墙板是依靠焊接于甲板上的肘板支持的,为了排除海水,舷墙下缘每隔一定距离尚须开出排水口。另一种结构措施是将舷墙与船体分离,即舷墙板不直接连接到船体结构上,将舷墙板与舷顶列板之间留出约150mm的间隙作为分离间隙,这种结构形式的优点是舷墙板不焊到舷顶列板上,因此,它不参与总纵弯曲,从而可减轻结构,也可防止舷墙产生裂缝,避免裂缝蔓延到甲板边板和舷顶列板的可能性。因有间隙,故也不用另开排水孔了。

2.8.4 甲板舱口角隅结构

船舶甲板由于使用的需要,都要开一些较大的舱口,由于开口使得甲板结构的构件尺寸大量减小,因此,其应力必然明显增加,加之尺寸突变及受力状态变化,其角隅处应力由于两个方向应力叠加而加大,因此该处需要加强,以减小应力集中,否则在其角隅处很容易出现裂缝或断裂以致发生海损事故。

舱口角隅处的加强有许多种形式,一般要根据开孔的大小,原结构的强弱,按强度要求确定。

一般原则是:

1. 甲板的舱口角隅必须设计成圆弧形或抛物线型,圆弧角隅半径一般不得小于舱口宽度的$\frac{1}{10}$,角隅的加强板厚度为甲板厚度的1.5倍,至多不得大于2倍,甲板板的边缘应保持光顺,无锯齿形缺口。抛物线型一般不需另外加强。

2. 舱口的甲板应设围板,如图2-98中所示。角隅结构有两种基本形式:

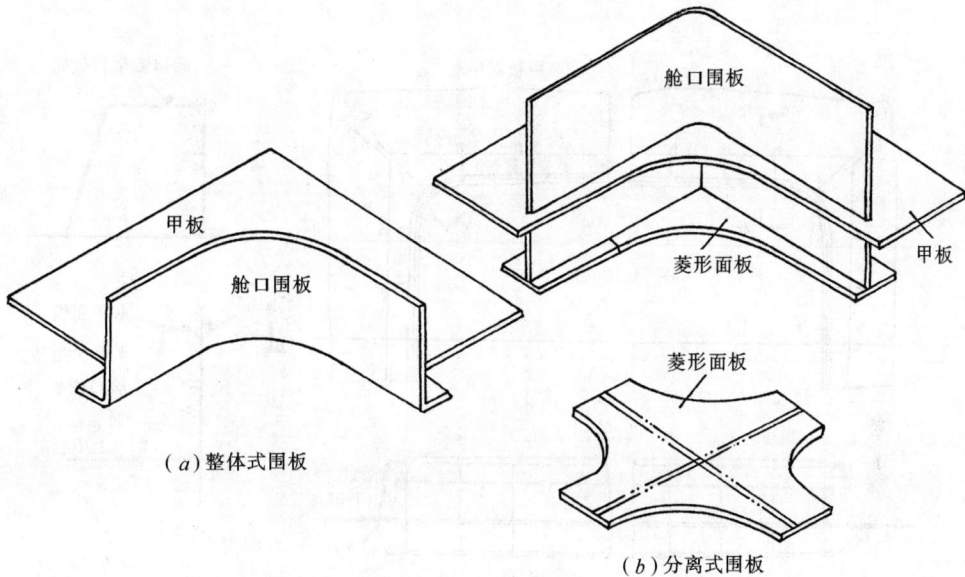

(a) 整体式围板

(b) 分离式围板

图2-98 舱口角隅结构

(1)整体式围板:角隅成圆角,应力集中情况有所改善,但与甲板下面的舱口横梁及甲板纵桁相连接,在结构上与工艺上均比较麻烦和困难。

(2)分离式围板:将围板分为甲板上及甲板下两部分,分别焊于甲板开口边缘,但应力集中情况较上一种严重些。尤其是板边要加工光顺,不允许存在缺口,任何细小的边缘缺口均会引起额外的应力集中。由于工艺较简单,民船采用较多。

3. 尽量利用甲板纵桁与强横梁作舱口围板,可简化结构,因此,布置甲板纵桁与强横梁应考虑到舱口的长度与宽度尺寸。实在不能结合时,甲板纵桁与舱口围板可以分别设置。这时,纵围板的端部不能突然结束,而以肘板的形式延伸2~3肋距长度逐渐消失。由于构件较密集,施焊条件差,施工较困难,必须确保焊接质量,以免发生裂缝。

4. 舱口端横梁与甲板纵桁必须有效连接,各构件的对接头必须分散错开(∢200mm),如图 2 - 98 所示。交点处的菱形水平肘板(实际上是翼板)最好是作成整体式,将对接接头分别离开甲板纵桁与强横梁的相交点。

5. 为了减小甲板纵桁、端横梁的尺寸,可以安置支柱以减小其跨距。支柱可安置在舱口四角或舱口端横梁的中点处,这取决于舱室的布置情况。

6. 应注意甲板纵桁、端横梁、底部纵桁与支柱的配合。

如果不允许设置支柱时,为减小甲板纵桁尺寸,可在舱口长度范围内的端横梁之间设置舱口悬臂梁作为甲板纵桁的弹性支座,与端横梁一起共同支承甲板纵桁(或舱口纵围板)。

图 2 - 99 所示为具有钢质舱口盖的露天上甲板货舱口围板的结构实例,属分离式围板。舱口围板上缘用半圆钢加强,围板的四周装有水平面板和垂直肘板;舱口围板高出甲板面 600mm 以上时还须加装水平加强筋。这些构件起着防倾和增强刚性的作用。肘板应尽可能与甲板下面的舱口纵桁和舱口端横梁的防倾肘板布置在同一平面内。

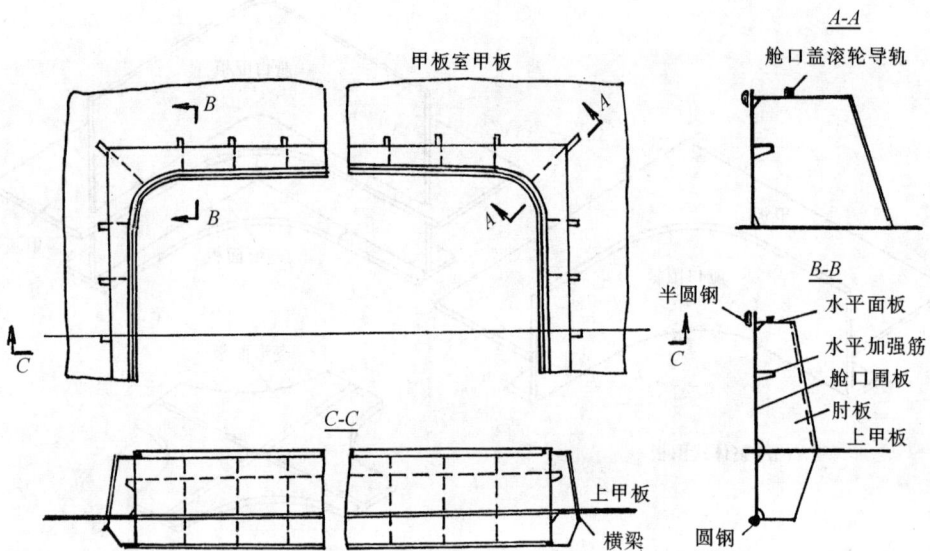

图 2 - 99 上甲板货舱口形状

2.8.5 挡浪板结构

当船舶在恶劣的气象条件下航行时,巨浪将翻上甲板而冲击甲板、上层建筑结构及舱面的机械设备等。严重时不仅船首结构、甲板上的装置设备受到损坏,有时上层建筑也受波及。为了减小甲板前段被海水浸淹,改善甲板舱面工作条件与生活条件,所以,在甲板(上甲板或首楼甲板上)首端设置一道或两道挡浪板。

挡浪板的位置及高度尺寸应由总布置决定。

为了迅速排出翻上甲板的海水,挡浪板应成一定角度向首倾斜而不垂直于甲板平面,并左右对称地与中线面成锐角的人字形布置,如图 2 - 100 所示。

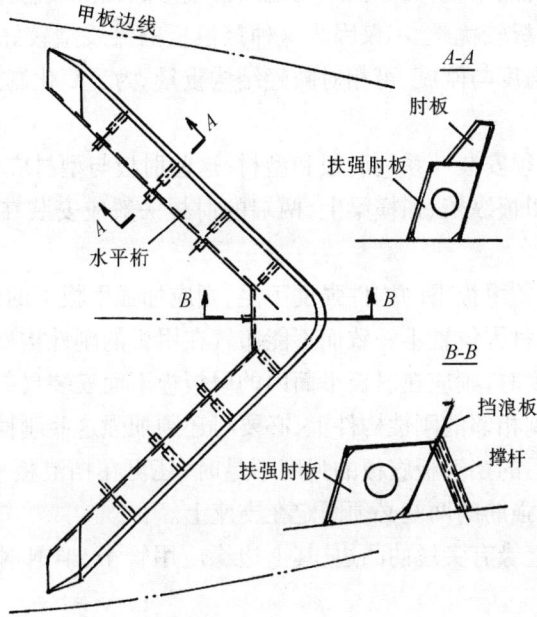

A-A

肘板

扶强肘板

B-B

挡浪板

撑杆

扶强肘板

甲板边线

水平桁

（a）

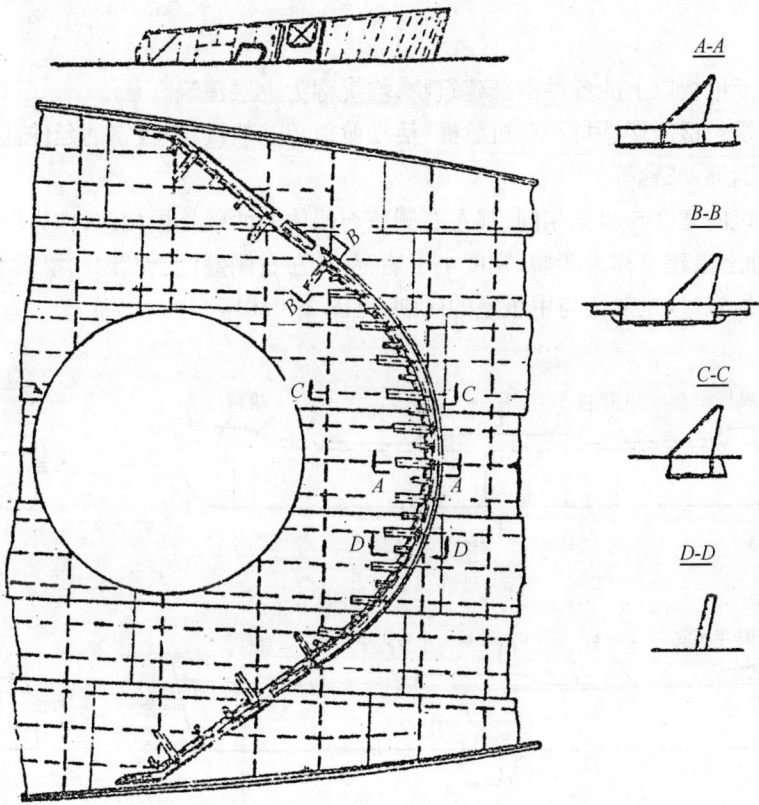

A-A

B-B

C-C

D-D

（b）

图2－100　挡浪板结构

从结构工艺性的观点来说,由平面结构组成折线形的挡浪板制作比较简易,但使用效果表明,曲线形的挡浪板较优越。不仅因为这种挡浪板的流线型较好,而且因为圆弧部分成弓型而具有较大的强度与刚度,可相对减轻结构重量。为了简化制造工艺而采用平面结构形的挡浪板也可以。

为了支撑挡浪板,须安装一系列肘板和型材,这些肘板与型材应布置在甲板的刚性构件平面内。如在舱壁、甲板纵桁、强横梁上,两端的肘板一般应安装在靠近舷边,但又不要连接在舷顶列板上。

如支持肘板、型材的甲板下的构件强度不足,则应加强甲板下的构件。

挡浪板的肘板、型材因位置不一致而不能布置在甲板的刚性构件平面内,而只能与甲板的刚性构件成一角度时,则应在肘板平面内的甲板板下面安装局部构件来支持肘板。这些构件须延伸并连接到相邻的刚性构件上,必要时还须加强这些刚性构件。

如果已安装肘板后的挡浪板腹板的强度不足时,还可在挡浪板上安置水平桁或水平的或垂直的加强筋。加强筋的两端必须固定在支座上。

为了避免挡浪板上缘有尖锐的凸边,其上边缘应用管子、半圆钢等镶边,或者将上缘的尖边修圆。

2.8.6 上层建筑结构

一、概　述

凡位于上甲板以上的各种围蔽建筑物,均统称为上层建筑。

上层建筑包括船楼、甲板室、机舱棚、活动舱口盖及船楼、甲板室的延伸部分的所有结构,如檐棚、围屏、舷台等。

上层建筑的宽度与船宽相同,其左右侧壁与船体的两舷外板相连,作为舷侧外板的延伸部分,这种上层建筑称为船楼。宽度小于船宽,其左右侧壁位于舷内的甲板上,这种上层建筑称为甲板室。这是船楼与甲板室的区别,见图 2 - 101。

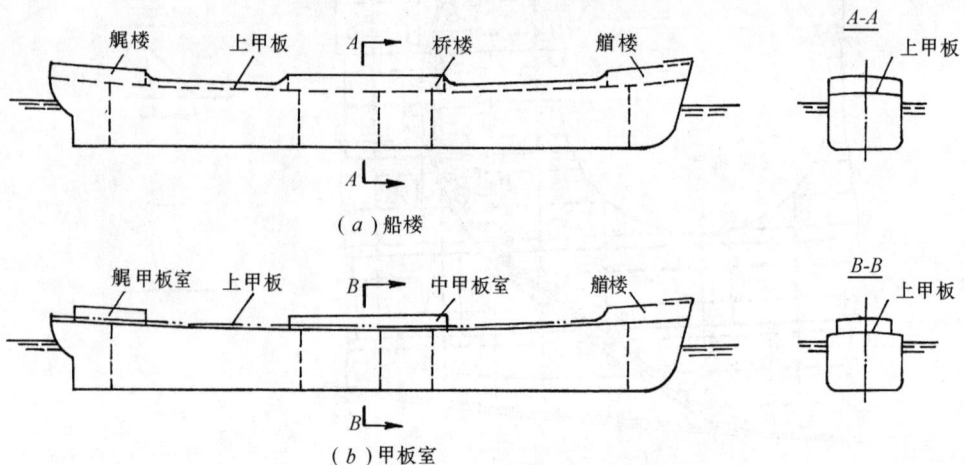

(a) 船楼

(b) 甲板室

图 2 - 101　船楼和甲板室

根据其所在位置的不同,船楼分为首楼(在船首)、桥楼(在船中)及尾楼(在船尾)。桥楼与首楼又有长桥楼与短桥楼、长首楼与短首楼之分。

设置上层建筑与船舶的航海性能及居住条件密切相关。在上层建筑内可设客舱及船员的生活舱室,有的地方如首楼的甲板间还可以作为部分货舱使用,或存放缆绳、灯具和油漆等。驾驶室设置在船首部、中部或尾部上层建筑的顶部,有利于扩大驾驶人员的视野。上层建筑还能增加船舶的储备浮力;首楼可减小甲板上浪。上层建筑如果设于机舱上方,可围蔽机舱开口。此外,当上层建筑具有足够长度时,它可以全部或部分地参与主体的总纵弯曲,这样也就提高了船体的总纵强度。

上层建筑主要承受如下各种力:

1. 上层建筑上的设备、人员重量等局部载荷。

2. 波浪冲击力:波浪中航行,冲到甲板上的波浪对上层建筑,尤其首部上层建筑的冲击。

3. 总纵弯曲应力:中部较长的上层建筑,在总纵弯矩作用下,随主船体一起产生总纵弯曲。

二、上层建筑的类型

上层建筑中,参与船体总纵弯曲的称为强力上层建筑(强力甲板、强力船楼),不参与总纵弯曲的称为轻型上层建筑。

区分方法是,一般将上层建筑长度大于船长15%及大于本身高度6倍,或支持在主船体的三个或三个以上主横舱壁的作为强力上层建筑,否则视为轻型上层建筑。

结构设计的指导思想是,对于强力上层建筑,将其作为主船体一部分,由于在其前后围壁处,船体梁剖面突变,为避免产生应力集中,在该处须加强,结构设计要既考虑局部强度,更要重视总纵强度,结构相对比较坚固,并尽可能与主船体结构相配合。而轻型上层建筑,由于其不参与总纵强度,只考虑局部强度,其结构设计的比较轻便,为了防止参与总纵强度,在其与主船体之间还要设计成能伸缩或滑动接头。

三、构件布置

上层建筑一般由甲板板、侧壁板、端壁板与横梁、纵桁及横向骨架的肋骨、横梁、纵向骨架的纵骨、纵桁组成。强力上层建筑的甲板与侧壁大开孔需加强。一般与主船体骨架形式及肋距取一致,以保持结构的连续性。板厚度与构件尺寸相应增大。

强力上层建筑内应设置强肋骨或局部舱壁以支持甲板室的侧壁和端壁,并尽可能与位于其下面的水密舱壁或其它强力构件在同一垂直平面内。

上层建筑端部下方应设置支柱、舱壁或其它强力构件给予支持。此外,在船端部,为了缓和其应力集中程度,应装置弧形板,自船楼的舷侧板逐渐向主体的舷顶列板光顺过渡,并用加强肘板支持。船楼端部的加强如图2-102所示,弧形延伸板的长度不小于船楼高度的1.5倍,厚度应增加25%;同时,在伸出弧形延伸板两端各两个肋距的范围内,舷顶列板和甲板边板的厚度也需相应地增加20%。

为了缓和强力甲板室端部的应力集中程度,侧壁与端壁的连接应做成圆角,其圆弧半径应尽量取大些。在长甲板室围壁的角隅处,用角钢以双列铆钉将围壁与甲板连接,如图

2-103(a) 所示。因为铆接连接具有缓冲作用，可减少围壁角隅的应力集中。该角钢沿船长及船宽方向的长度应不小于甲板室本身的高度。有些船舶上，采用板条代替角钢，即把围壁焊在板条上，板条与甲板铆接，如图 2-103(b) 所示。这种方法较采用角钢直接铆接方便，可获得同样的效果。

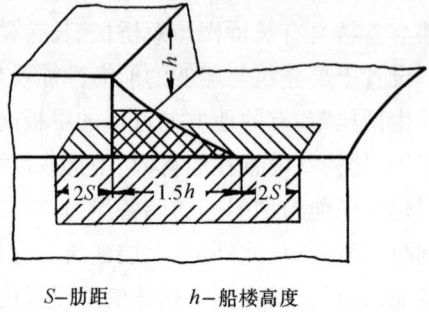

S—肋距　　　　h—船楼高度

图 2-102　船楼端部的加强

轻型甲板室的骨架形式通常采用横骨架式，即以横梁、甲板纵桁及扶强材(侧壁上的肋骨)组成，骨架间距应与主船体的骨架间距配合，如图 2-104 所示。如果上甲板为纵骨架式时，则甲板室的骨架间距应按主船体肋骨间距成整倍数减小，这样，可使多数骨架能与主船体骨架配合。

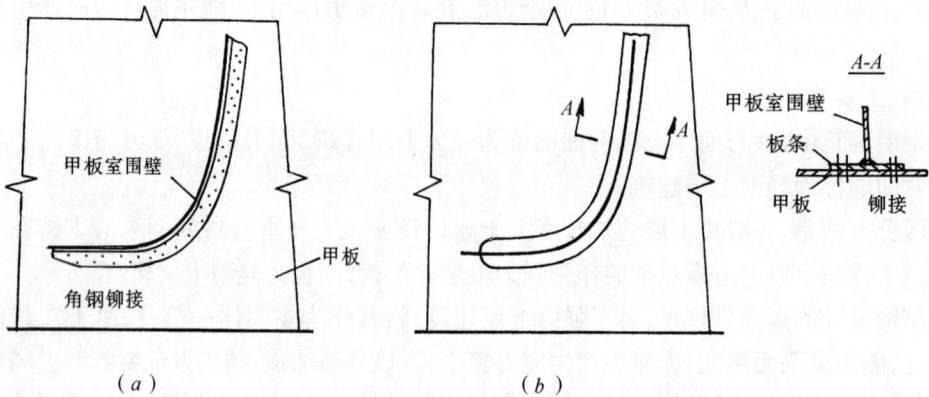

图 2-103　甲板室围臂角隅的连接

轻型上层建筑应尽量避免参与主体的总纵弯曲，以达到减轻结构重量的目的。为了减小总纵弯曲应力，可采用伸缩接头，这实际上就相当于把上层建筑分离为若干段，使每段的长度都不超过上层建筑高度的6倍。

常用的伸缩接头有两种形式，即滑动伸缩接头和弹性伸缩接头。滑动伸缩接头可使铆钉在长圆孔内滑动而使被连接的两块板能够自由滑移，如图 2-105 所示。这就使甲板室前后两段可作较大的相对移动，因而避免参与主体的总纵弯曲。弹性伸缩接头是将甲板室的甲板和侧壁板在接头处变成上下尺寸不同的 U 形，如图 2-106 所示。当甲板室下缘与主体一起弯曲时，由于接头的变形，起到了缓冲作用，而使甲板室中的应力降低。

弹性伸缩接头与滑动伸缩接头相比，结构较简单，可允许被连接的两个分段有较大的相对移动，但它的缺点是分段相对移动的阻力很大，并经常容易发生结构损坏。

伸缩接头的位置应与上层建筑大开口的横端错开，其间距不得小于4个肋距。

除了采用伸缩接头以减小甲板室的总纵弯曲应力外，有些船上还使用铝合金来建造上层建筑。

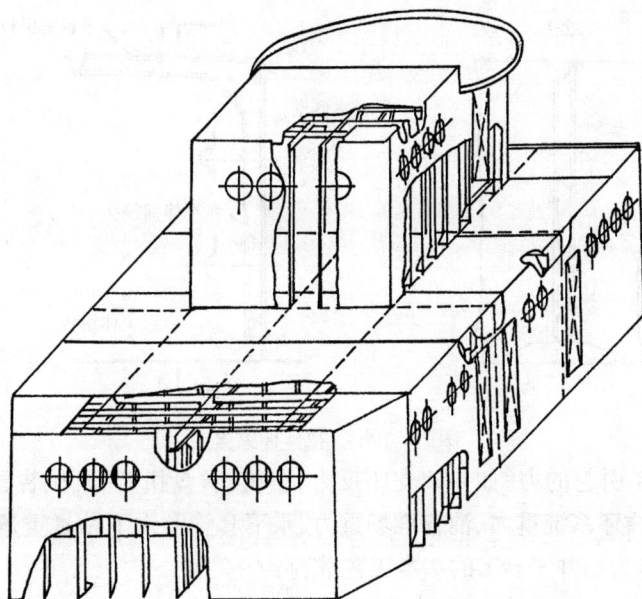

图 2 – 104 双层甲板室结构

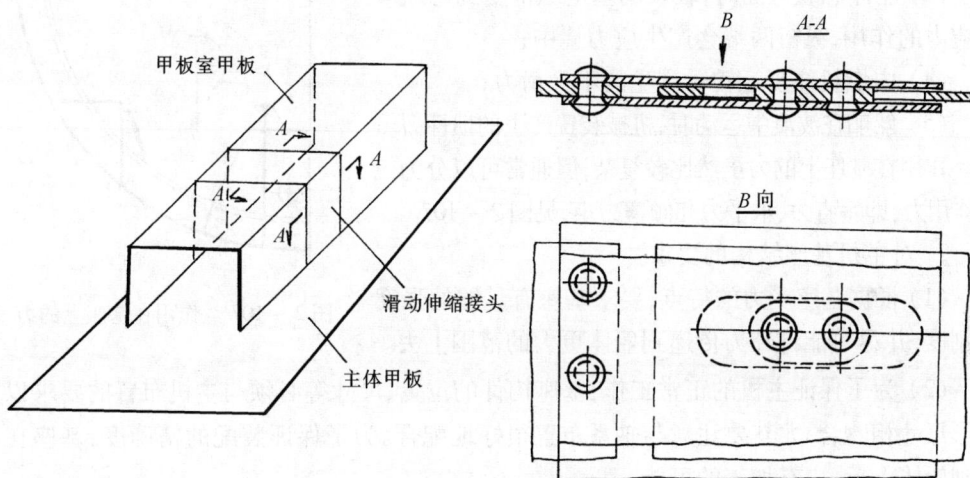

图 2 – 105 滑动伸缩接头

2.8.7 基座结构

一、基座的受力与结构要求

船舶上装备有主机、锅炉、电机、起货机、锚机、舵机,海洋平台还要装备有钻井机、泥(水)泵机、起(拔)桩机、升降机、抽油(水)机等各种机械装备。要使各类装置能正常运转,就需要将这些装置牢固地固定在一定位置。固定机械装置底座的结构称为基座。

1. 作用在基座上的外力

基座上受到静力载荷和动力载荷,主要有以下作用力:

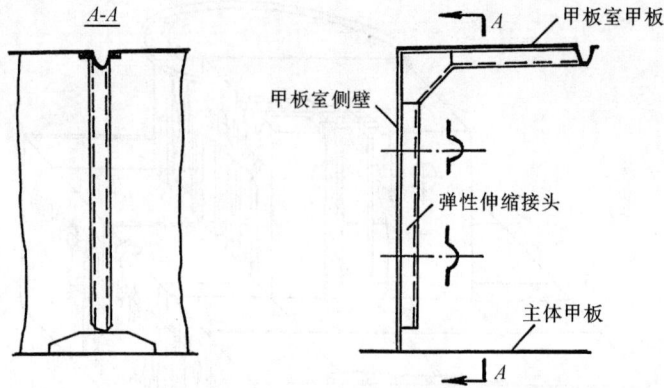

图 2 – 106　弹性伸缩接头

（1）钻井设备引起的力。如井架支座反力，主机、转盘扭矩、机械装置自重、立根盒压力、泥浆泵、泥浆循环系统重力、油管堆场重力、水下套管及水下钻具重量 ……，这些是活动式海洋平台（多为钻井平台）的基本工艺载荷；

（2）船舶横倾时，基座上承受由机械装置所引起的倾覆力矩及水平力；

（3）船体总纵弯曲时，较长的基座纵桁受到总纵弯曲应力的作用，纵桁两端会产生应力集中；

（4）内燃机往复运转时产生的不平衡力；

（5）船舶在波浪中运动时，机械装置产生的惯性力。

作用在基座上的力虽然比较复杂，但通常可以分为三种作用力，即垂直力、水平力和倾覆力矩，见图 2 – 107。

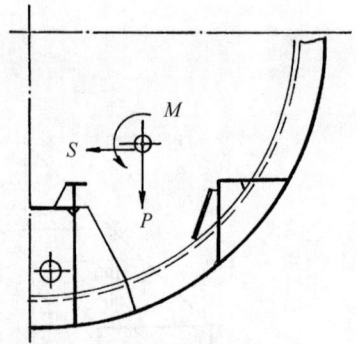

图 2 – 107　作用在基座上的力

2. 对主机基座结构的要求

（1）根据基座受力的特点，要求基座有足够的强度和刚度，并尽可能将外力传递到船体更大的范围上去。

（2）为了保证主机的正常工作，基座构件的位置、尺寸等必须与主机布置的要求以及外形尺寸相吻合，尤其要注意与轴系布置很好地配合。为了保证装配的精确度，基座在安装到船体上后，应有加工的可能。

（3）为了保证主机装修和拆卸的可能，结构周围应留有一定空间。

（4）尽可能的利用船舶或平台主体原有的构件作为基座构件并予以加大尺寸或增设加强构件，在不影响原结构强度条件下，可以局部改变原结构中构件位置，以适应基座需要。仅在不可利用原来相应构件的情况下才增设新的构件。

二、基座结构

1. 基座主要构件

基座的种类多种多样，结构形式也不同，但组成基座的基本构件基本上是一样的。根据作用可以分为：

（1）用于直接固定主机的构件 —— 基座面板，一般与主机底座板间用螺栓连接。

（2）支持基座面板，并将主机载荷传递给船体结构的主要构件 —— 基座主(纵)桁、基座隔板。基座主桁一般设两根，沿主机长度方向布置，基座隔板一般与主桁正交布置，有的基座用桁材代替隔板。

（3）基座结构的加强构件 —— 如肘板、衬板、加强筋等。用以增强基座结构的强度、刚度，提高其稳定性。

（4）垫块：主机基座的位置高低必须配合主机曲轴中心线的螺旋桨轴中心线，安装主机时对基座有较高的精度要求。为了保证主机位置在一定的公差范围之内，须用垫块来调整它的高度。图2 - 108是机架底脚与基座纵桁面板用螺栓连接的示意图。

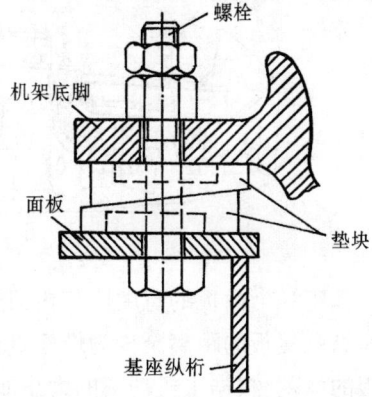

图2 - 108 机架底脚与基座的连接

每个螺栓处有两片垫块，下面一块是焊接在面板上的固定垫块，上面一块是可以调整的垫块，通过上面垫块来调整主机的高度。

2. 主机基座结构

图2 - 109 是双层底船上的柴油机主机基座结构，基座的后端装有推力轴承座。在双层底船上，主要基座安装在内底板上，利用双层底内的构架来加强其基础。横隔板和肘板应装在每档肋板的位置上，基座纵桁应与底部纵桁在同一平面上，如不能做到，须加装局部的半高底纵桁，见图2 - 110。

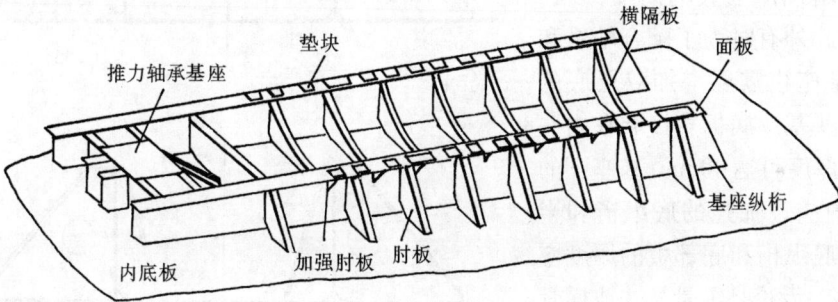

图2 - 109 双层底上的柴油机主机基座

单层底船上的主机基座纵桁直接装在底部外板上，基座纵桁同时也代替了内龙骨的作用。纵桁两端应尽可能与底部纵向构架连接起来，以保证纵向构架的连续性，如不能与底部纵向构架连接时，则须在机舱长度范围内将基座纵桁延伸至横舱壁。在横舱壁后面设置延伸肘板，见图2 - 111。

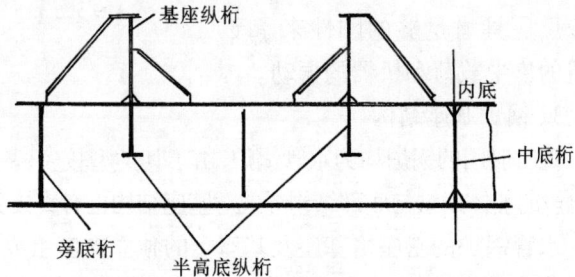

图2 - 110 基座纵桁下的半高底纵桁

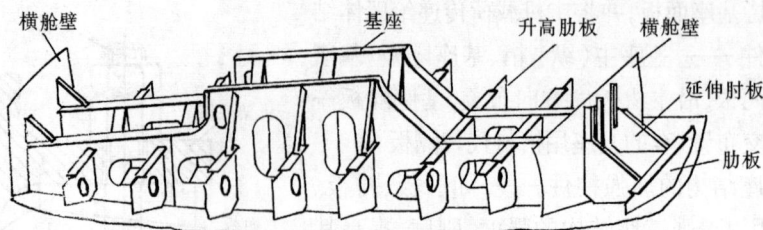

图2-111 单层底上柴油机主机基座结构

基座纵桁面板的宽度应与机架底脚的宽度相适应,使螺栓能方便地拆装,螺栓中心距基座纵桁腹板的距离至少为螺栓直径的二倍。基座纵桁面板和腹板的厚度以及横隔板和肘板的厚度,根据主机功率的大小而定。

横隔板的高度应具有主机下端凸出体所允许的最大高度。肘板的高度伸至面板,宽度应不小于高度。横隔板与肘板的自由缘应有折边或焊以面板。图2-112为柴油机主机基座横剖面结构的几种形式。

图2-113为某尾机船主机基座下升高双层底内的加强结构。为了满足装载足够的燃油、润滑油和淡水,须增加双层底的高度,以扩大舱容,此外有时为了配合轴系和增高的基座也需要增加双层底的高度。这些基座底板直接装在内底板上,其厚度可达40mm。基座下的双层底内应设加强的底纵桁和半高纵桁,底纵桁和底部板的厚度应增大10%。无论是纵骨架式或横骨架式底部结构,机舱内每档肋位上应设置主肋板。基座下的加强结构使双层底具有足够的刚性来承受主机的集中载荷和机器的振动。

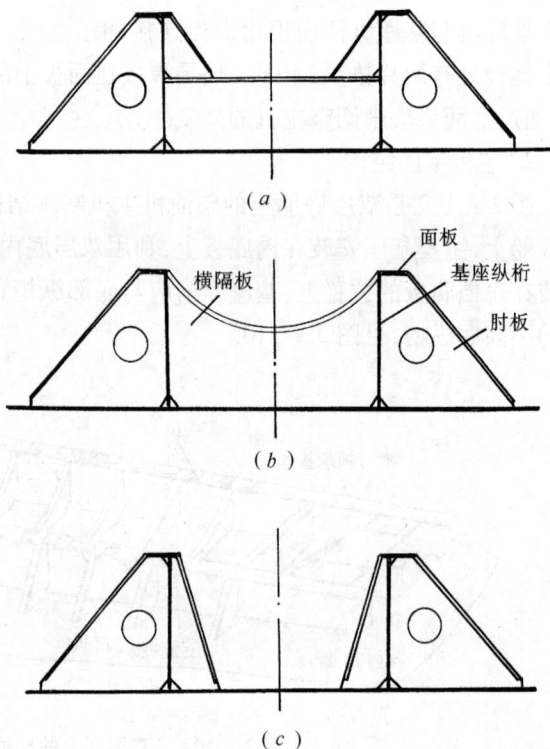

图2-112 柴油机主机基座横剖面结构

3. 锅炉基座结构

现时船用的锅炉均为水管锅炉,由于其类型较多,基座的形状与结构均各有不同,而且锅炉舱段的船体线型与底部结构形式对基座结构也有直接关系(这与锅炉的布置位置有关)。

水管锅炉的基座由基座及基座上的独立支座组成。与主机基座不同的是,由于锅炉受热时能自由膨胀,炉体会产生水平一个或两个方向的位移。为满足这一需要,锅炉基座上的独立支座一般只固定一个,其余的要能允许锅炉在水平方向的位移。图2-114为一个

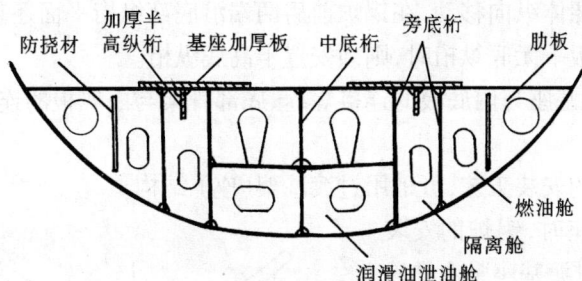

图 2 – 113　升高双层底基座下的加强结构

水管锅炉基座,六个独立垫板式支座中,其中一个圆孔垫板支座是固定锅炉与基座,其余支座上垫板的椭圆孔则可以使锅炉沿椭圆孔的长轴方向移动。

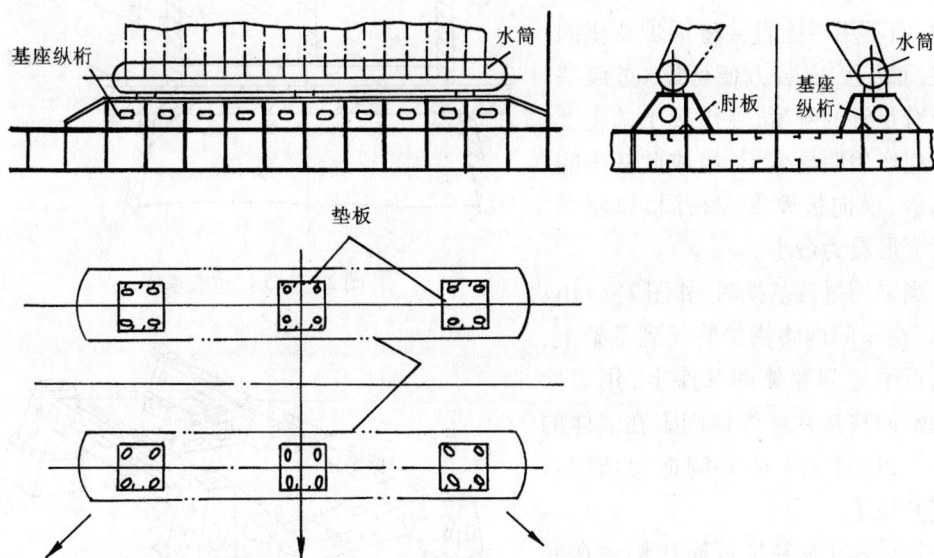

图 2 – 114　锅炉基座

　　支座可以是一块平板,也可以由纵、横及水平板组成一个小箱形体或支架,或为一个过渡基座。支座在锅炉与基座间,通常支座与它们之中的一个焊接固定在一起,而与另一个用螺栓连接,以便允许锅炉与基座间可以有位移。

　　锅炉基座的主要构件及布置原则与主机基座基本一样,由纵、横桁材或纵、横板组成,如图 2 – 114。锅炉基座的纵桁(板)、横向板(桁)与船体结构的旁底桁、肋板同在一平面内,在结构上是合理的。当基座的一块纵向板(桁)与底部旁底桁不一致时,可局部安置半高旁底桁,否则,全部的横向板(桁)必须与肋板一致,而且横向板(桁)在长方向的布置应使锅炉在横向倾覆力作用下,横向板(桁)或肘板上的载荷是均匀的。为使横向肘板的载荷均匀起见,可在底部增设半高肋板来加强底部横向骨架。

　　在基座的面板、纵向立板及横向立板上可开减轻孔。

　　如果固定支座的螺栓孔在基座里面(在两纵向立板之间)时,可允许在纵向立板与横向立板上开手孔,以便安装或拆卸螺栓时方便。

为防止锅炉沿船体纵向移动,在锅炉前后两端沿底部纵桁平面还装置阻止肘板。当此肘板平面内的内底板下无底纵桁时,则须安置半高底纵桁。

在基座区域内,基座与内底板的连接焊缝、底部骨架与内底板的连接焊缝均应用双面连续焊。

为了简化锅炉的安装工艺,可采用过渡基架(座)结构。

当采用过渡基座时,锅炉的安装如图2-115所示。过渡基座是由螺栓压紧板及支架组成的位于锅炉与船上的基座之间的装配件,在安装锅炉时焊在基座面板上(锅炉的支座仍为原来的结构),通过螺栓压紧板固定锅炉,而不用螺栓直接将锅炉支座固定在面板上,安装方便可靠。过渡基座应有足够的刚度,在焊接于基座上时不应产生明显变形。组成此基座的纵向板、横向板厚度应相同,以便焊接时变形量为最小。

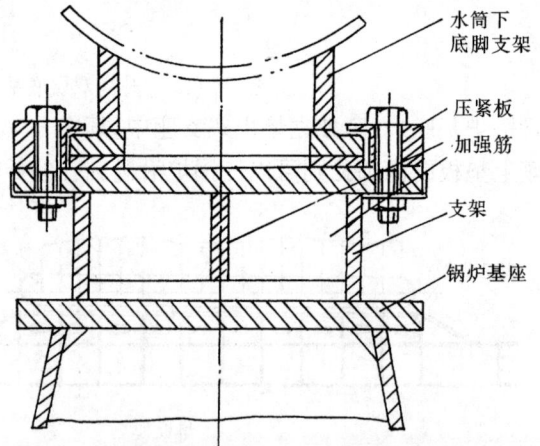

图2-115　过渡基座

当采用过渡基架时,如图2-116所示。在车间内将锅炉装配到基架上,然后再吊运到船体的基座上,用螺栓和局部调整垫片或焊接固定在船体的基座上,这样就不需要制造现场配合的安装板了。

x 采用过渡基架可简化锅炉在底部基座上的安装工序,在运输中可保证锅炉结构的完整性和不易发生变形。当锅炉本身的刚度不足而又需长途运输时,这种结构形式具有特别重要的优点。

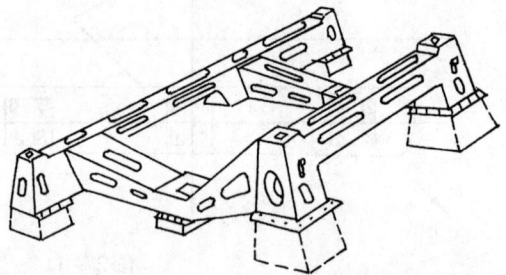

图2-116　过渡基架

三、辅机基座

各种辅助机械的基座应保证将这些机械牢固地固定在船体结构上,为了消除或降低辅机工作时所产生的振动,安装辅机处的船体构架应适当加强。

对于安置在底部而面积不大的辅机基座,为了把作用在基座上的外力(重力及力矩)传递给船体底部的主要构件,因此,基座的纵向或横向板之一应与底纵桁或肋板同在一个平面内,或利用底纵桁与肋板作为基座。当其中之一与底部纵、横构件不重合时,可安置附加的纵桁或肋板。

辅机基座结构如图2-117、图2-118、图2-119所示。

小型辅机的基座可做成托架形式,并与船体的骨架连接。

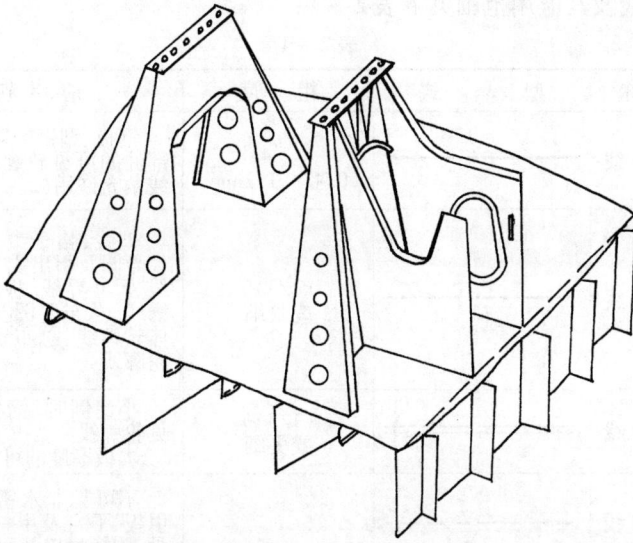

图 2 - 117　泵的基座

如果将已安装好的辅机基座焊接到船体结构上时,为了减小焊接变形,可沿着立板边缘开出切口以减小焊缝的长度。

现在有许多辅机的基座均用钢板做成,这样,不可避免地将增加结构重量与材料消耗,而且加工和安装工作量均较大,经过计算证明,有些辅机基座可用型材制作,不仅

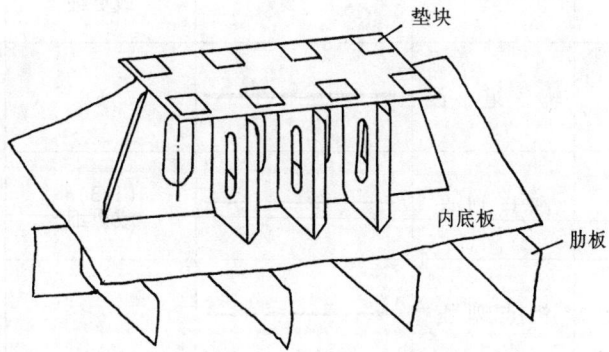

图 2 - 118　压气机基座

可确保所要求的强度与刚度,而且重量轻、省料、省工。当基座长度较大时,由型材做成的基座不会参与总纵弯曲,而且在其两端也不会产生应力集中。

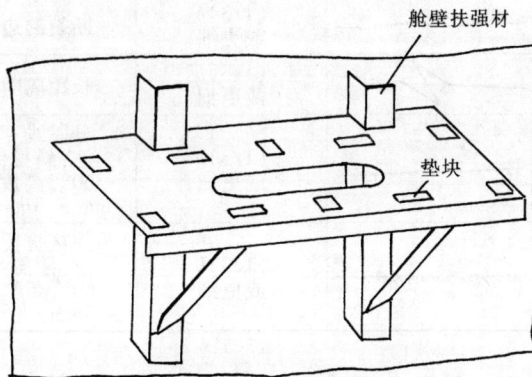

图 2 - 119　联合机组基座

船图中的图线及其应用范围见下表2－1：

表2－1

序号	名　　称	型　　式	粗　度	应用范围举例
1	粗　实　线		b 0.4～1.2mm	钢板、型钢的可见截面线及设备部件的可见轮廓线,图框线和特种线条允许用(2～3)b
2	细　实　线		(1/3)b 或更细	型线、格子线、基线、剖面线、零件号圆及引出线、局部放大线、尺寸线、尺寸界线、板缝线、构件可见轮廓线、总布置图及设备图样中的船体轮廓线、总布置图中设备的可见轮廓线
3	双　细　线		(1/3)b 或更细	小比例时,钢板、型钢厚度的可见轮廓线 木板厚度的可见截面轮廓线
4	粗　虚　线		b	不可见非水密板材结构(舱壁、甲板、平台及甲板间围壁、肋板、龙骨、侧桁材以及肘板等)的简化线
5	细　虚　线		(1/3)b 或更细	不可见构件(肋骨、扶强材、横梁、纵骨等)的简化线 不可见构件的投影轮廓线
6	轨　道　线		b	不可见的主船体水密构件(舱壁、甲板、平台、肋板等)的简化线及机、炉舱花铁板的可见截面线
7	细点划点		(1/3)b 或更细	轴线、中心线、开口对角线、转角线、折角线,可见的普通肋骨、扶强材等的简化线
8	粗点划线		b	可见的强构件(纵桁、强横梁、强肋骨、大扶强材、龙骨、水平桁等)及钢索、缆索、起货索、锚索等的简化线
9	细双点划线		(1/3)b 或更细	假想构件的投影轮廓线 非本图所属构件及零部件的投影轮廓线
10	粗双点划线		b	不可见的强构件(纵桁、强梁、强肋骨、大扶强材等)简化线
11	波　浪　线		(1/3)b 或更细	断裂的边界线
12	折　断　线		(1/3)b 或更细	长距离断裂的边界线
13	斜　栅　线		(1/3)b 或更细	分段线 注:斜栅线的短线的斜度为30°～60°,高度2mm～4mm,间隔为1mm～3mm。
14	阴　影　线		(1/3)b 或更细	焊接腹板四周的轮廓线 注:阴影线的短线的斜度为30°～60°,高度2mm～4mm,间隔为1～3mm。

3 自升式平台

自升式平台可适用于不同土壤条件和较大的水深范围,移动灵活方便,因而得到广泛应用。

3.1 自升式平台的受力

自升式平台是由一个船体(平台)和若干个起支撑作用的桩腿所组成。由于这种平台在工作的全部过程中有多种不同的工作状态,各种状态下结构受力情况都不完全相同,所以在计算平台结构强度时就必须考虑各种不同的工作状态,才能保证安全。

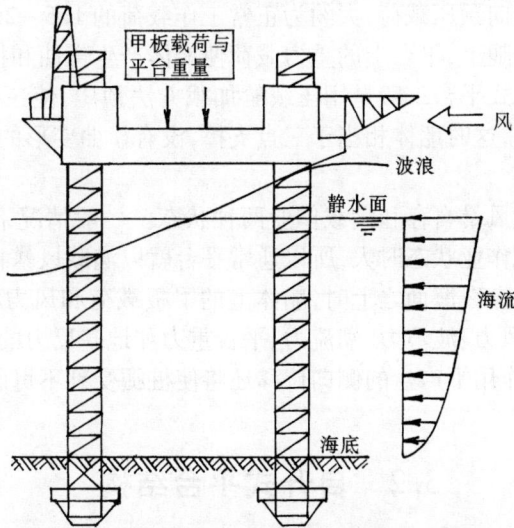

图 3-1 自升式平台的载荷

自升式平台的载荷如图 3-1 所示,平台的工作状态有下列五种:

1. 拖航状态

拖航是指整个平台从一个地点(或井位)转移到另一个地点(或井位)的航行状态,这时船体漂浮在海面上,桩腿升到船体之上,由于受到风浪的作用,船体也将如船舶一样产生摇摆运动。这时船体受到重力、浮力、波浪力和惯性力的作用,同时在桩腿部的固桩处有很大的动弯矩作用着,对于深水自升式平台,由于桩腿很长,桩腿根部的固桩处就将受到很大的作用力,当船体的纵摇或横摇的角度较大时桩腿因倾斜又对根部产生很大的桩腿重力力矩。

2. 放桩和提桩状态

放桩是指桩腿向海底下放,提桩是指桩腿拔出海底之后向上提升,这时船体仍浮在海面上,在放桩和提桩的过程中,当桩腿未与海底接触但船体在风浪作用下发生摇摆时,桩腿也随着摇摆使桩腿上部(接近船体底部)受到较大的动弯矩;当船体在风浪作用下产生升沉运动而使桩腿和海底发生碰撞时,桩腿根部也将产生很大的动应力。

3. 插桩和拔桩状态

插桩式平台在插桩时桩腿将承受升降机构的下降力、桩腿土壤支反力和桩周摩擦力的作用。

拔桩时桩腿承受升降机构提升力、桩端粘结力以及桩周摩擦力的作用,若在淤泥中还有桩端淤泥吸附力的作用。在拔桩过程中,当桩腿拔出海底的速度过快也可能出现桩腿端部与海底碰撞的现象。

4. 桩腿预压状态

桩腿预压是将桩腿下面地基的承载力预先压到暴风状态时所要求的地基承载力,以防止桩腿出现不均匀下沉,造成平台倾斜和倾覆事故发生。

对于矩形的自升式平台采用对角线预压方式,即先由某个对角线方向上的桩腿升降机构作升船运动,而另两个对角线方向的桩腿升降机构松开,此时船体的全部重量由预压的两桩腿承担,使土壤承受压缩,然后再将另两个桩腿作升船运动,原先两个桩腿放松,这样轮换对角线预压,直至达到规定的预压载荷后桩腿不再下沉为止。这种预压方式,对桩腿而言将承受最大的轴向预压载荷,大约为正常工作载荷的 1.6～2.0 倍;对船体而言,就相当于支撑在对角线桩腿上,平台上的重力载荷使船体产生弯曲和扭曲变形。

对于三角形的自升式平台一般是用压载舱加载方法预压,使三个桩腿同时承受船体的全部重量和压载重量,这时船体相当于三点支撑,没有扭曲变形的问题。

5. 着底状态

着底状态包括满载风暴自存和满载作业两种状态。一般情况下,满载风暴自存时桩腿所受的外力要比满载作业状态时大,所以通常平台就以满载风暴自存状态进行设计。

平台船体被桩腿支撑在海面之上时,船体上的甲板载荷和风力将通过桩腿传递到海底,这时的桩腿将受到风力、波浪力、潮流力、平台重力和地基反力的作用。由于桩腿比较长,平台结构在载荷的作用下产生的侧向位移还将使桩腿受到不可忽视的重量偏心力矩。

3.2　自升式平台结构

自升式平台由平台主体、桩腿和升降装置组成。

一、平台主体

位于平台上部的平台主体主要提供生产和生活场所,并能在拖航时提供浮力。平台主体的平面形状,常用的有三角形、矩形、五角形,如图 3－2。

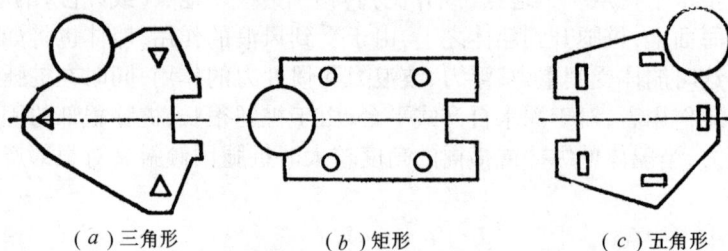

（a）三角形　　　　　（b）矩形　　　　　（c）五角形

图 3－2　平台主体的平面形状

自升式平台主体通常是一个单甲板箱形结构,这个箱形结构有单底结构,也有双底结构,其主体是一个三角形、矩形或五角形的船体结构。根据作业、生活、布置及强度需要,设有纵、横舱壁。因整个平台载荷由桩腿承担,因此船体在桩腿间连线方向须设计成强承载结构,自升式平台结构强承载结构有二种结构形式,一种是箱形结构,是由上部平台甲板板架与底部平面板架、两道桩腿连线方向舱壁板架(其扶强材一般为水平布置)组成一个封闭箱形结构;一种为板桁材结构,由上部平台甲板、底部平面和一个桩腿连线方向的舱壁组成一个"工"字形板桁材结构,见图3-3。

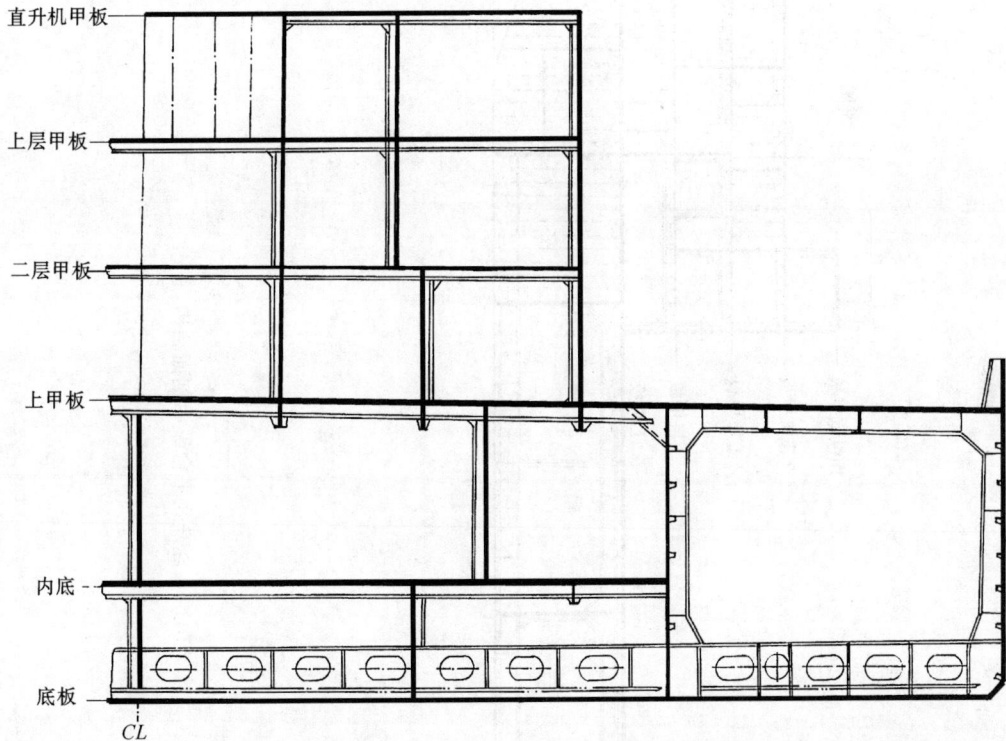

图3-3　自升式平台横剖面结构

　　根据甲板形状及桩腿的布置情况,矩形甲板四桩腿采用箱形强承载结构较多,三角形、五角形可采用板桁材或箱形,或箱形与板桁材混合式。

　　图3-3为一个自升式平台的横剖面图,图3-4为纵剖面图及图3-5为甲板平面结构图。从纵、横剖面结构图,可以看出其结构形式与船体结构基本相似,从甲板平面图中可以看出四个立柱间都采用箱形结构连接,整个平台形成一个"井"字型箱形结构。普通船体总纵强度是沿纵向,而平台的强度则主要考虑立柱间,因此必须在立柱间采用箱体结构或其它形式强承载结构。

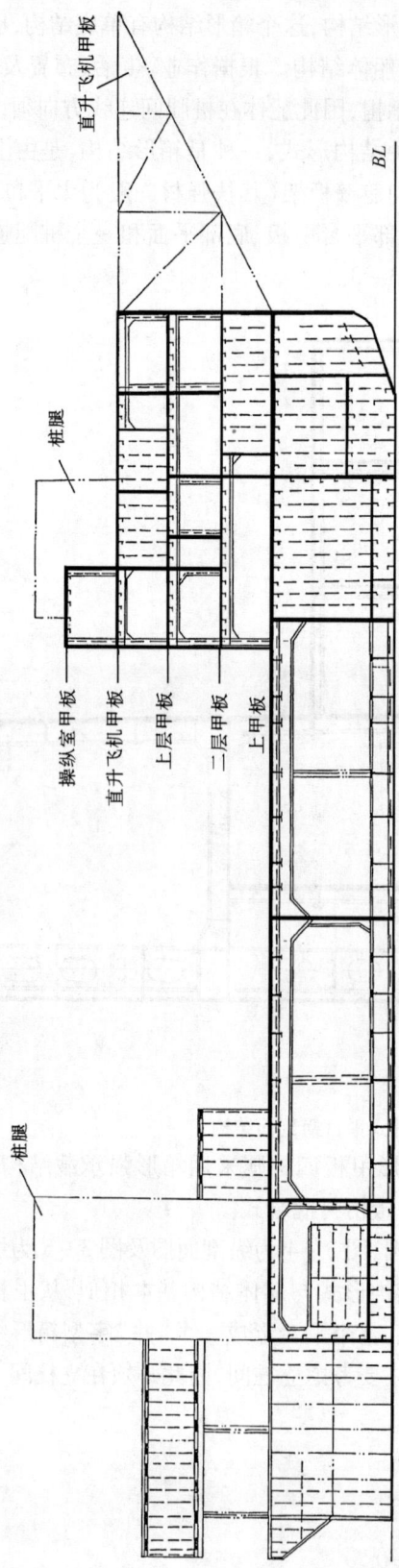

图 3 - 4 自升式平台纵中剖面结构

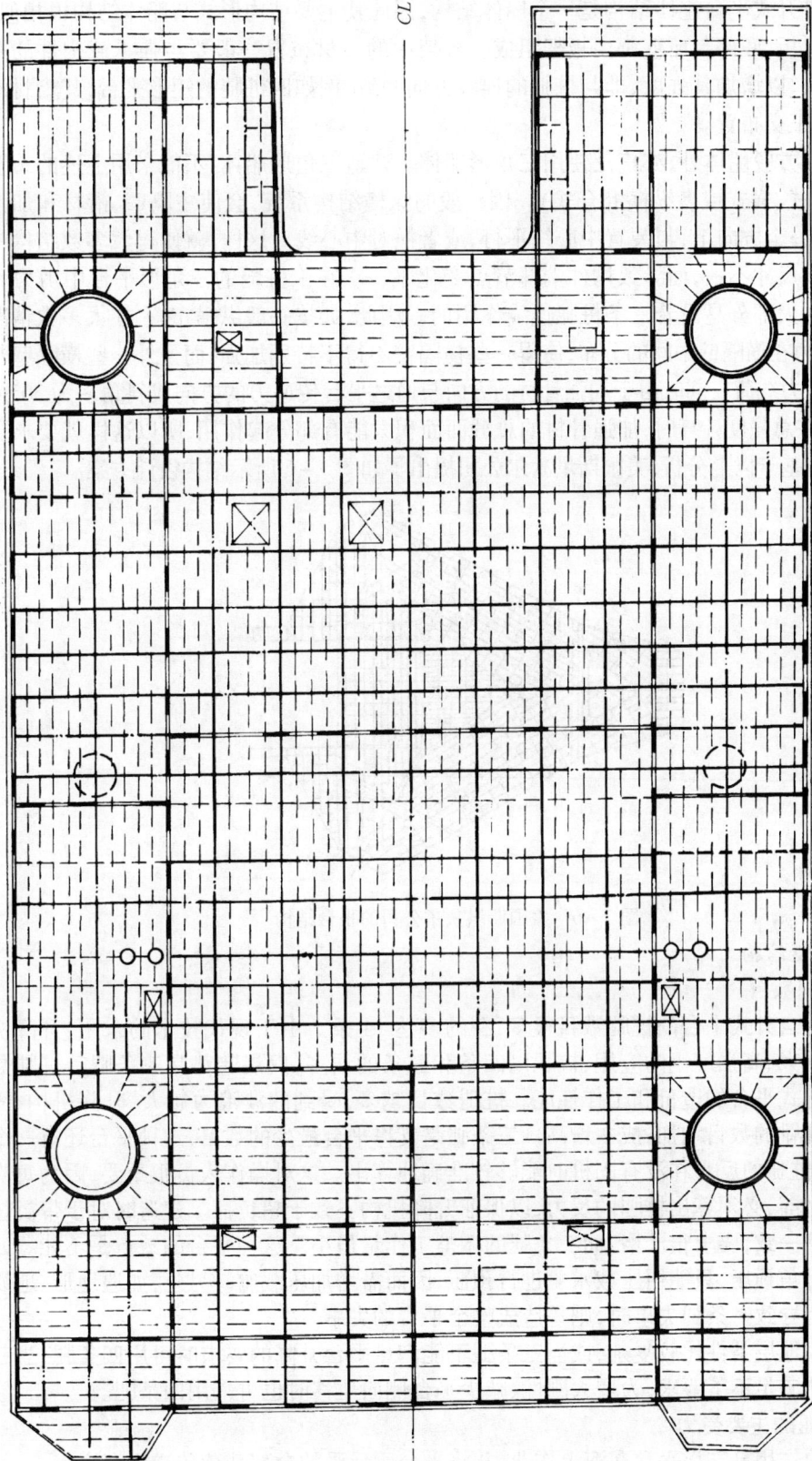

图 3 - 5 上甲板平面结构

由于自升式平台主体结构是一个船体结构,因此其主要结构形式与船体结构很相似,船体各层甲板、底部与舱壁都由板架组成。板架中的桁材布置一般要与强承载构件的布置方向一致,以增加其强度,即与桩腿的连线方向一致,例如四桩腿的矩形平台,其桁材沿横向、纵向正交布置。

除矩形方驳船体外,亦广泛使用三角形船体。建造三角形船体,不能采用上述的布置形式(即纵式、横式或者纵横混合式)。因一般的纵横结构系统,会使主隔壁、桁材和加强骨材,都在一个方向上,与装置中心线平行,或者横对中心线。这样,就使得大多数结构构件的长度和尺寸不一,而导致构件端部节点变化不一。在三桩腿的三角形平台中剪力和弯矩实际上大部分是沿着三条桩腿连线作用的。因此,如按一般纵横布置,在大多数情况下,由于剪力在横隔壁中间的分布,使得一些横隔壁不得不特别加强,而另外一些横隔壁却又不承受剪力载荷。同时由于加强骨材的方向与通过平台传递力的方向成斜角多为30°或60°,因此,在总强度计算时,加强骨材的总截面面积只能有部分起作用,所以这样就要求更厚的钢板。基于以上分析,美国斯堪狄尔公司提出了如图3-6所示结构设计方案。

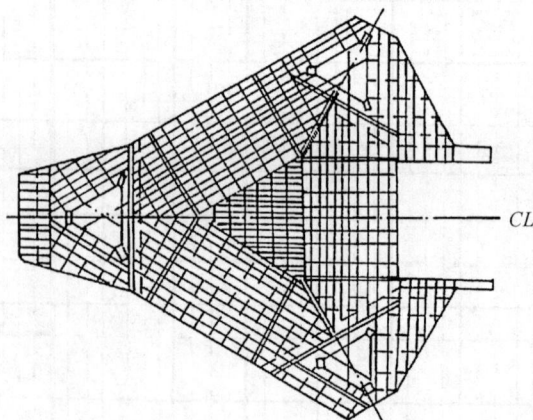

图3-6　美国斯堪狄尔公司的平台结构

二、桩腿结构

1. 桩腿数目

早期的自升式平台的桩腿数目很多,有的多达14条。由于现代技术的采用、升降机构的能力增大、高强度钢的应用,桩腿以四条和三条的居多,发展趋势是三条腿。桩腿数量影响自升式平台的造价和工作性能。桩腿数目越多,受到的波浪力越大,升降机构、固桩装置和桩靴的数目增加,成本增高。三条腿是支撑平台最少的数目,这种平台还有一个特点,就是桩腿的反力在没有固桩时能够较准确地算出。这对操作人员很重要,因为每次变动载荷之前,必须算出桩腿的反力,以保证升降机构不致于超负荷。建造时对于带沉垫的桩腿调整一致,要求很严格,而三条腿的调整工作量最小。这种平台的缺点是不能象四条腿那样对角预压,只能用压载水舱进行预压,因而需增加压载舱。另外,如遇地形、地质复杂等原因导致一条腿失事时,则易造成整个平台的失事。

当海底地层条件比较复杂,或当三条腿不能满足平台升降的要求时可用四条腿;当三条腿的刚性满足不了要求,为增大刚性、减少平台侧向位移时也可采用四条腿。

2. 桩腿的主要受力

桩腿的作用是支撑平台在海上作业,并将平台所承受的全部载荷传递到海底。

桩腿一般要承担及传递轴向及水平载荷,弯曲力矩及升降过程中的局部载荷。

3. 桩腿的种类

桩腿结构有独立式桩腿,有沉垫式桩腿,也有结合式桩腿。独立式桩腿是各自独立的桩腿直接作用于海底。沉垫式桩腿则是所有桩腿下部与一个或两个整体沉垫相连,沉垫着沉海底。结合式桩腿则是沉垫与穿过的桩腿结合。

每种桩腿都布置有传动装置所需要的齿块或销孔或齿条,这些分别由升降机构的不同情况决定。

桩腿形式主要根据工作水深、海底地基、升降机构的不同情况决定。

4. 独立式桩腿主体结构

独立式桩腿有壳体式与桁架式

壳体式桩腿一般用于工作水深在60m～70m以下,再深则需增大桩腿尺寸,导致更大波浪载荷使结构重量加大。因此,深度再增加,一般采用桁架式桩腿。

(1)壳体式桩腿

壳体式桩腿有有骨架式和无骨架式两种形式,有骨架式结构是由壳板与纵向、环向加强筋组成封闭式结构,其横剖面多为圆形与方形,加强筋为内部布置,主要考虑纵向(垂向)强度,因此纵向(垂向)骨架较强。加强筋的尺寸与数量由强度条件决定。无骨架式仅用于尺寸较小的桩腿。

由于升降方式的不同,壳体式桩腿分别布置与升降装置相配合的销孔、齿块、齿条。这些结构一般布置在纵筋处,或特别加强,以保证其局部强度。桩腿带销孔,以备升降时销子插入。齿块与旋转销配合,齿条则与升降装置的齿轮配合,完成平台升降。

图3－7为带有齿块的圆形壳体式桩腿,图3－8为带有销孔的圆形壳体式桩腿,图3－9为方形齿条壳体式桩腿,图3－10为圆形齿条壳体式桩腿。

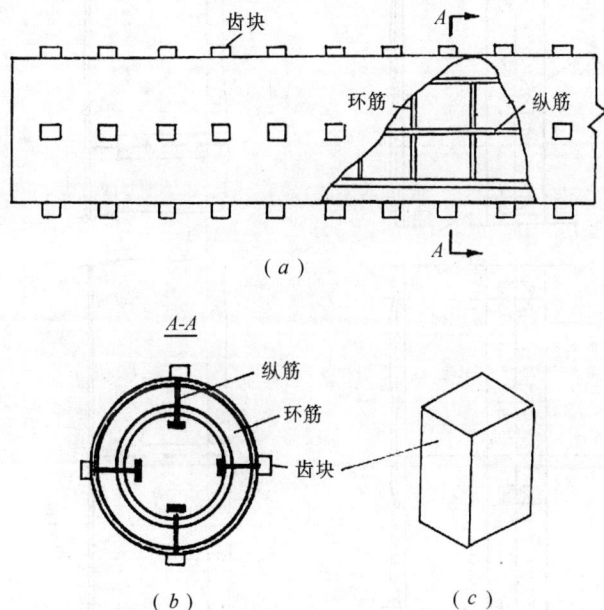

图3－7 带有齿块的圆形壳体式桩腿

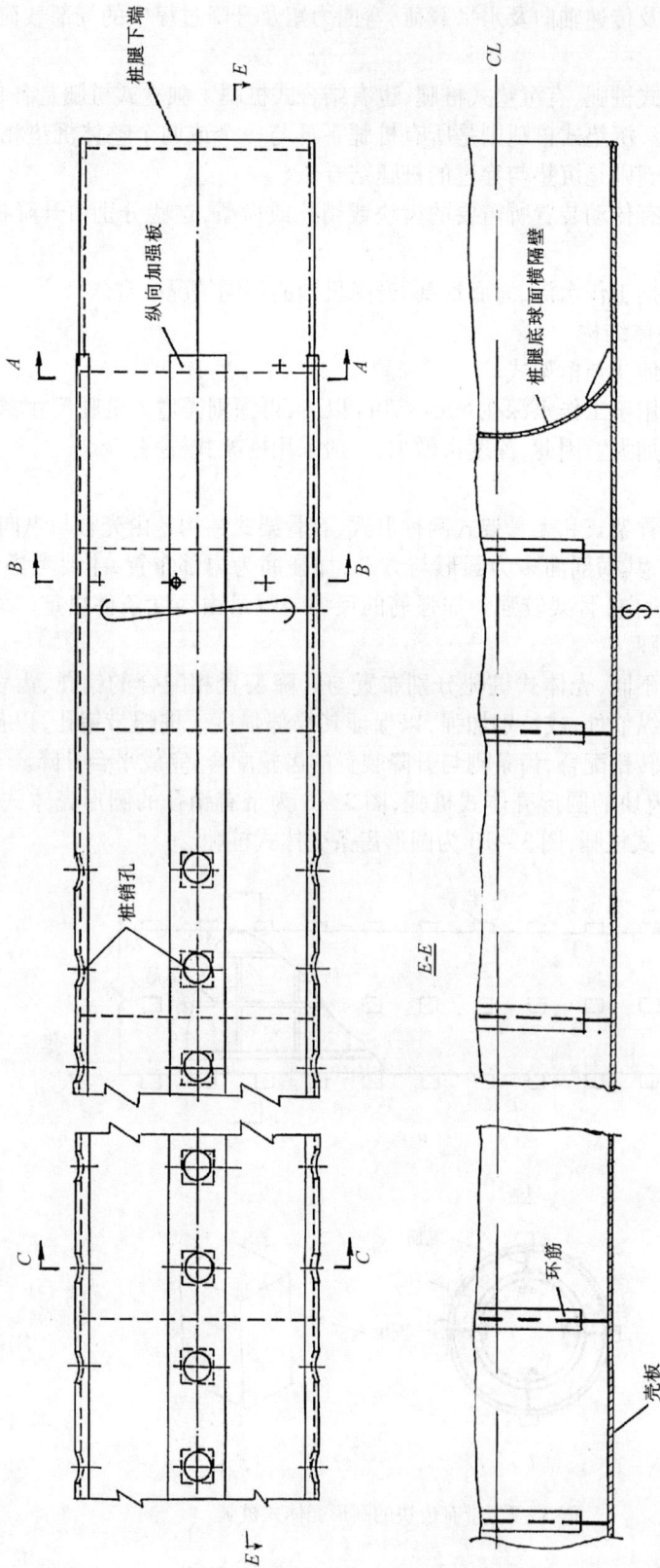

纵向加强板

桩腿下端

桩销孔

桩腿底球面横隔壁

环筋

壳板

E—E

图 3-8(a)

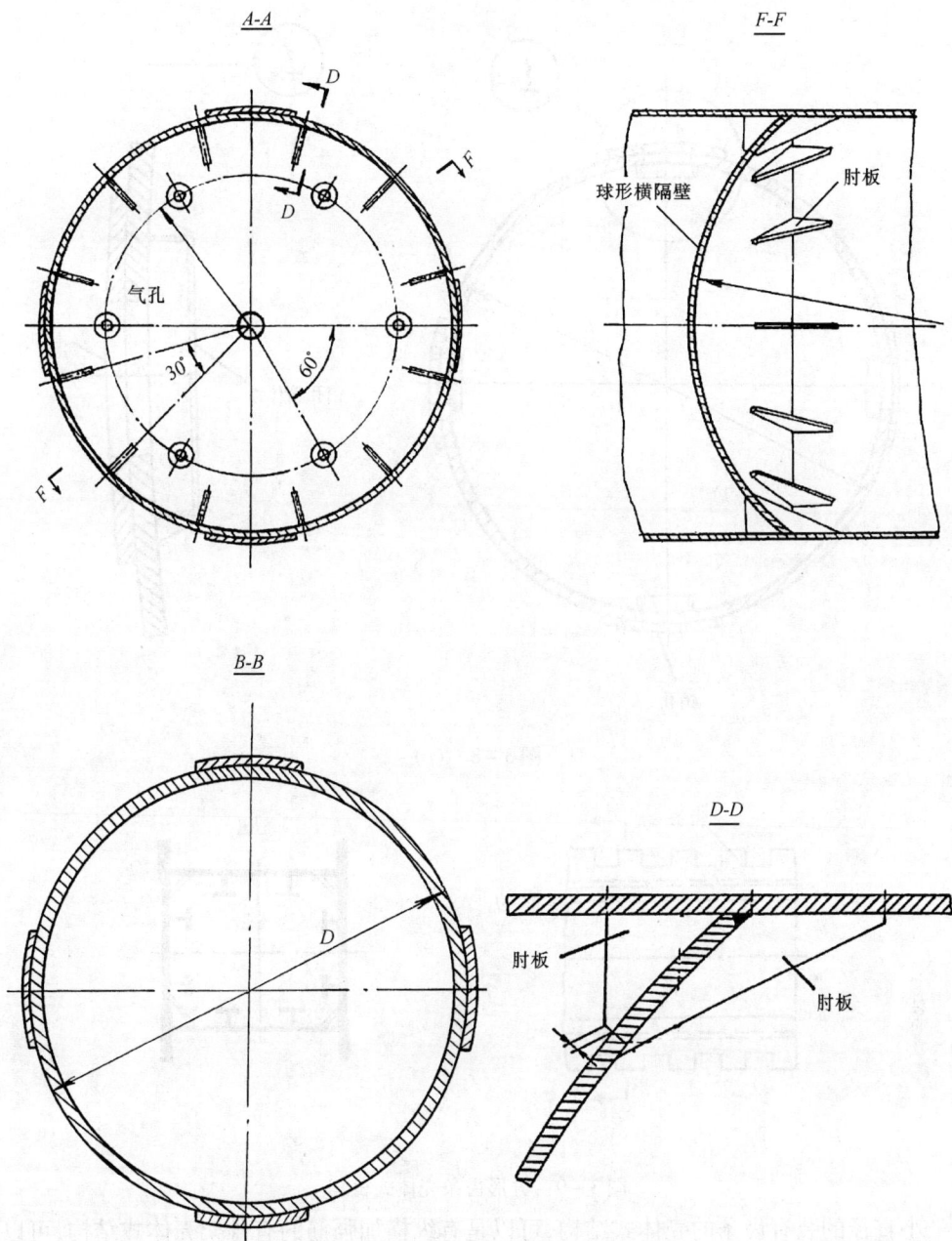

A-A

F-F

B-B

D-D

球形横隔壁
肘板

气孔

30°

60°

D

D

D

肘板

肘板

图 3 − 8 （b）

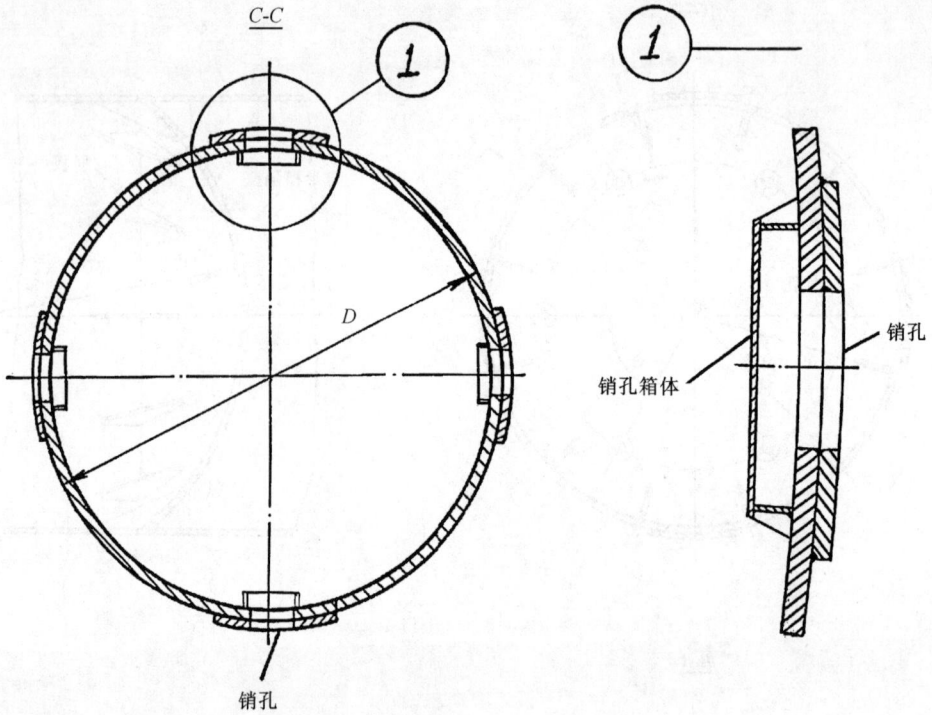

图 3 - 8 （c）

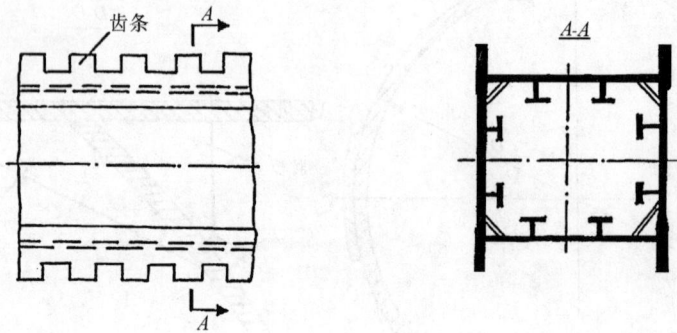

图 3 - 9　方形齿条壳体式桩腿

　　小直径的装有齿条的壳体式结构,可以是有纵横加强筋的有骨架壳体式结构,可以是铸(锻)造的无骨架壳体式结构,也可采用锻(铸)造与焊接结构结合的混合式壳体结构。

　　(2)桁架式桩腿结构

　　桁架式桩腿结构由弦杆、水平撑杆、斜撑杆组成。组成桁架的杆件可以是管材,也可以是各种型材。桁架的横截面形状一般是三角形、正方形,也可以是其它形状。桁架式桩腿一般采用齿条式传动,因此桁架的弦杆上都装有齿条。弦杆有圆形、方形、三角形。齿条有外齿条、内齿条两种布置形式。

　　图 3 - 11 为桁架式桩腿,其中(a)为三角形桁架,圆形弦杆,双排外齿轮。(b)为正方形桁架,三角形弦杆,单排外齿条。图 3 - 12(a)为方形弦杆,单排外齿条。图 3 - 12(b)

为圆形弦杆,单排内齿条。

对这几种弦杆的波浪拖曳力研究的结果表明,三角形和正方形的阻力最大,圆形的阻力最小。假定不带齿条的圆形弦杆的拖曳力为1,则三角形和正方形单排齿条的弦杆为2.5~3.0,圆形双排齿条弦杆为1.8~2.0,圆形单排齿条弦杆为1.6~1.7,而装在圆形管内的单排齿条则为1.2~1.3。

(3)桩脚端部结构

实际上桩脚有两部分,我们上面所说的桩腿是桩脚的上部,也称桩身。这一部分要考虑强度及与升降机构的配合,其下部结构也称桩底或桩脚,主要根据海底地貌、土质情况设计各种形状的结构形式,主要形式有桩靴和沉垫。

①桩靴结构

桩靴的形式较多,可以设计成适合软硬地基。对较硬的海底,桩靴设计成较小支撑面,甚至略带锥形;对较软的海底,脚箱设计成较大的支撑面,其原则是即使桩腿支撑稳固,又不要下陷太深而使拔桩困难,桩脚平面形状多为圆形、矩形、三角形、多边形等。图3-13列出几种常见桩靴。

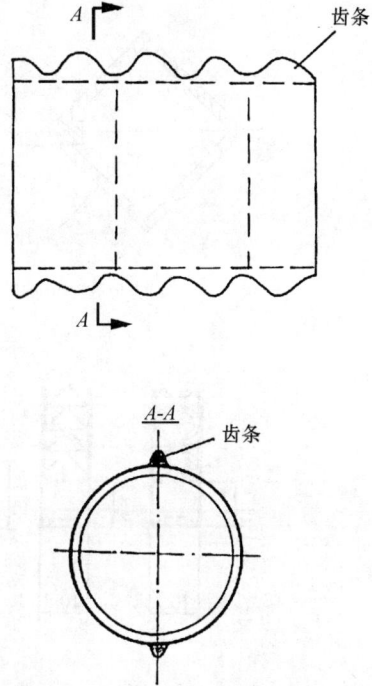

图3-10 圆形齿条壳体式桩腿

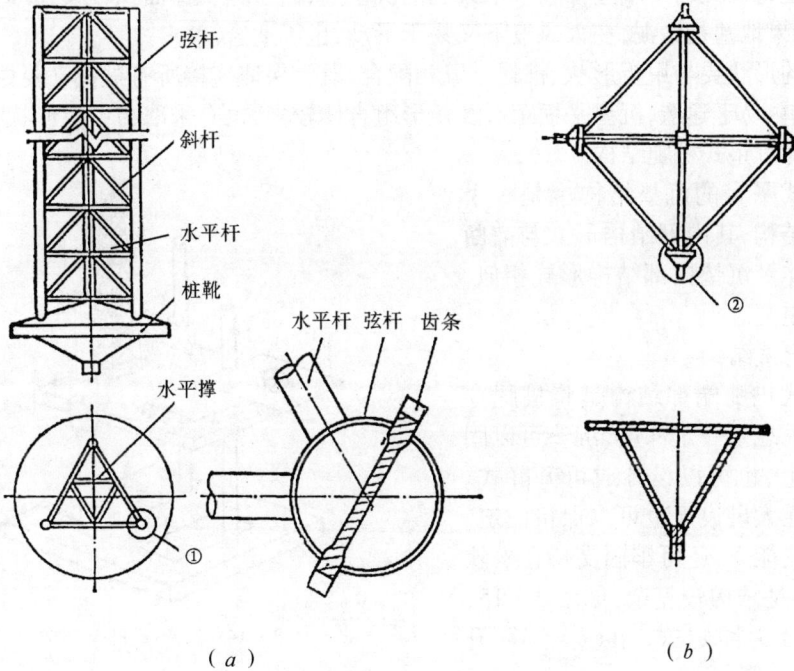

（a）

（b）

图3-11 桁架式桩腿(三角形、正方形)

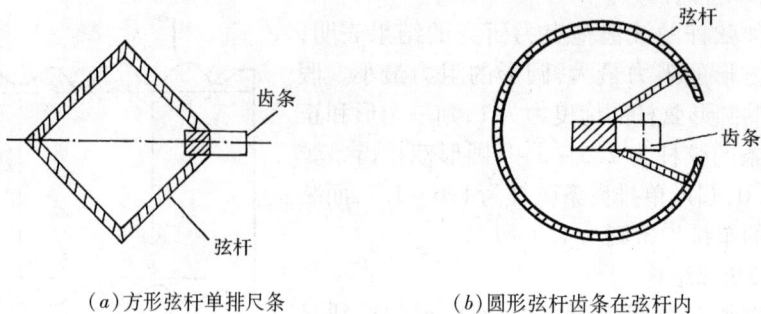

（a）方形弦杆单排尺条　　　　　（b）圆形弦杆齿条在弦杆内

图 3-12　齿条位置

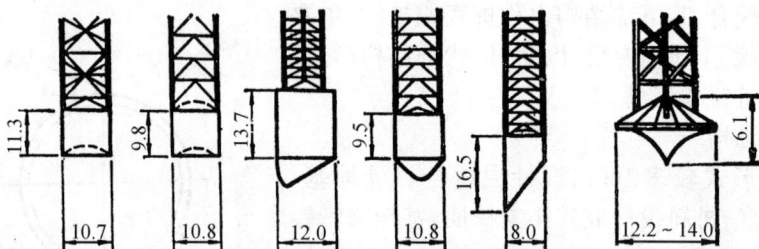

图 3-13　桩靴结构

②沉垫结构

沉垫式桩腿的主体部分上部与独立式桩腿壳体式一样，只是端部不同。沉垫式桩腿端部结构是将桩腿的下端连接在一个共同的沉垫上，由于其支撑面积较大，故适用于较软地基，但如果地基是淤泥，在大风浪下又易于滑动，也不适合。

沉垫的形状要与甲板形状、桩腿布置相配合，既要保证连接所有桩腿又要尽可能使沉垫形状简单、易于建造，沉垫平面矩形及矩形组合体较多，也有采取与甲板形状相似平面，图 3-14 为沉垫式桩腿结构。

自升式平台的沉垫结构也是一个水密箱体结构，其内部结构形式与前面提到的船体及沉垫内部结构形式相似，此处不予重复。

③结合式结构

结合式桩腿端部结构是将桩腿穿过沉垫插入地基一定深度，沉垫可以固定在桩腿上，也可以设计成可升降式。这种结构在大风浪下也可以保持固定，提高抗风浪能力，还可牢固支持在松软海底，缺点是结构较复杂，见图 3-15，其中图（a）为固定式，图（b）为可升降式。

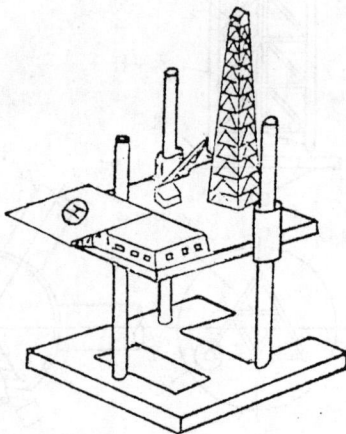

图 3-14　沉垫式桩腿结构

三、升降机构

升降装置常用的有电动液压式和电动齿轮齿条式。

（b）

（a）

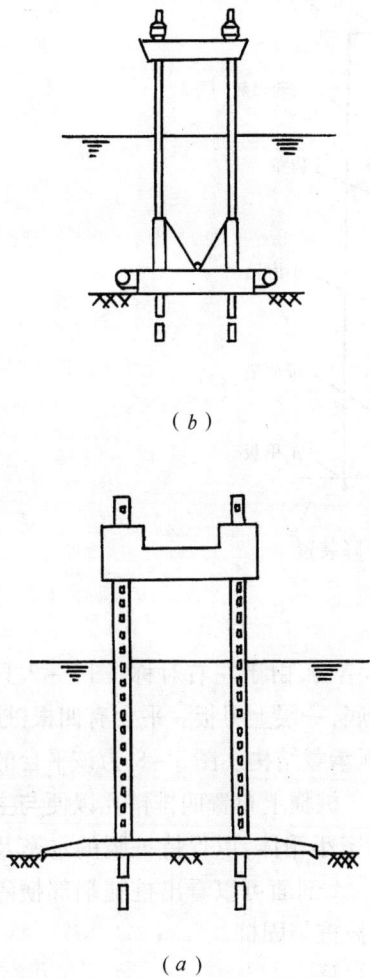

图 3 - 15　结合式桩腿结构

1. 电动液压式升降装置

它是利用液压缸中活塞杆的伸缩带动环梁（或横梁）上下运动，用锁销将环梁（或横梁）和桩腿锁紧使桩腿升降。升降装置由液压系统、环梁（或横梁）、插销（或旋转销）以及桩腿上的销孔（或齿块）等部分互相配合完成平台升降动作。

下面以带齿块的桩腿为例，说明升降机构各部分的作用和动作。图 3 - 16（a）示出，上部环梁通过拉力杆与平台甲板联接，下部环梁借助主液压缸与上部环梁联接，能相对于平台甲板上下移动。上、下环梁设有旋转锁销装置可与桩腿上的齿块啮合或通过。图 3 - 16（b）示出当下旋转锁销脱开通过齿块时，依靠主液压缸活塞的伸缩，下环梁能相对于桩腿上下移动。当液压缸活塞向上收缩则带动下环梁向上提升一个节距后，再将锁销与齿块啮合，如图 3 - 16（c）。同理可将上锁销脱开，当液压缸活塞伸展时，以下环梁的锁销为支点，推动上环梁使其向上提升，从而带动平台上升。

2. 电动齿轮齿条式升降装置

电动齿轮齿条式升降装置常用于桁架式桩腿及小直径壳体式桩腿，它由电动机经过减速机构带动齿轮转动，使齿轮与桩腿上的齿条啮合而完成平台主体与桩腿的相对运动。当电动机处于制动状态时，则可把平台主体固定于桩腿的某一位置。在升降装置的齿轮架的上面和下面还设有缓冲垫，以缓和力的冲击作用（例如桩腿与海底碰撞的力），见图 3 - 17。

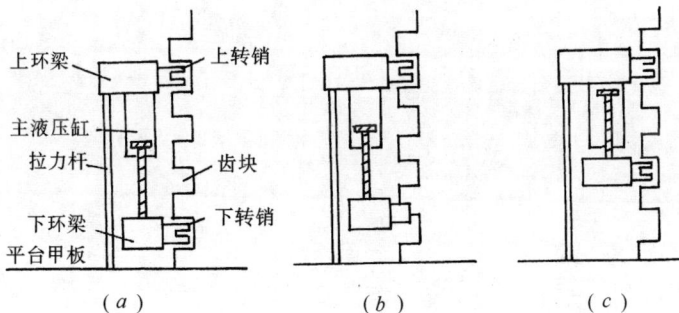

上环梁　　　　　　上转销

主液压缸　　　　　齿块
拉力杆

下环梁　　　　　　下转销
平台甲板

（a）　　　　　（b）　　　　　（c）

图 3 - 16　电动液压式升降装置

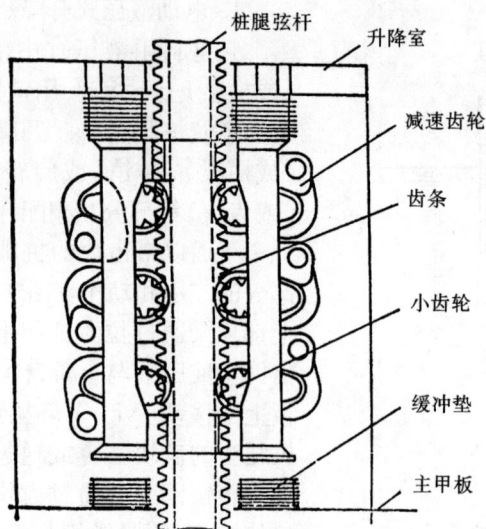

图 3 - 17　电动齿轮齿条式升降装置

四、自升式钻井平台实例

图 3 - 3、图 3 - 4、图 3 - 5 是一个自升平台的主体结构,由于左右对称,图 3 - 3 只画出剖面的一半。从图中可以看出该平台主体底部为单底,一层上甲板。平台有四根桩腿,平台主体的相邻桩腿间由舱壁、底部和甲板组成箱形强承载结构。图 3 - 8 为该平台的桩腿结构,桩腿为圆形壳体式,由壳板及环向加强筋组成。桩腿上布置四排销孔以便与主体桩销配合,每排桩孔有一条加强复板,销孔内侧为一水密小箱体,以保持桩腿的水密及开孔处结构加强。图 3 - 8(a) 的右端为桩腿端部。从 A - A 剖面可以看出桩腿端部横隔壁是一球面隔壁。结构形式及尺寸要考虑强度及有利于拔桩与固桩。

4 半潜式与坐底式平台

4.1 半潜式与坐底式平台的受力

根据规范的强度校核要求,设计工况必须包括两类工况,即静水工况(或叫静力载荷工况)和包括风、浪、流作用的风浪工况(或叫组合载荷工况)。

一般静水工况应考虑:

(1)供应品、燃料等满载的情况;

(2)由于钻井操作或重量突然改变(如起重机吊装重量)而引起的动力载荷;

(3)井架大钩的集中载荷与竖立钻杆(立根盒)重量的情况。

对于风浪工况的选择则较为复杂。如前所述,平台的波浪载荷不但与平台的结构特征、构件形状和尺寸大小有关,而且与波高、波浪周期、波浪方向角、波峰与平台的相对位置等因素紧密相关。

根据目前的工程实践,典型的设计工况一般有以下几种:

1. 工况Ⅰ——平台满载、静水、半潜吃水。

此种工况主要分析平台结构在重力、浮力作用下的强度,平台这时无任何运动,不钻井、无波浪,在平台每一构件上的载荷只有均布载荷和集中载荷,如图4-1。

2. 工况Ⅱ——平台满载、静水、半潜吃水,但平台整体有一定升沉运动,如图4-2。

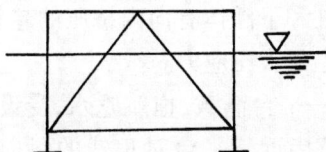

图4-1 工况Ⅰ

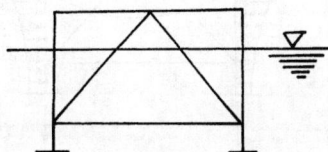

图4-2 工况Ⅱ

此工况在于分析平台有升沉时的结构强度。虽然平台处于静水、无波浪的情况,但在种种因素引起的海面上升时(如涌浪、地震、海啸……),平台将产生升沉运动,此时平台向上运动从而使平台受到与自重方向一致的惯性力作用,使结构处于不利状态。这种相当于自重增加的情况可以用向上加速度的大小表示。

3. 工况Ⅲ——平台满载、静水、半潜吃水,整体有一定升沉运动,且平台处于井架大钩有集中载荷时的钻井作业状态,如图4-3。

本工况在于考虑平台的静水作业时的结构强度,此时平台的受力除工况Ⅱ外,还应加上井架大钩所吊有的集中载荷(如钻杆、套管等)或者在钻井卡钻时大钩因突然提钻而承受的动力载荷。这种大钩载荷通常取300t~500t。所有的这些载荷都通过井架平台,

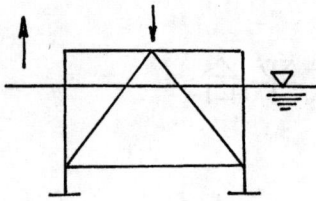

图 4 - 3　工况Ⅲ

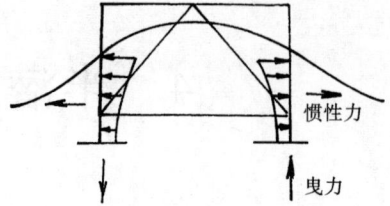

图 4 - 4　工况Ⅳ

使井口区的平台结构载荷增大,或者使平台钻杆堆场区的均匀载荷变为井口区的集中载荷。

4. 工况Ⅳ——平台满载、设计风暴、半潜吃水、横浪,且设计波长等于2倍平台宽度,波峰位于平台的中心线上,如图4-4。

此时平台除受到工况Ⅰ的静水载荷外,还受到波浪外力作用。平台立柱和下浮体受到的波浪外力如下:

(1)波浪质点的垂直惯性作用力为零,但水平惯性力为最大,并分别以相反的方向作用在两边立柱和下浮体上。平台左右立柱和下浮体有向外分开的趋势,使平台水平桁撑受到最大的拉应力。

(2)波浪质点的水平曳力为零,但波浪质点的垂直曳力也为最大值,且方向相反,一上一下地作用在左右下浮体的结构上,使平台产生剪切变形。

5. 工况Ⅴ——平台满载、设计风暴、半潜吃水,波长也等于2倍平台宽度,横浪,但波谷位于平台中心线上,如图4-5所示。

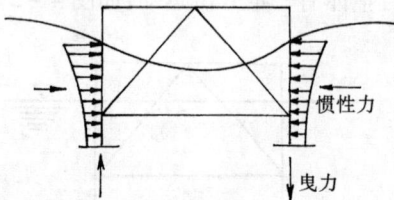

图 4 - 5　工况Ⅴ

此种状态与工况Ⅳ相似,只是波浪位置不同,作用于平台的波浪力的方向与工况Ⅳ相反,此时平台左右立柱和下浮体有向内挤压的趋势,水平桁撑结构产生最大压应力。

6. 工况Ⅵ——平台满载、拖航吃水,受设计波长作用,波浪呈接近于平台对角钱的斜向入射,波长接近平台对角线长,如图4-6。

此工况在于分析立柱、下浮体在斜浪作用下的结构强度。这时将会出现平台一边处于波峰,一边处于波谷,整个平台将会受到不均匀的浮力和波浪力的作用而产生扭转变形。

7. 工况Ⅶ——平台坐沉海底。

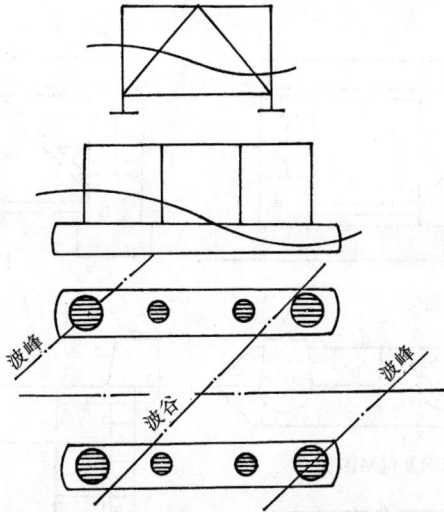

图 4-6 工况 Ⅵ

4.2 半潜式与坐底式平台结构组成

半潜式平台与坐底式平台结构原理上有许多相同之处,国外活动式平台规范将这两种平台归为一类,又称为立柱稳定式平台。

一、立柱稳定式平台特点

该平台在各种漂浮工况下的稳性主要是靠立柱(包括下船体)的稳性,利用排水和灌水可适当地将平台升起、下沉或坐在海底。连接在立柱顶端的是上层平台。为了有足够的储备浮力和在坐底时底部有足够的支承面积,立柱底部可以设置下船体(沉垫)或下浮靴。用撑杆与立柱下船体(或下浮靴)连接,以支承上层平台。在漂浮状态下进行作业的平台称为半潜式平台,支承在海底作业的平台称为坐底式平台。如果要求平台两种状态均能作业,可以把半潜式平台设计成既可在深水漂浮作业,又可在浅水坐底作业。

二、立柱稳定式平台的结构组成

立柱稳定式平台结构组成如图 4-7 所示。

1. 上层平台:提供作业场地、生产和生活设施。

2. 立柱结构:提供浮力,保证平台的浮性和稳性,立柱内可设置锚链舱等。

3. 撑杆结构:它连接立柱、下船体和上层平台,使整个平台形成空间结构,把各种载荷传到平台主要结构上。

4. 下船体(或浮靴):提供浮力,设置压载水舱,通过排水上浮,灌水下沉,完成平台起浮、下沉或坐底。坐底式平台下船体常采用整体沉垫(下浮体)或沉箱。

5. 锚泊系统:靠锚泊定位的平台,设有锚泊系统。

三、平台的结构形式

半潜式平台的结构形式是多种多样的,一般类型有:

(1)平台平面形状为三角形——由三个立柱、三个浮箱、三角形上层平台以及若干撑

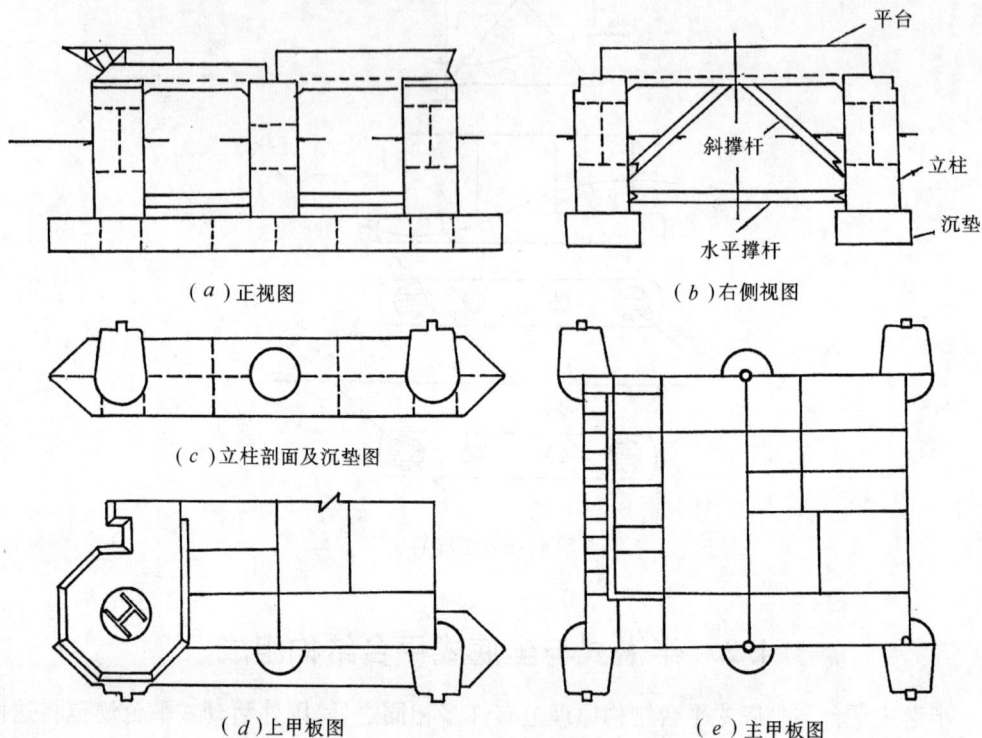

（a）正视图   （b）右侧视图

（c）立柱剖面及沉垫图

（d）上甲板图   （e）主甲板图

图 4-7 立柱稳定式平台基本结构

杆组成,如图 1-8。

（2）平台平面形状为五角形——由五个立柱、五个浮箱、五角形上层平台及若干撑杆组成,如图 1-9。

（3）平台平面形状为矩形——由二个或多个平行下浮体、4~8 个立柱、矩形上层平台及撑杆组成,如图 1-10。

（4）平台平面形状为矩形——由四个垂直浮箱及多个纵横相交水平浮箱、矩形平台及若干撑杆组成,如图 1-11。

（5）平台平面形状为 V 形——由水平圆柱组成 V 形下浮体、多个立柱、V 形平台及撑杆组成,如图 1-12。

4.3 各部分结构

一、上层平台结构

上层平台布置着全部钻井机械、平台操作设备、物资贮备和生活设施,上层平台承受的甲板载荷常在 3000t~6000t,加上水平风、浪、流作用力,立柱之间相互作用力。因此平台结构须设计成一个较强的承载结构。一般的上层平台是由平台甲板、围壁和若干个纵横舱壁等平面板架组成的三维空间结构,这些平面板架由钢板与型材组成,与一般的船体、甲板、舱壁结构的结构形式一致。根据布置与使用要求,它可以分为若干层,如主甲板、中间甲板、上甲板等,由于半潜式平台在海上工作的危险性,上层平台要求水密或一定的水密性。以便在失事时,平台有很大的安全性。

考虑到强度需要,上层平台可以设计成一个整体箱形结构,也可以设计成若干个其它形状的整体强承载结构。这些强承载结构有箱形结构,有板桁材结构,也有桁架结构。箱形结构由两层或多层平台甲板,两个或多个舱壁或围壁组成。板桁材则由两层或多层平台甲板与一个舱壁或围壁组成"工"字形,桁架结构则主要靠平台甲板下的立柱间的梁或管组成的桁架,这种结构主要用于只有一层主甲板的平台,前两种结构一般需有两层以上甲板,如图4-8。也有利用上层建筑形成箱形结构,但其结构较复杂,故不多见。这些强承载结构单元,根据立柱的布置情况,可以组成"田"、"井"字形、"△"形、"○"形、"V"形等。见图1-8~图1-12。

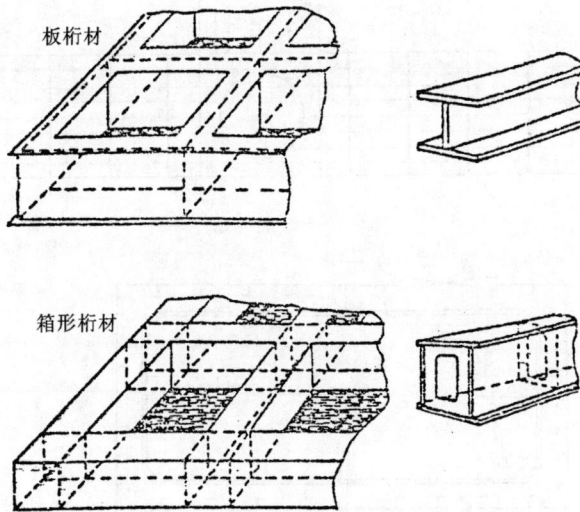

图4-8 板桁材与箱形桁材甲板结构

半潜式平台"勘探3号"的平台由主甲板、上甲板、前后及内外侧板,纵横框架和纵横骨架及所有内围壁组成,平台内挖掉四个大方孔,故实际可视为若干个箱形剖面组成的"田"字形平台,结构采用纵横混合骨架形式,每个区域内主向梁的方向不同,同时垂直于主向梁长度方向内设距离不等的强框架,所有主要侧壁骨架都采用水平布置,所有内壁均采用垂向扶强材。见图4-9,该图为构件布置示意图。

构件的布置原则与前两章一样,例如四立柱的半潜平台甲板平面图与图3-5自升式一样,三立柱的半潜式平台甲板结构同样可以是图3-6的结构形式。

"Bingo 9000"平台的平台结构也是箱形结构,与上述结构所不同的是其强承载箱形结构的形成不是由主甲板与上甲板,而是在主甲板下设一个机械甲板与主甲板组成类似纵骨架式双底船底部结构相似的甲板结构,两层甲板相距1m。

这是因为该平台上甲板较大,不连续,因此不能组成等截面箱形结构。所以不将其设计成参与总体强度,只考虑局部强度,平台总强度由主甲板、机械甲板及纵横舱壁、围壁组成,其构件布置见图4-10所示,图4-10为其甲板横剖面结构示意图。

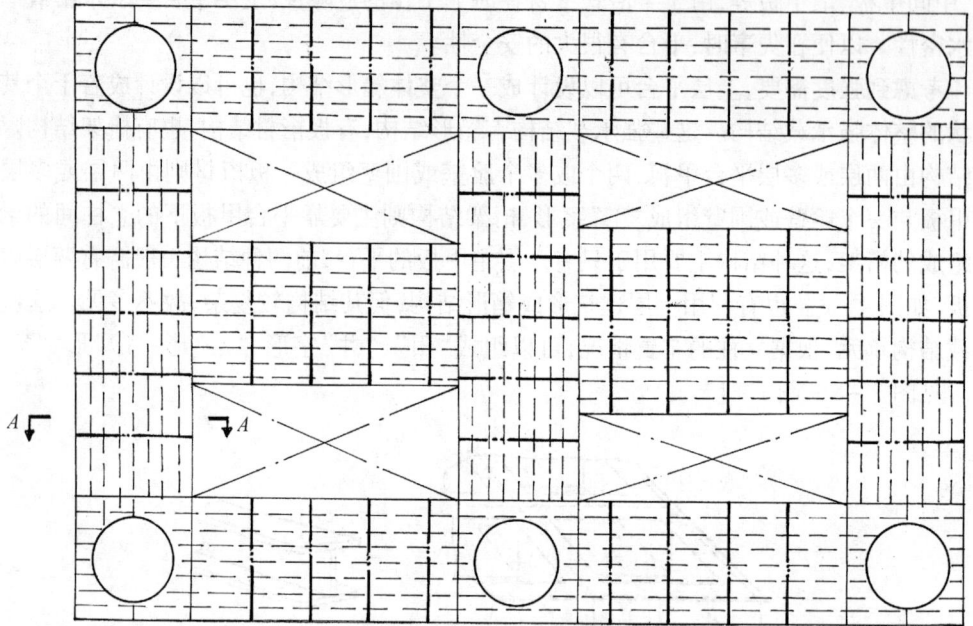

$A-A$

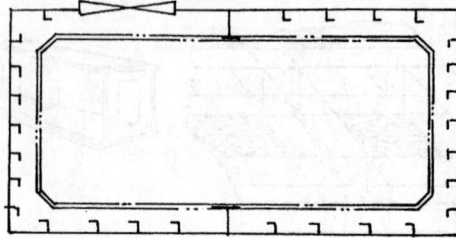

图 4 - 9　甲板平面结构示意图

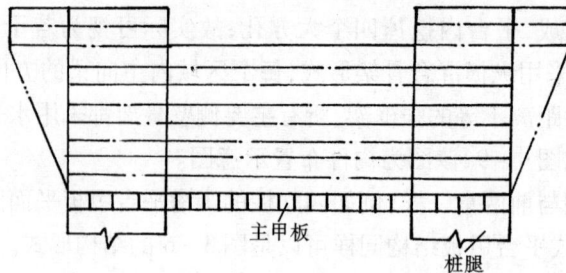

主甲板

桩腿

图 4 - 10　甲板横剖面结构示意图

　　半潜式平台的甲板平面图与自升式平台相比,其纵横舱壁布置与箱形结构布置基本一致,可参考自升式平台甲板平面图。

二、半潜式平台与坐底式平台的支撑结构(立柱结构)

　　半潜式平台与坐底式平台结构形式有很多相似之处,坐底式平台一般由沉垫坐沉海底,通过支撑结构支撑上部平台结构,而半潜式平台也同样用沉垫提供浮力,漂浮在海中通过支撑结构支撑平台上部结构,国外还有将平台设计成坐底与半潜两用平台。即沉垫注水后,坐沉海底,为坐底式平台;将沉垫水排出,使沉垫作为一个浮体,该平台则为半潜式平台。

坐底式平台的支撑结构有桁架式、立柱式、桁架立柱结合式,见图1-1~图1-4。而半潜式平台的支撑结构大都为立柱式。

1. 立柱结构型式

(1)立柱的直径

从立柱的粗细上可分为起稳定作用的粗立柱和只起支撑作用的细立柱。

坐底式平台工作水深不大,可采用细立柱。如"胜利1号"坐底式平台见图1-1,工作水深1.5m~5m,采用直径为0.426m的圆管立柱,纵向8行,横向4排,井架和吊机下部采用多个细支柱组成的组合柱。这种细支柱所受波浪力小、柱子间距小,可使上层平台采用板梁结构,减轻重量。半潜式平台都是粗立柱,它起稳定作用。如"勘探3号"为双船体半潜式平台,六根圆形立柱,直径均为9m。"南海2号"为八立柱双船体半潜式平台,四角有4根直径为7.9m的大立柱,中间有4根直径为5.8m的较大立柱。

(2)立柱外形

从外形可以分为圆立柱和方立柱;等截面立柱和变截面立柱

坐底式平台常采用锥形钢瓶式立柱,上部截面小,以减小波浪力。为使主柱与沉垫结构连成一体,立柱上部为圆形,到沉垫甲板处变成方形(如"勘探3号"中间两根立柱),再与沉垫舱壁形成一体。立柱对沉垫的作用力直接传递给舱壁。立柱大多数是等截面圆立柱,有少数为方柱。

(3)立柱骨架

从立柱有无骨架,可分为有骨架壳体立柱和无骨架壳体立柱

有骨架壳体立柱及柱靴的骨架布置,类似于驳船,其壳板、扶强材及桁材的最小尺寸可按活动式平台规范关于液体舱柜的要求确定。图4-12为有骨架立柱内部结构的一个例子。当立柱及柱靴设计成无骨架壳体时,其构件尺寸应在壳体理论分析方法基础上确定。无骨架是仅无纵向骨架,而仍有环形加强筋、平板和隔舱构件等。

2. 立柱构造

半潜式平台的立柱一般由外壳板、垂向扶强材、水平桁材、水密平台、非水密平台、水密通道围壁和水密舱所组成。

一般结构形式

(1)普通构架结构

这种构件一般由纵筋与环筋组成,由于纵向力较大,一般纵筋与环筋相交处纵筋连续。

(2)交替构架结构

①纵向交替式

这种构架形式特点是几档小尺寸的普通纵筋布置一档大截面尺寸的强纵筋、强环筋(肋骨),这样强纵筋与强环筋互相支持组成强构件,作为与之相交的弱构件的支座,可以使弱构件的尺寸减小。

②横向交替式

横向环筋布置中,每隔3~5档普通环筋布置一档强环筋,以增加横向刚度。

(3)纵横隔板式结构

这种结构特点用纵横向隔板,纵向隔板一般是两块正交布置或布置成一个封闭通道,隔板一般开有减轻孔,或者用横向隔板代替横向加强筋,横向隔板有水密的或非水密的,隔板也需布置加强筋。

(4)环筋桁架式结构

这种结构环筋与桁架组成。较大直径的立柱,除了有纵筋、环筋,中间还布置空间桁架结构,桁架与立柱壳板中的纵横加强筋相连组成一整体空间桁架。图4-11为几种常见结构形式的立柱剖面。

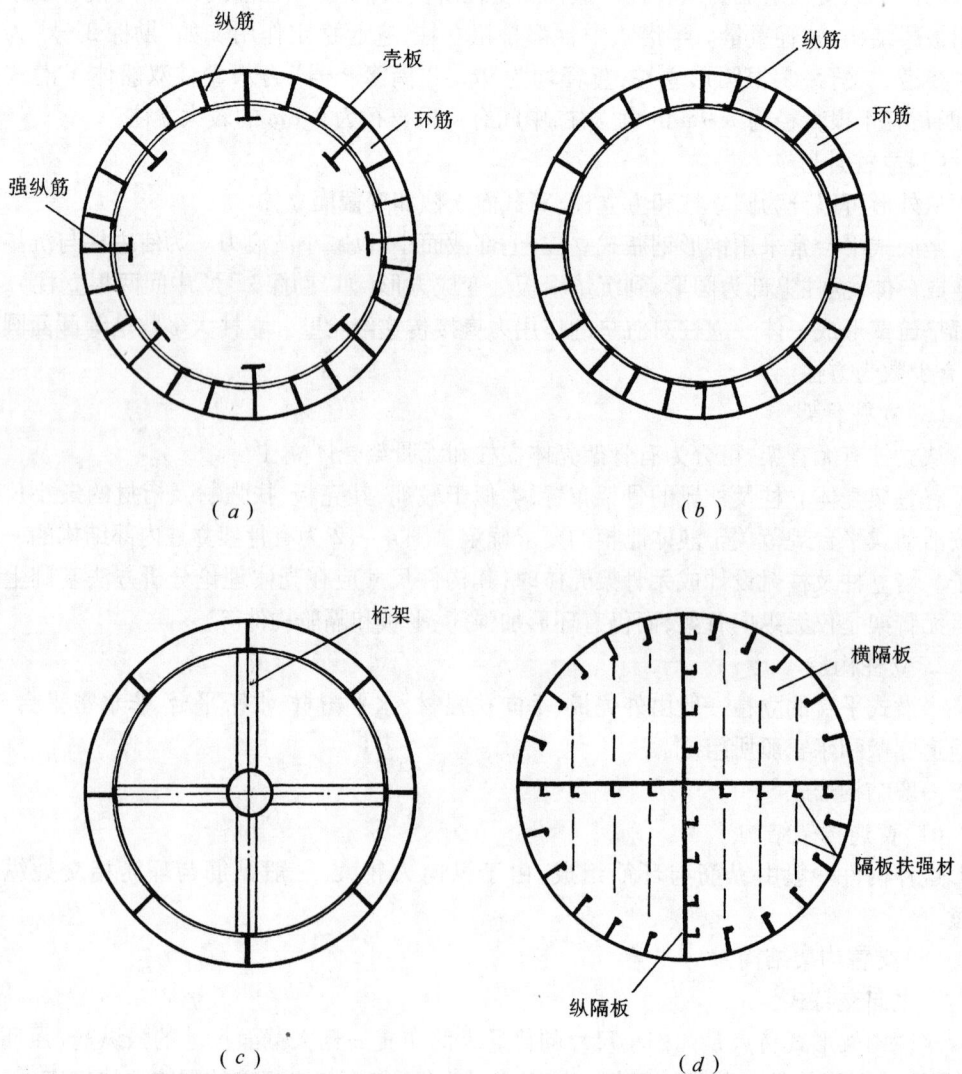

图 4-11 立柱横剖面结构

图 4-11 中 (a) 为交替式,(b) 为普通式,(c) 为桁架式,(d) 为隔板式。

如图 4-12 所示"勘探 3 号"的立柱为例加以说明。"勘探 3 号"的平台由 6 根直径为 9m 的立柱支持,每根立柱由两个水密平台分成三个大致相等的水密空间。端立柱下部两个空间作压载舱,上部空间为空舱,中间立柱均为空舱。中间立柱承受平台的载荷和井架载荷较大,其外板厚度与端立柱相同。首、尾端四根立柱内各设两个直径为 2.6m 圆筒形水密锚链舱,从距沉垫 1.2m 延伸到沉垫甲板以上 10.5m;同时在端立柱中心,各设一个直径为 1.4m 的水密通道,从沉垫甲板一直到上层平台主甲板。中间立柱内设有一个偏离中心的可直达泵舱的通道,也是从沉垫甲板至上层平台主甲板,以便于维修泵舱。中间立柱在离沉垫甲板 7.95m 处开始由圆形截面向下过渡到方形截面。

立柱外壳板厚度为 12mm ~ 20mm。所有主向梁均为垂向布置,间距为 707mm。为了和水密平台的强桁材相对应,增设 8 道垂向骨架。所有环筋高均为 350mm,间距为 1.2m ~ 1.5m。水密平台均由梁、板和桁材组成,梁和桁材均用肋板与外板相应的骨架和加强骨架连接,第一道水密平台距基线 14.1m,第二道水密平台距基线 21.7m。

"Bingo 9000"为挪威 1997 年正在建造的半潜式钻井平台,因此代表了 90 年代世界先进水平,平台由 6 根直径为 11.56m 立柱支持,每根立柱有 7 个水密平台,

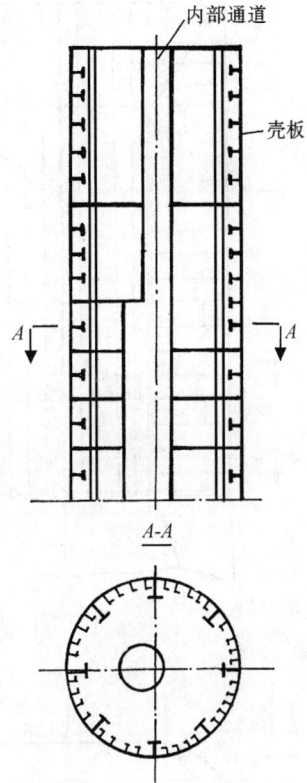

图 4-12 "勘探 3 号"
平台的立柱结构

立柱为圆角矩形。图 4-13 为该平台首、尾端立柱结构图,端立柱设有水密锚链舱及升降舱,与"勘探 3 号"结构相比,该立柱是无环向骨架的立柱结构,横向构件主要有七个横向隔壁(水平平台)。主向梁为垂向布置,规格为 L300 × 100 × 10.5 × 15,板厚为 14mm。两个正交垂直舱壁将内部分为四个小水密舱。其中三个为锚链舱、一个为升降舱,每隔一个水平平台,其立柱与内部水密舱间设四个垂直舱壁,使内部水密舱(通道)与立柱连为一个整体。内部水密舱四周垂向加强筋为内外交替布置,一种为与外部同样规格的球扁钢,一种为半径 70mm 板厚 12.5mm 的半圆加强筋,由于其表面光滑而有利于锚链运动。

三、下船体结构

下船体结构有浮箱与下浮体两种形式

(1)浮箱结构:它是一个水密的圆台或其它形状的大小箱体,放置在立柱下面,彼此互不相连,三角形半潜式平台及五角形半潜式平台采用浮箱结构较多,浮箱的形状见图 4-14、图 1-8、图 1-9 及图 1-3。

浮箱主要考虑周围海水静水压力及承受立柱传来的平台的重力,以及风浪流作用下的弯矩,浮箱结构形式一般根据外形形状及强度确定。圆形及矩形浮箱上部平面板架(浮箱甲板)由板和正交布置的或圆心幅射布置的水平型材组成。四周围壁采用环形水

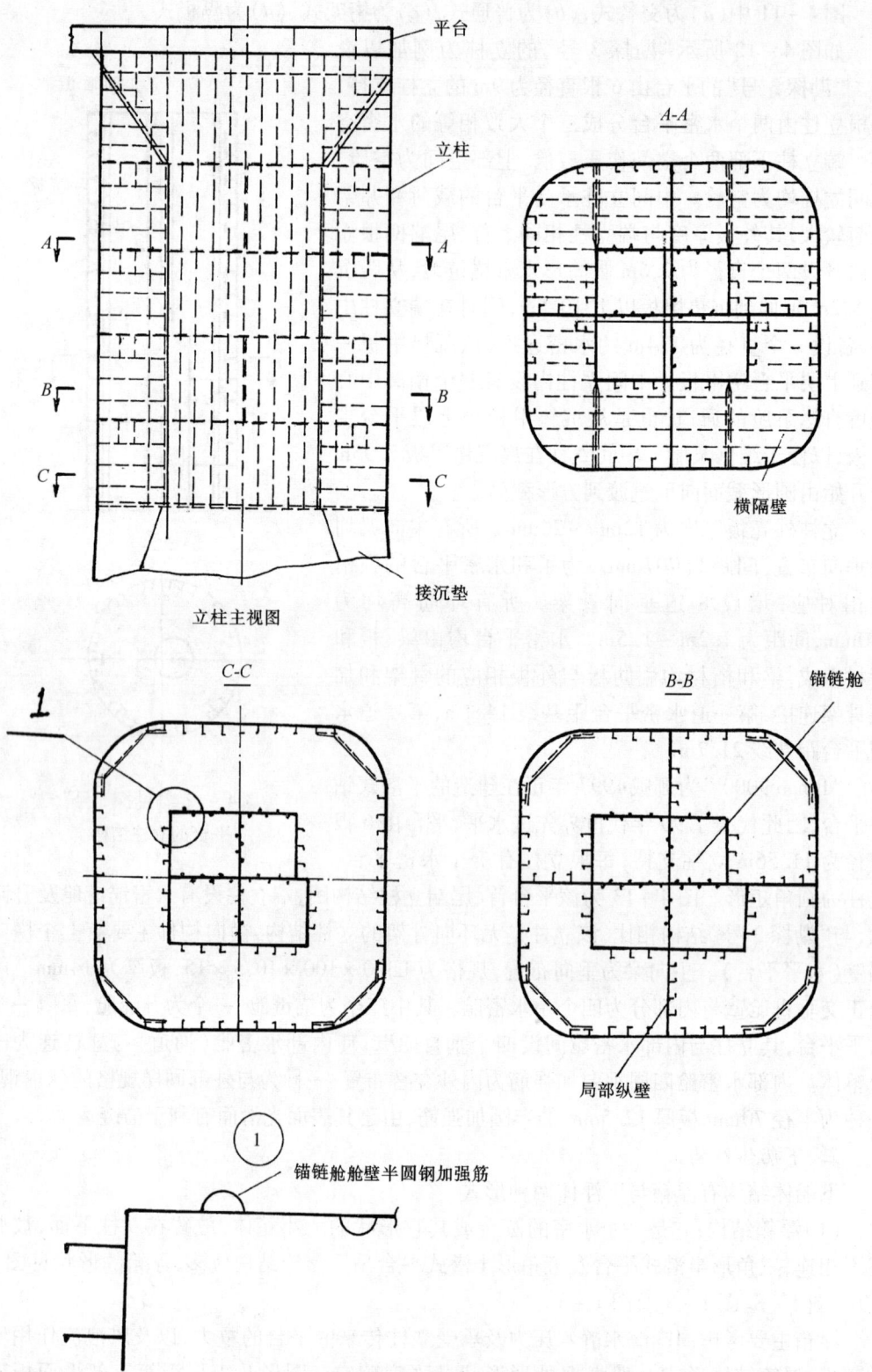

平台

立柱

A-A

横隔壁

A

B

C

接沉垫

立柱主视图

C-C

1

锚链舱

B-B

局部纵壁

1

锚链舱舱壁半圆钢加强筋

图 4 - 13 挪威 "Bingo 9000" 立柱结构

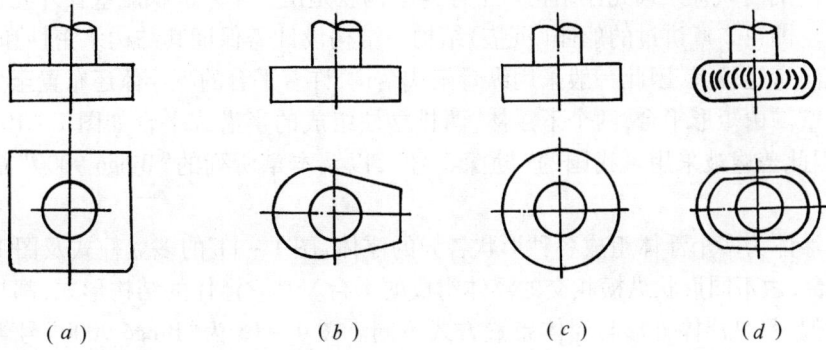

图 4 – 14   浮箱形状

平型材与垂直型材一起布置。底部型材一般与浮箱上部型材布置尽可能位置一致。底部结构有单底及双底结构两种形式。浮箱与立柱间的连接部位需要承受较大的载荷,因此该处结构需要特别加强,一般将立柱延伸到浮箱的底部,浮箱与立柱延伸部分之间用正交的纵横舱壁或桁架坚固连接,立柱也可与甲板相交,甲板与立柱间设肘板,立柱下部需用板或型材加强。

(2)下浮体结构:下浮体结构一般有平行浮体与组合浮体两种形式,平行浮体多为两个平行浮体式,也有四个或多个平行浮体。平行下浮体形状见图 4 – 15,常见多为矩形或

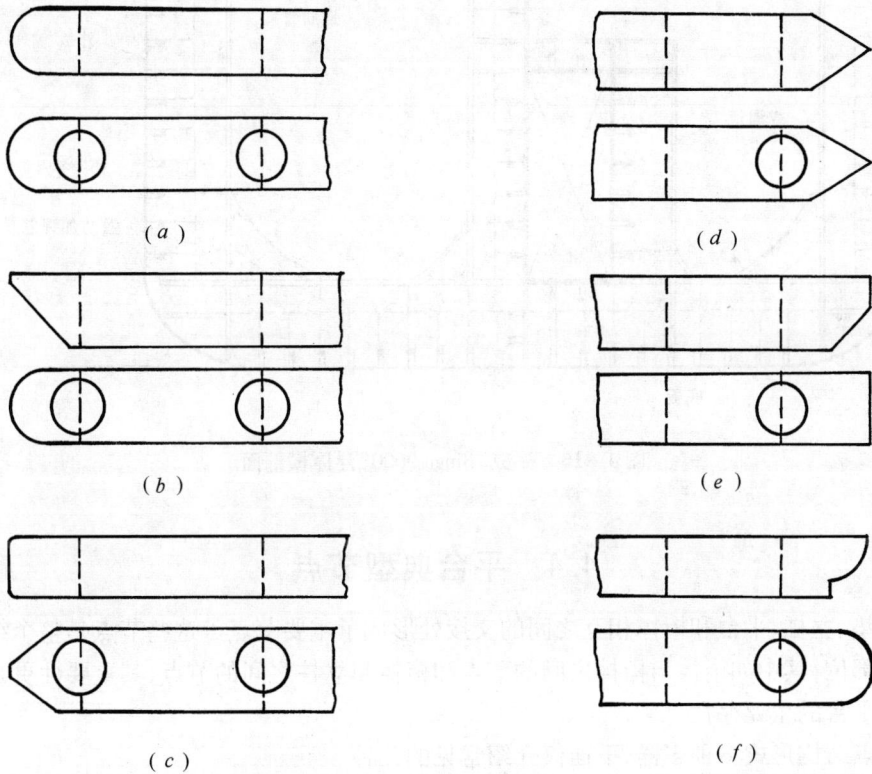

图 4 – 15   下浮体形状

圆角矩形横剖面纵骨架式壳体结构。下浮体结构就是由若干个纵横舱壁及外壳板架组成水密壳体。即第2章讲过的船体(沉垫)结构。结构设计需保证其结构水密性和强度,由于浮体纵向弯矩较大,因此一般采用纵骨架式结构,许多平台的下浮体还布置至少一个纵向水密舱壁。由矩形平台、两个下浮体、两排立柱组成的半潜式平台如图1-10,由于结构简单,因此普遍被采用。我国的"勘探3号",以及本章所列的"Bingo 9000"都属这种类型。

组合浮体为多个浮体组成各种形状各异的浮体,图1-11的多立柱式及图1-12的"V"形平台,由不同形状纵横相交的浮体组成的平台。其它浮体的结构形式,都与上述浮体原理相似,只是浮体外形与浮体布置方式不同。图4-16为"Bingo 9000"号半潜式平台浮体横剖面。该平台有两个下浮体、6个立柱,浮体甲板平面首尾为尖角形,中间为等宽平行中体,纵骨架式,中间设一纵舱壁。

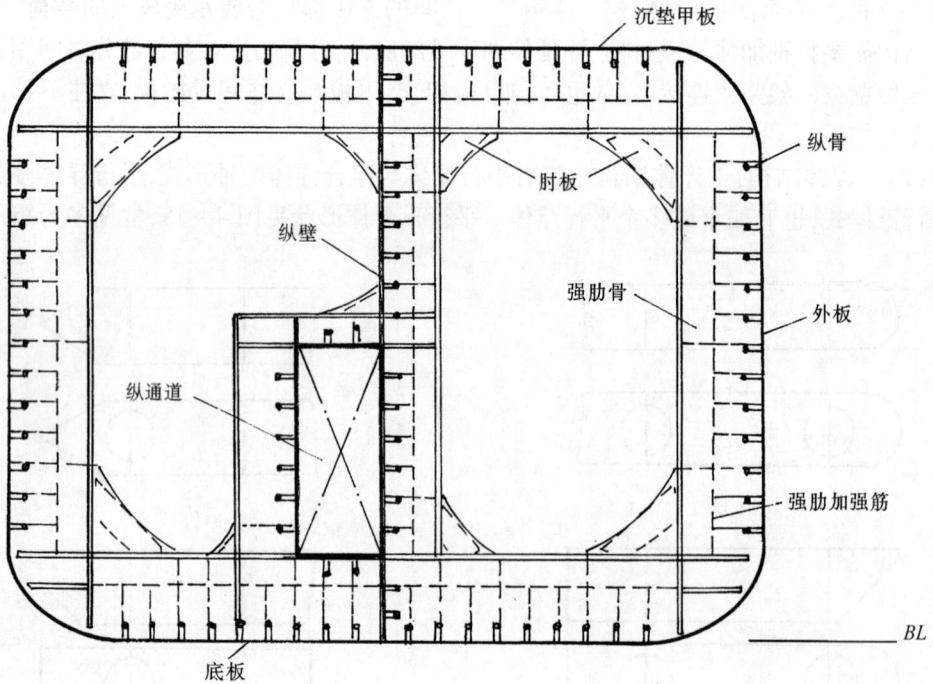

图4-16 挪威"Bingo 9000"浮体横剖面

4.4 平台典型节点

沉垫、立柱、平台和桁撑相互之间的交接处形成了重要节点。这些节点是整个结构的最重要部位,其中如桁撑与桁撑之间的节点和桁撑与立柱之间的节点,其重要性更是关系到整个平台的生死存亡。

节点结构形式多种多样,下面仅介绍常见的几种

(1)端斜撑与平台节点

由于两根斜撑在平台的主甲板处的交点较近,为了该节点的安全可靠以及 平台内部

空间可以充分利用,采用了托架的连接形式,这样,斜撑的长度显然减小,其所能承受的最大压力明显增加,而且由于斜撑穿入主托架,则不依靠板厚来传递斜撑的拉、压力,而是靠剪力传给整个托架,托架又可以比较均匀地传递给平台的两道主横隔壁。缺点是重量略为重些,制造较为困难,见图4-17。

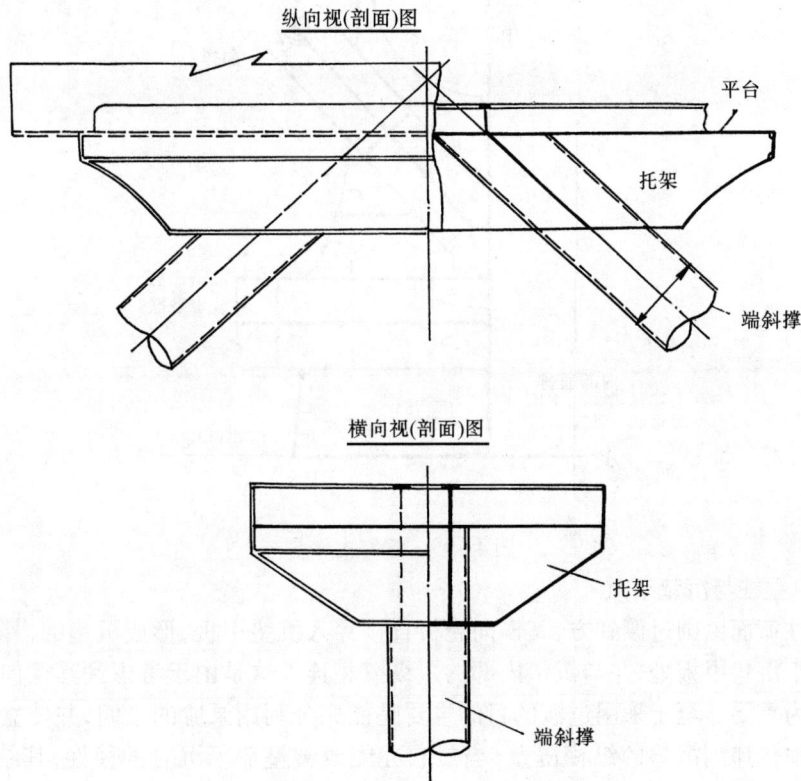

图4-17 托架式节点

（2）中斜撑与平台节点

由于中斜撑与平台主甲板的交点较远,不适于采用托架式,故其顶端断面采用圆过渡并扩大到方形,其内部的十字筋板穿过平台板直接与井口周围的纵横主隔壁相连,其壳板则隔着经过特殊试验和检验的厚板与纵横隔壁的加强板相对,并牢固连接。由于斜撑顶部断面的变化比较光顺,在主甲板处的连接又比较坚固,这样既有足够的强度又有足够的韧性,见图4-18。

（3）中立柱与桁撑节点

该节点是由两根中间桁撑和两根水平十字撑与中立柱相交而成,它与端立柱桁撑节点有

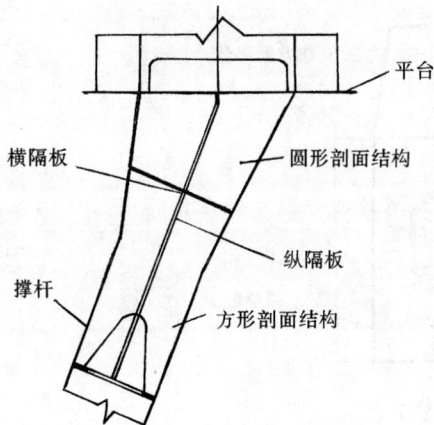

图4-18 变截面桁撑节点

很多相似之处。只是中立柱内部通道较大,因此水平十字撑末端穿入立柱虽亦弱化,但却

与通道围板直接相连,中间斜撑的壳板则通过转角与通道围板相连。桁撑在立柱外侧不设弱化肘板,这是由于该处的正常应力较小的缘故,见图4－19。

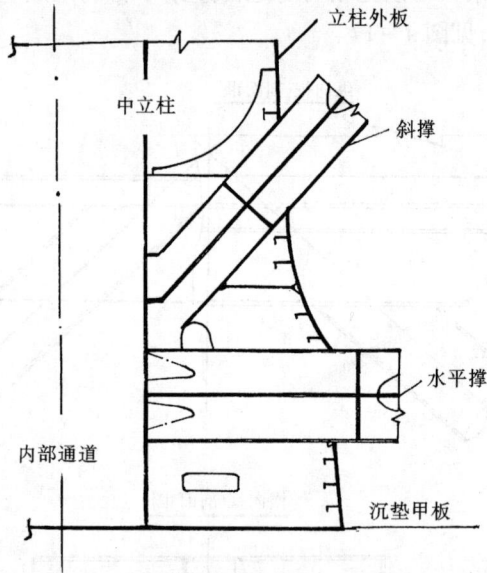

图4－19　穿刀式节点

（4）中立柱与沉垫节点

中立柱截面由圆过渡到方,其横向壳板直接穿入沉垫甲板,形成沉垫的横隔壁,纵向壳板则断于沉垫甲板处,并与沉垫内部的短纵壁相连。这是由于考虑到其横向强度比纵向强度更为重要。至于采用过渡的目的主要是能充分利用泵舱的空间,并使立柱的垂向力能直接地传递到沉垫的纵横隔壁,当然它亦能改善整船下沉时的稳性,其结构见图4－20。

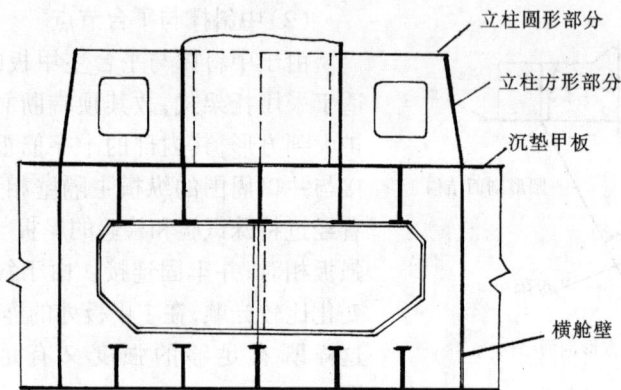

图4－20　变截面立柱节点

（5）桁撑与桁撑球型节点

即水平十字撑的节点,呈扁球形。其中一根桁撑在节点连续,另一根则中断,用十字筋板与连续的一根桁撑相连,外部则包以扁球形的外壳板。这种节点可减少节点处的集中应力。国外一般都做成由圆管过渡到方的然后相连,但这样做在拖航及潜入水中时受到的波浪冲击力较大,而且在半潜状态时波流的阻力也较大。本节点则可以解决上述两个不足,并且由于结构比较光顺,内部又有筋板加强也可以改善该处的应力集中。至于做成扁球形主要是考虑在高度方向减少拖航时与波浪冲击的机会。球体底部还有一定的水泥,以减少半潜时桁撑受到浮力作用产生的弯矩,详见图 4 – 21。

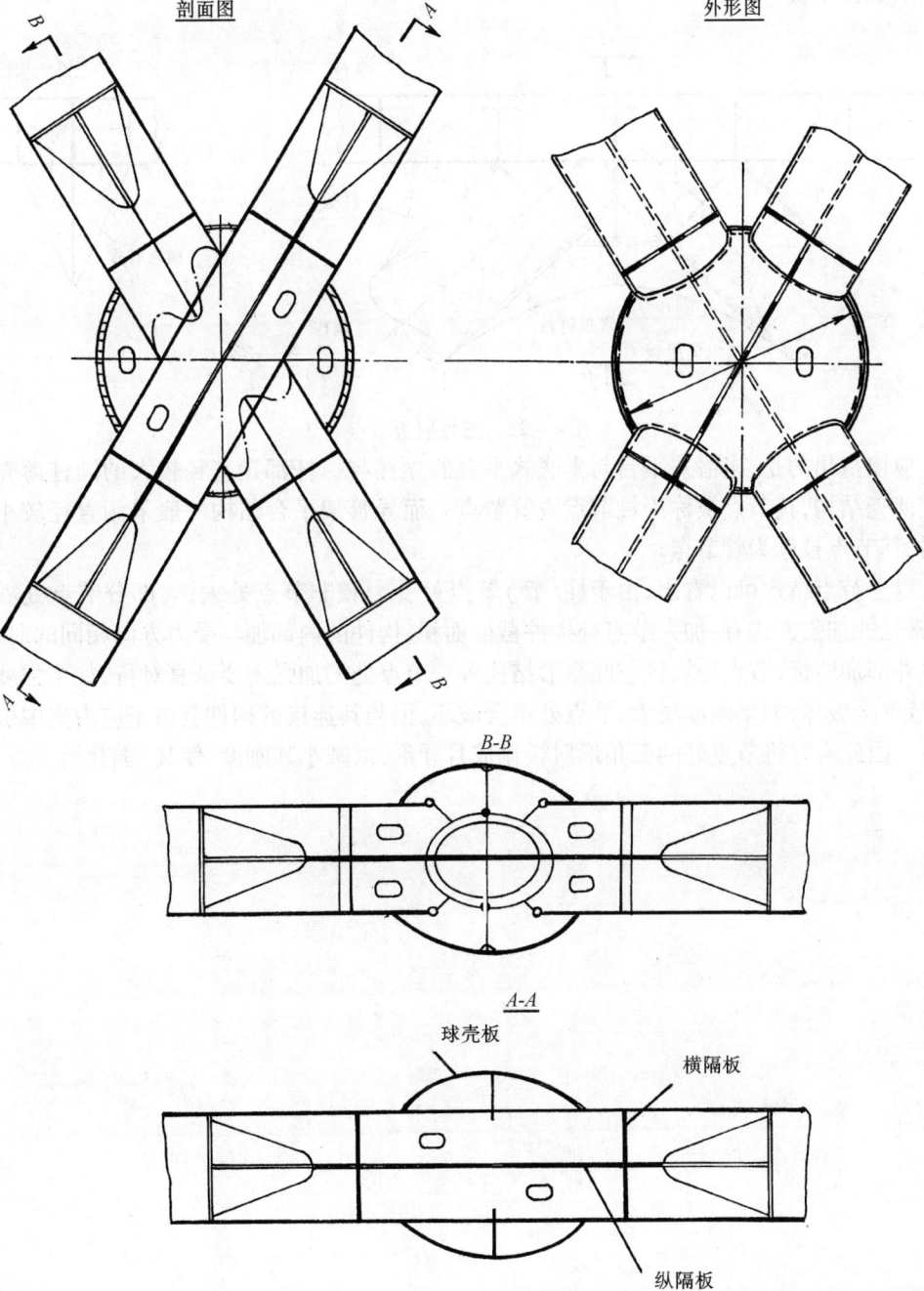

剖面图

外形图

B-B

A-A

球壳板

横隔板

纵隔板

图 4 – 21　球形节点

（6）三维肘板加强的桁撑节点

桁撑与平台或沉垫，以及桁撑间的节点，一般需要三维空间方向的加强，较简单的方法是在节点处设三维方向的加强肘板。这些肘板要与相连构件的板材或强构件布置在同一平面。把它们作为一整体对强度更有利。图 4-22 节点中，平台的立板与撑杆内部立板，以及垂向加强肘板为一整块板，对于强度与工艺都有利，图中可以看到节点的三维方向均有加强肘板。

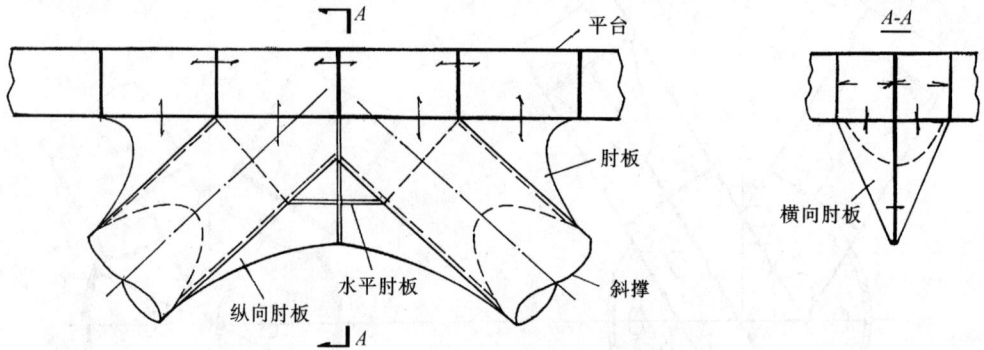

图 4-22　三维肘板节点

应该指出的是，半潜式平台与坐底式平台的立柱与撑杆都是直径较大的圆柱薄壳或方柱薄壳结构，其节点被称为柱节点或管节点。而导管架平台结构一般采用直径较小的管材，其节点被称为管节点。

以上节点结构可以看出，由于柱（管）节点处受力较非节点处大，大部分节点处需加强，常见的加强方式有：加大节点处构件截面面积；构件的内部加与受力方向相同的肘板；构件外部加肋板；节点处增设空间箱形结构等。节点处的加强需要认真对待，如果强度不足，节点会破坏，如果刚度过大，节点处不会破坏，但与其连接的构件会由于应力集中引起破坏。因此有时将节点处的三角形肘板作成月牙形，以减小其刚度，使其"弱化"。

5 导管架平台

活动式平台一般用于勘探或浅海区采油。而生产平台,大多采用固定式平台,其中导管架平台具有适应性强、安全可靠、结构简单、造价低的优点,是应用较多的一种平台。

5.1 导管架平台的受力

平台结构承受的载荷包括环境载荷、使用载荷和施工载荷。

1. 环境载荷

由风、波浪、海流、海冰、水温及气温、潮汐、地震等自然环境引起的载荷。主要有风载荷、波浪载荷、流冰载荷、地震载荷等。

2. 使用载荷

使用载荷包括固定载荷、活载荷及动力载荷,应根据平台的类型和使用要求,对可能影响结构或构件的载荷加以考虑。

(1)固定载荷:固定载荷是指作用在平台上的不变载荷,当水位一定时,为一定值,它包括:

①平台结构在空气中的重量,包括导管架、桩、灌浆等;

②永久安装在平台上的设备和附属结构重量,包括机械设备、管线、防腐阳极块等;

③水线下作用在结构上的静水力,包括外压力与浮力。

(2)活载荷:活载荷为平台使用期间加在平台上的载荷,它随平台作业类型的不同而变化,按其时间变化与作用可分为可变载荷与动力载荷。

由于可变载荷的数值及作用位置变化缓慢,可作为静载荷处理,它包括:

①钻井和生产设备的重量,这些设备可以移上或移下平台,并在平台上移动;

②生活区、直升机平台的重量,生活供给设备、救生设备、潜水设备及公用设备的重量,这些设备也可以移上或移下平台;

③贮藏舱中消耗性的供给物品及液体重量;

④海洋生物附着和冰聚积所增加的重量。

(3)动力载荷:当载荷对平台结构或构件的动力作用显著时,就考虑为动力载荷,它包括:

①周期性载荷:当各种动力机械和设备的运转频率接近结构的自振频率时,就应该考虑载荷 的动力放大;

②冲击性载荷:包括钻井、材料的搬运,船舶系泊及碰撞,直升机的降落等。

3. 施工载荷

施工载荷发生在平台的建造、装船、运输、下水、安装等阶段,为临时性载荷,对于受环境条件影响的各个施工阶段,平台的施工载荷应与环境载荷进行相应的最不利的组合。

5.2 导管架平台结构组成

钢质导管架近海平台有许多类型,经济性决定了对平台类型的选择,一般在深水区,采用所有功能齐全的整体式多层自给式平台,如图1-15(b)。在较浅的水域则采用多个分离的不同功能的平台,例如:供应平台、钻井平台、生产平台、生活平台、辅助平台、火炬塔等,如图5-1。

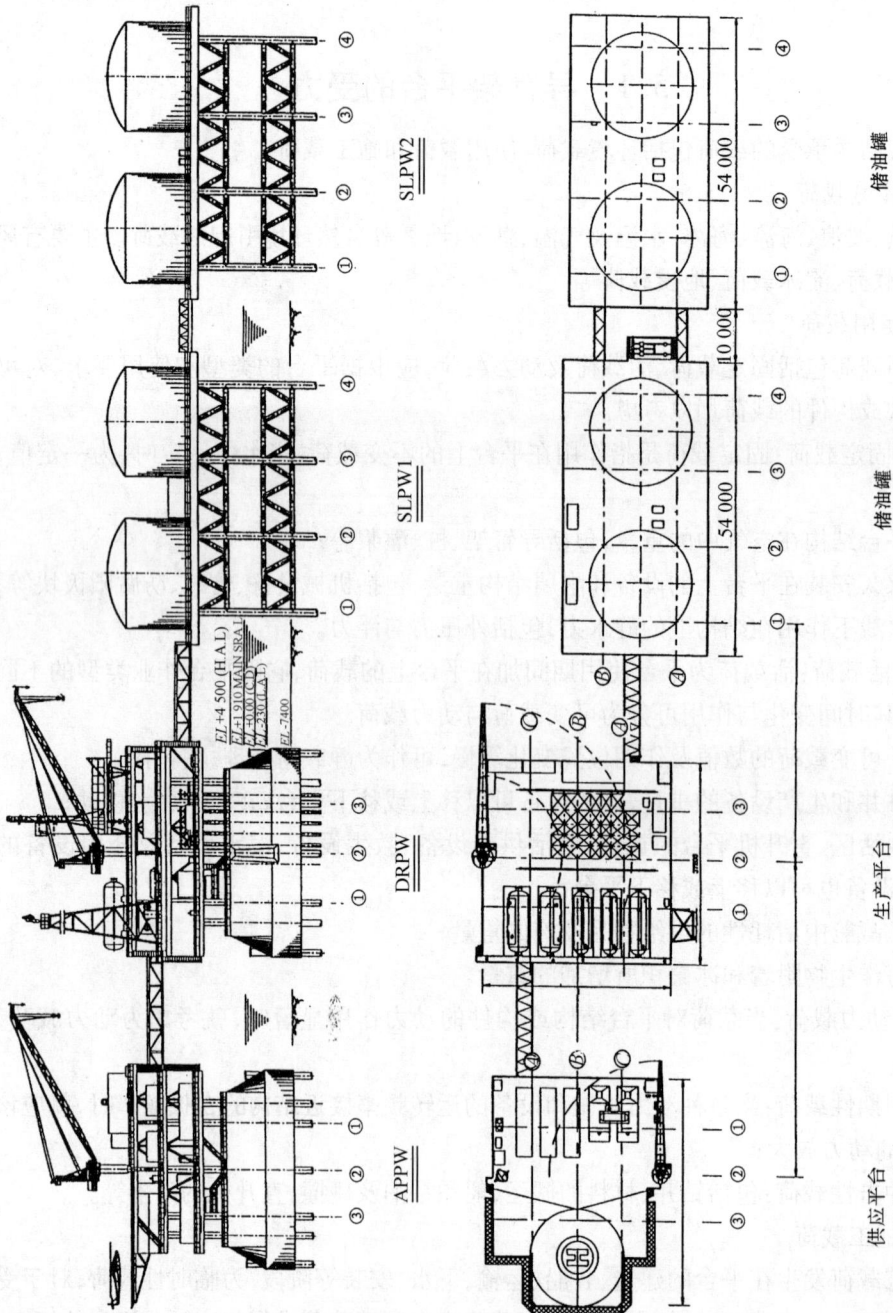

图5-1 分离式平台

导管架平台可分为三个主要组成部分,即上部结构、导管架和桩,如图 5 - 2 所示。

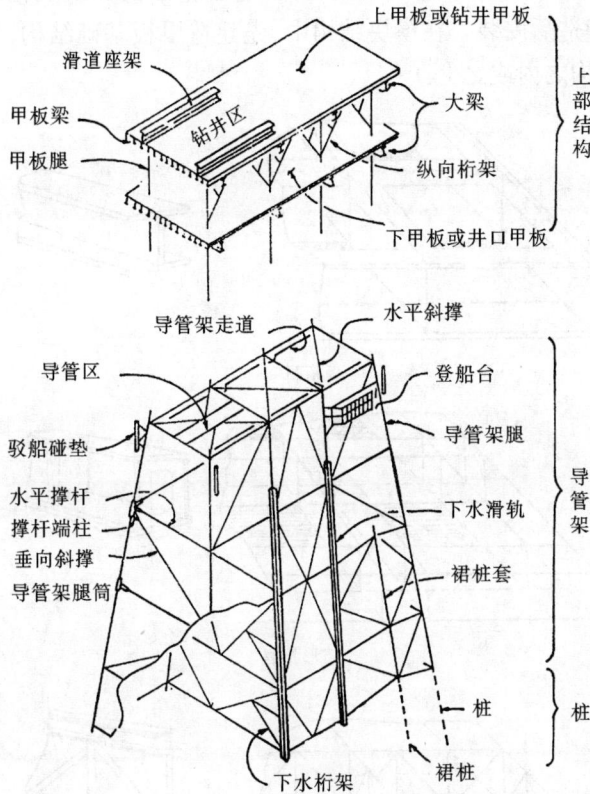

图 5 - 2　导管架平台结构组成

1. 上部结构

上部结构包括平台甲板、舱壁、围壁、甲板支柱以及桁架结构,甲板结构的主要作用是在海上为钻井或采油提供足够的场地,以便在其上布置钻井或采油设备、辅助设备、各种生活设备以及供直升飞机升降。

2. 导管架结构

导管架是由导管(桩腿)和连接导管的纵横撑杆所组成的空间刚(桁)架。各管状构件相交处形成了管状节点结构。一般管节点都采用弦杆(即管节点中直径较大的管构件)管壁加厚或其它措施进行加强。其主要作用是支承上部结构,平台进行海上安装施工时,导管架的桩腿则作为打桩定位和导向用。在使用上,导管架还可以用来系靠船舶,以便于供应船靠离平台。

3. 桩

桩的作用是把平台固定于海底并承受横向载荷和垂直载荷。桩通过导管架打入海底土中,由单桩组成或群桩形成桩基础,上部结构和导管架的载荷通过桩基础传入地基。

一、上部结构

上部结构也称甲板结构,上部结构有整体式与组块式两种结构形式。

所有甲板结构原则上都是由三维钢构件组成。主要承载构件可分为板桁材、箱形桁材和桁架三种形式,见图5－3。板桁材和箱形桁材由板架组成,组成桁架的桁材是管状的或型材(工字钢、槽钢等)。甲板类型划分为两类:整体的和模块化的。在整体甲板结构中,设备在结构建造后安装。在模块结构中,先建造甲板基础结构,然后将设备模块起吊并固定在基础结构之内或之上。

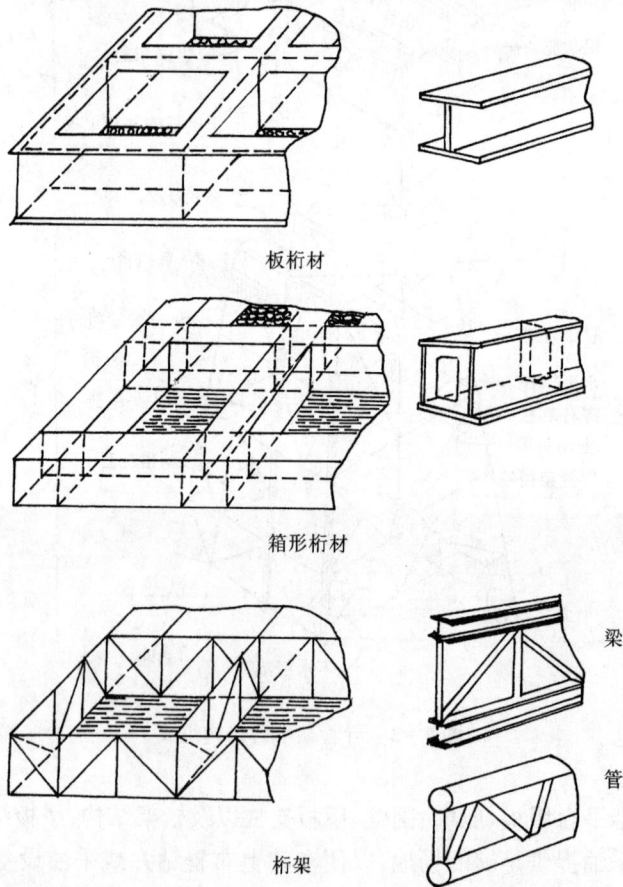

板桁材

箱形桁材

梁

管

桁架

图5－3 甲板主要承载构件结构形式

1. 整体式甲板结构

(1)箱形与板桁材式结构

整体式甲板结构(上层结构)其结构为一整体,在这种结构中,可有多层甲板,一般有二、三层甲板,二层甲板的下层为主甲板,上层为上甲板,三层甲板的中间为二层甲板,这些甲板一般在其平面连续,整个贯通于上层结构平面。其中板桁材与箱形桁材由这些连续甲板与纵、横舱壁,围壁为一体,组成这两种强承载结构,承担甲板载荷,并将其传到支撑结构导管架上。单甲板式上层结构同样要借助于甲板支撑结构的桁架形成桁架式甲板承载结构。

由横梁至纵桁和纵桁至桁架的甲板构架可采用下面两种方法构成。横梁可以穿过纵桁腹板,而纵桁则穿过桁架顶端的弦管(与船体甲板结构常用构件连接方法一样),见图5－4。或者较小的构件可简单地叠放在较大的结构构件上,见图5－5与图5－6。图5－4

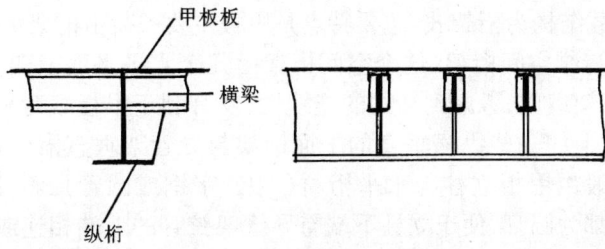

图 5 - 4　横梁穿过纵桁

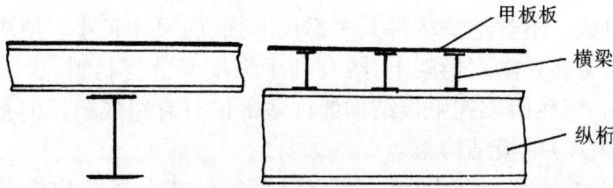

图 5 - 5　横梁叠放在纵桁上

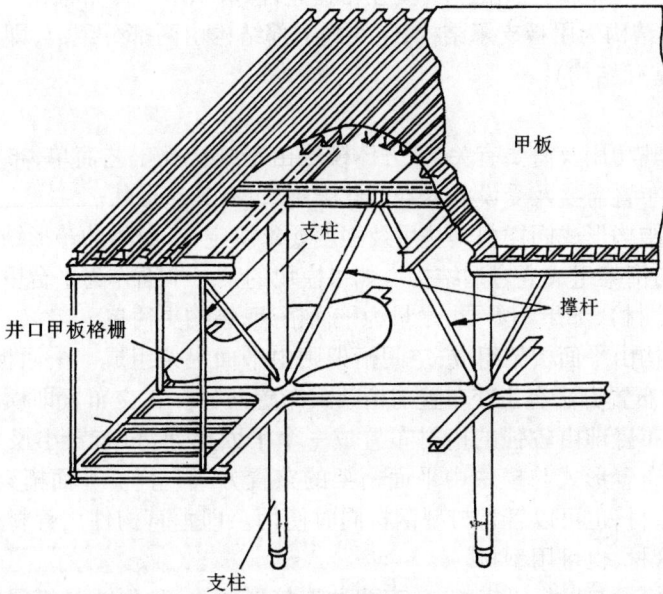

图 5 - 6　甲板结构图

由较小构件穿过较大构件所组成的构架减少了上层建筑的高度。这种构架对减少风力是
有利的。这种构架使两构件中较小构件的末端在相互连接时受到部分约束,这也是有利
的。然而这种构架造价较贵。甲板横梁和板结构的选择不必按最小重量或最低费用的原
则确定,而应综合考虑切割量、易于装配、焊接的数量、长度和难度,以及易于操作维修。
在平台开始生产作业以后,结构的维修费用是重要的。舱壁结构由舱壁板与水平、垂直扶
强材组成,与一般的平面舱壁一样,这两种甲板结构与前几章介绍的箱形,板桁材甲板结
构基本相同。

（2）桁架式结构

整体甲板强承载结构为桁架式,主要特点是甲板主要载荷由桁架承受,整个上层结构（甲板结构）为一个三维空间桁架,这个空间桁架由几个水平平面桁架,纵向垂直平面桁架,横向垂直平面桁架组成,考虑到结构的连续性,及有利于甲板载荷传递到下部与其相连的导管架上,甲板上的一些纵横垂直的平面桁架与导管架垂直桁架布置要统一考虑。垂直的平面桁架一般由甲板立柱与水平桁材（"工"字钢或圆管）、斜撑（"工"字钢或圆管）组成,立柱一般都为圆管,便于立柱下端与导管架弦管的上端相连或用过渡连接件连接。以便将上部甲板的载荷传到支撑结构（导管架）。

从图5-3可以看出,甲板桁架结构同样包括甲板板架与舱壁板架,不过这些板架不参与总强度,总强度由桁材组成的桁架承受。甲板和舱壁板架同样分别与纵、横梁、板与垂直、水平扶强材组成。不过这些构件只考虑局部强度,尺寸较小。甲板板架一般支承在平面桁架上,舱壁板架靠在垂直桁架上,既有利于强度又节省材料,少占空间,图5-7为一桁架结构的舱壁。当然桁架式甲板结构的许多部位只有组成桁架的型材而没有板材。

2. 组块式（模块式）甲板结构

上述整体式上部结构整个结构是一个整体,而组块式上部结构是由多个立体模块组成。这些模块是已经预舾装了的立体分段。模块有各种功用,如生活模块、生产模块、各种设备模块,许多复杂模块互相支承,又互相独立,像搭积木一样布置在一个整体结构上,如图5-8。这个结构为甲板支承结构,组块式上部结构由两部分组成,即模块、模块支撑结构（也称甲板基础结构）。

（1）模块结构

模块形状与其功用及需要有关,长方体模块由于结构及工艺简单,布置方便,应用较为普遍。根据总布置需要及受设备本身形状限制,也有其它形状。

立体的模块结构形式同样由其功用及强度要求决定,有封闭的箱形结构,有空间桁架结构,也有板架与桁架组成混合型结构。如果模块的某一平面作为平台甲板或舱壁,其必须为板架（板与型材）,如果不需要,尽量为平面桁架,结构更简单。

箱形模块结构由平面板架组成,空间桁架则由平面桁架组成。平面板架中各种型材（纵桁与横梁）的布置方法有正交布置与桁架式布置两种。正交布置即横梁为横向,纵桁为纵向。桁架式布置即由较强的桁材布置成一个平面桁架,再布置小尺寸的横梁及板。板架中平面桁架布置形式与模块中平面桁架的布置方式一样。平面桁架可以全部用管材,可以全部用型材,也可以管材与型钢材同时使用。即垂直构件用管材,水平构件用型材,斜撑可以用管材,也可用型材。

平面板架中横梁与甲板纵桁相交,有两种连接形式,一种形式是横梁穿过纵桁腹板,要求纵桁腹板高度是横梁高度两倍以上。另一种形式是横梁叠放在纵桁上面。平面桁架组成的立体模块中,如果局部需要该平面兼作舱壁、平台或甲板,需加设板架,这种板架只考虑局部强度,而不考虑模块的总强度,因此尺寸较小,强度较桁架也低得多。

纵桁、横梁一般为型材（T型钢、工字钢或槽钢）,桁架一般由管材或型材组成。

图5-9为一模块结构图。

水平扶强材

立柱

舱壁强桁材

A-A

舱壁板

水平梁

水平梁

垂直扶强材

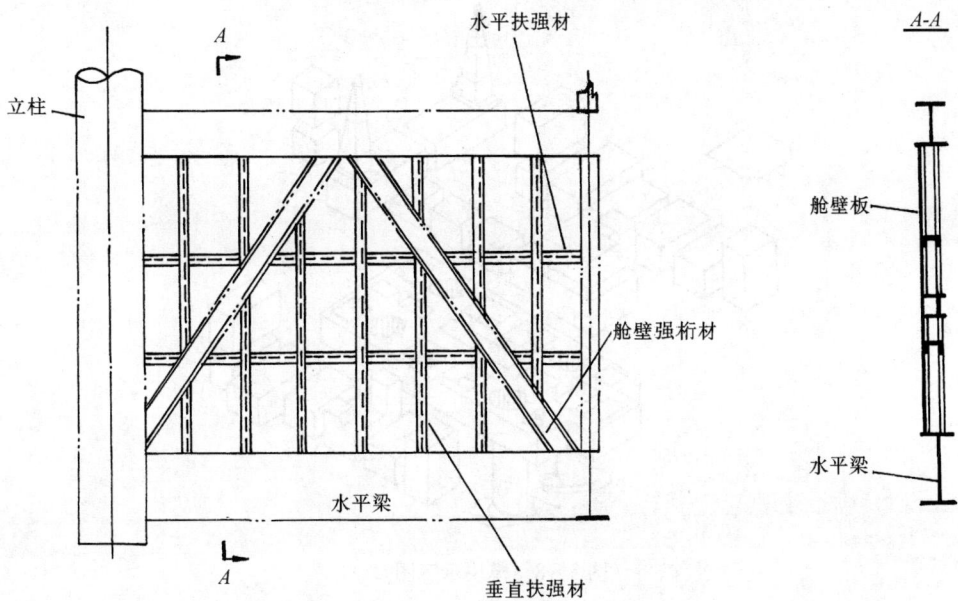

（a）强桁材为槽钢

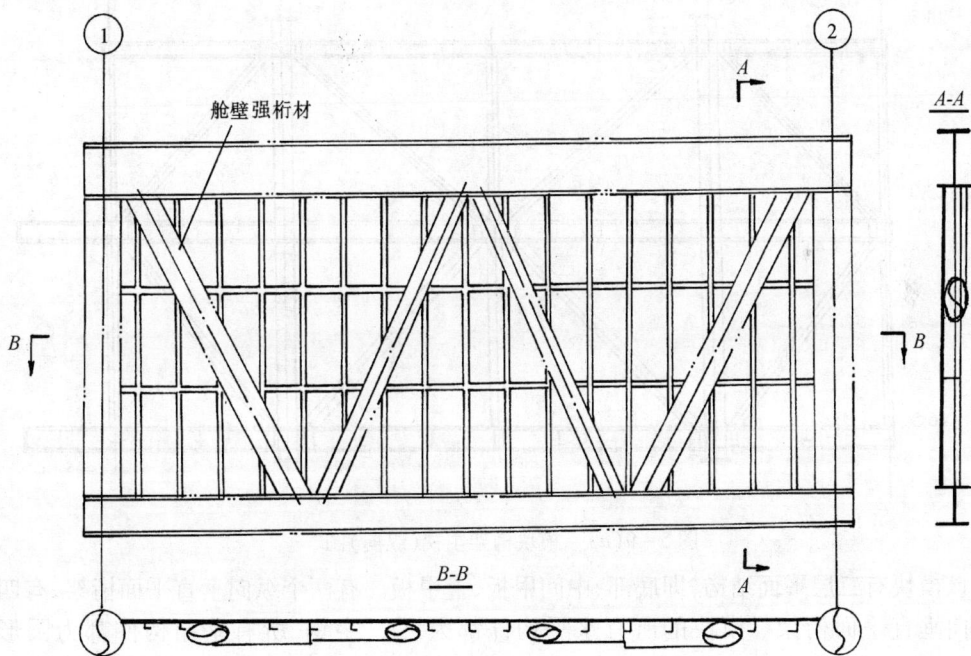

舱壁强桁材

A-A

（b）强桁材为钢管

图 5-7　舱壁结构

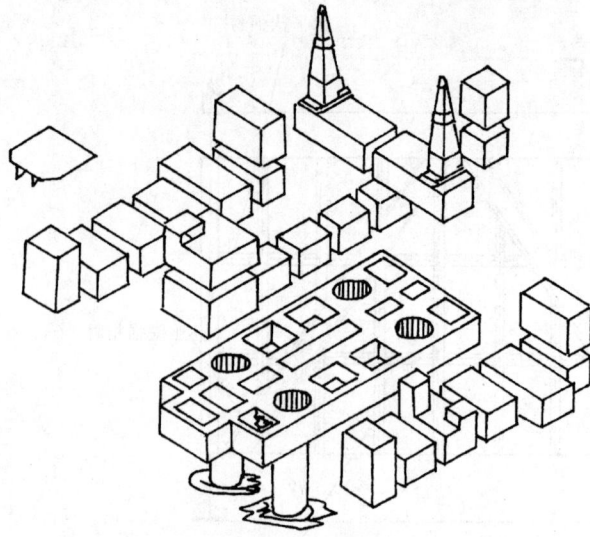

图 5 - 8　模块示意图

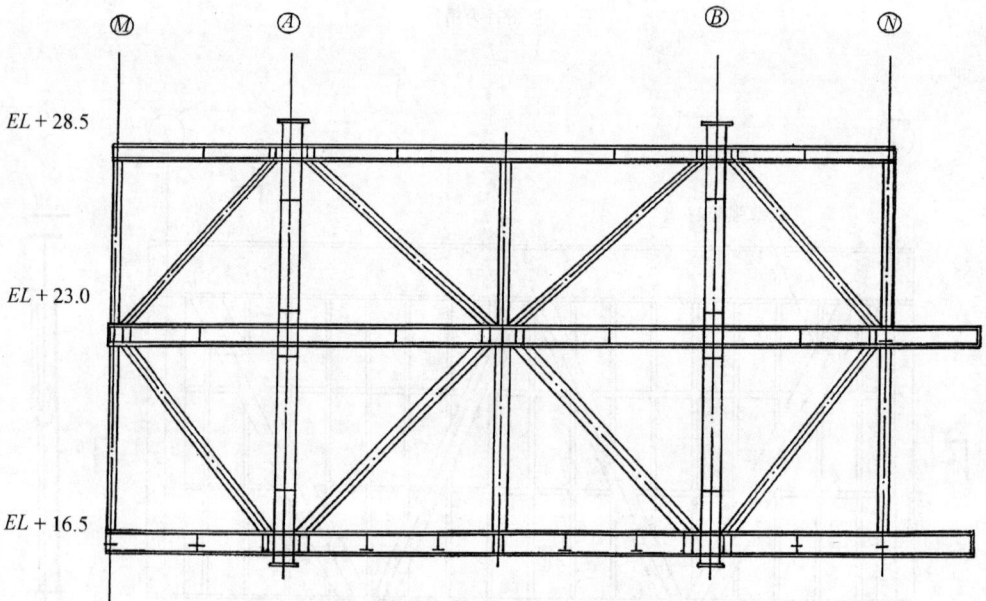

图 5 - 9(a)　模块构架主视(纵向)图

　　该模块有三层平面结构,即底部、中间甲板、上甲板。有两个纵向垂直平面桁架,有四个横向垂直平面桁架。模块的所有水平构件都为"工"字钢,所有垂向构件都为圆形管材。

　　一般的甲板设备模块尺寸约为(3～4.6)m×(1.5～8)m×(4.9～6.1)m。有时尺寸达11m×23m×6.5m。现有起重船的起重能力决定了模块的尺寸或重量。模块在称之为滑道的纵桁和横梁的垫材上建造。这些模块被设计成能独立支承并跨于甲板基础结构的主要桁架之间。其他各种尺寸的滑道适合于准备放在平台甲板上较小的和较轻的设备。

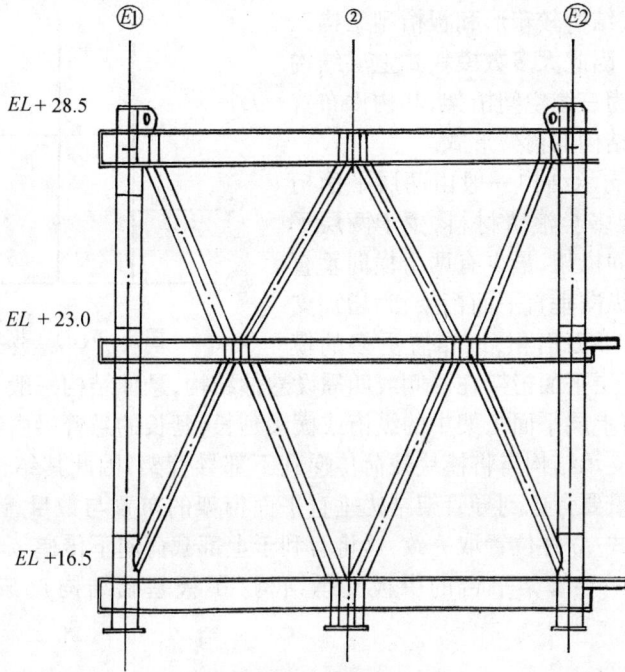

图 5-9(b)　模块构架侧视(横向)图

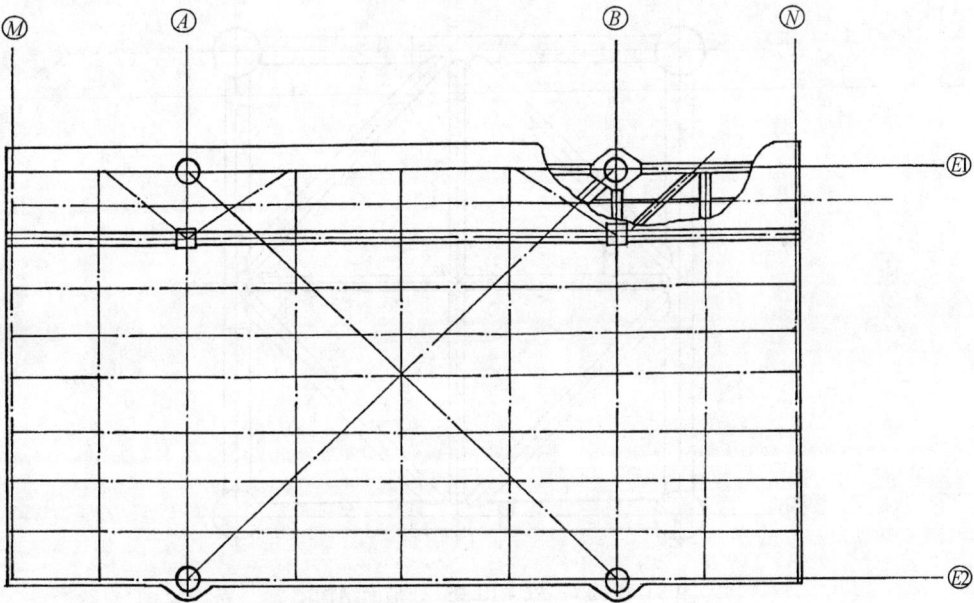

图 5-9(c)　模块构架俯视($EL+28.5$m 处平面)图

模块应设计能支承其最大的固定和可变重量的载荷。

(2)甲板支承结构(甲板基础结构)

甲板支承结构(模块基础结构)要承受所有上部结构的载荷,包括所有模块载荷及工作时产生的各种动载荷。由于平台上层结构的总强度由该结构承受,因此其强度要求较高。甲板支承结构形式也有箱形、板桁及桁架三种,由于桁架式结构较箱形和板桁型结构工艺简单、强度好。因此大多数模块式上层结构的上部支承结构为三维空间桁架,其构件布置形式类似导管架结构的桁架形式。

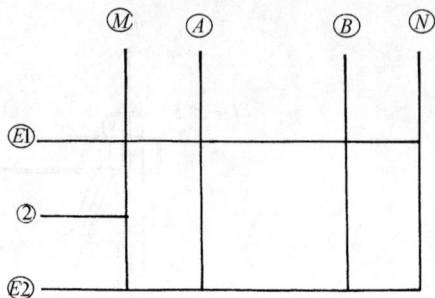

图 5 – 9(d)　模块原理图

桁架式甲板支承结构一般由两层平面桁架组成,因为桁架多会浪费材料,少于两层平面就不能组成空间桁架,最少有两个横向垂直平面桁架和两个纵向垂直平面桁架,为增加支承结构上部水平平面面积,以布置更多的模块,支承结构的上层平面桁架在两侧或四周设悬伸结构,悬伸结构一般与上层水平平面桁架为一整体,即将上层平面桁架中的纵桁或横梁延长,延长的悬臂梁由斜撑与下层的平面桁架相连。因为支承结构需将模块载荷传递到下部导管架,因此其结构形式及需要的垂直的平面桁架数量要考虑到导管架结构垂直平面桁架的布置与数量,许多导管架平台将这两部分结构形式、立柱位置取一致,这将有利于上部载荷向下传递。

图 5 – 10 为一导管架平台的甲板支承结构(甲板基础结构),该结构为空间桁架结构。

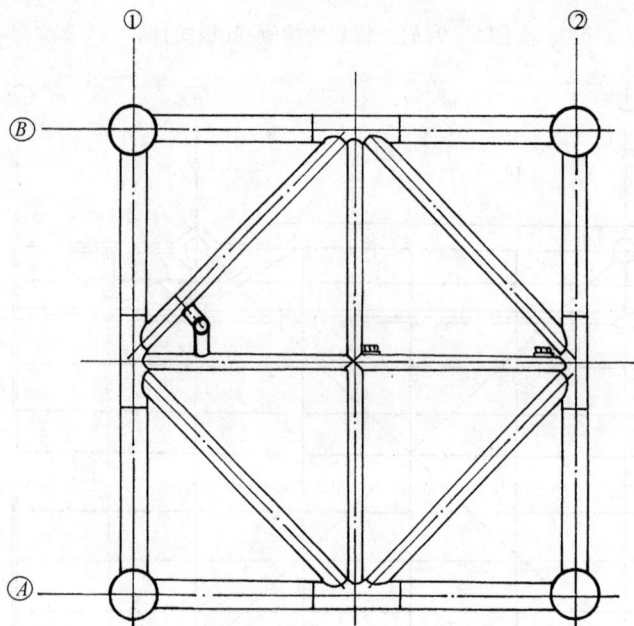

图 5 – 10(a)　EL + 10.0m 处平面结构图

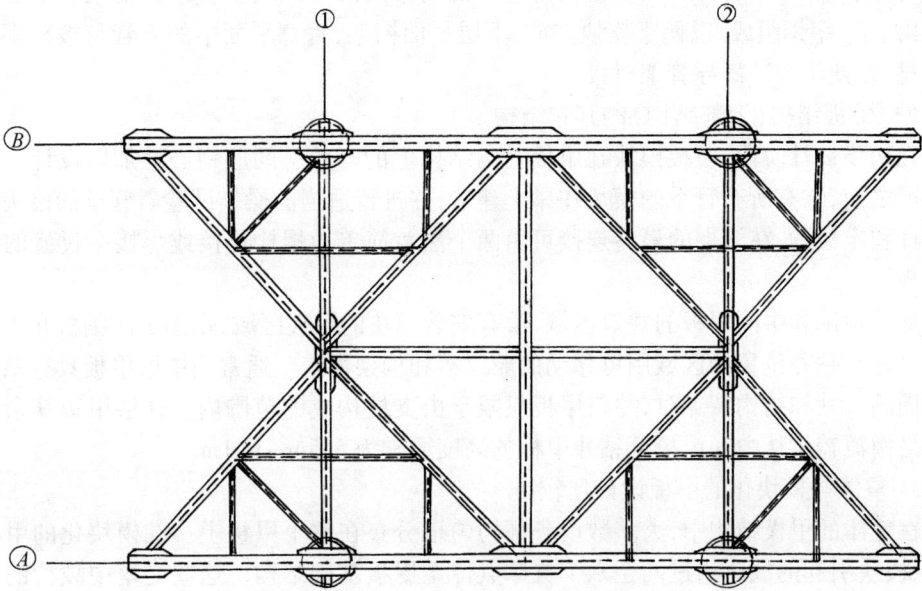

图 5 - 10(b)　EL + 15.479m 处平面结构图

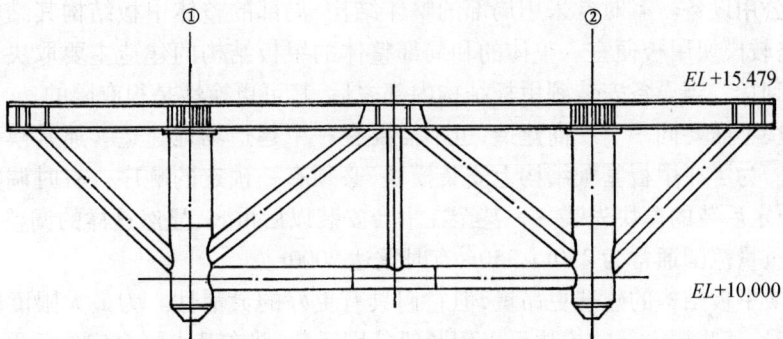

EL +15.479

EL +10.000

图 5 - 10(c)　(Ⓐ Ⓑ)主视图(A 向垂直面)

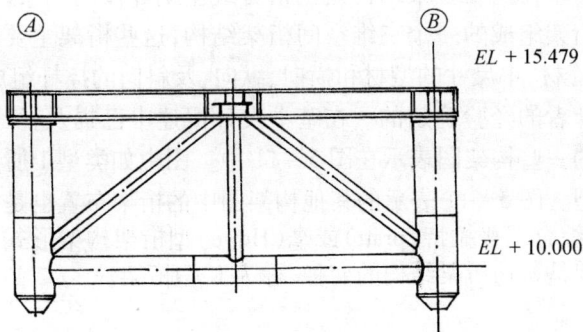

EL + 15.479

EL + 10.000

图 5 - 10(d)　①(②)向结构图

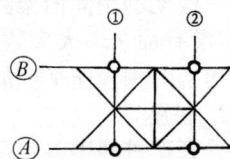

图 5 - 10(e)　原理图

有两层水平平面桁架,两个横向垂直平面桁架及两个纵向垂直平面桁架。上层平面桁架由"工"字钢组成,以便于模块安放;下层平面桁架,垂直平面中的立管与撑杆都为圆形管材,以便于与下部导管架对接。

（3）甲板结构（上部结构）的其它结构

在初步设计阶段,甲板模块在甲板基础结构上的有效空间应精心地加以设计。在装上驳船之前,装有所有管系的模块在岸上建造,并进行适当的操作试验。管子的接头是这样设计和定位的:在海上的最终连接可由两个法兰简单地螺栓连接或焊接一过渡的短管来实现。

除了顶部和中间甲板的井口区域,没有安装模块的甲板区域,用固定的钢板和构架覆盖。对处于钻井位置的区域用可移动的舱口盖和构架覆盖。通常当中层甲板具有钻井甲板相同的尺寸和结构特点时,井口甲板只限于由支柱构成的范围内。这层甲板其余部分用钢格栅覆盖。从中间甲板至钻井甲板的高度通常为 5.5m～6.1m。

3. 整体与模块化的甲板设计比较

在整体的甲板结构中,大多数设备都均匀地分布在整个甲板上。在模块化的甲板设计中,模块引起的载荷通过四至六个支撑点传至甲板基础结构。这些受集中载荷的点要进行分析以保证足够的局部强度。

整体的甲板结构中,板桁材的交叉形成了多个舱室,在这些舱室中几乎放置了所有的加工设备和公用设备。有时常采用局部的整体结构,局部的整体甲板结构其结构自重较小,因此价格较模块甲板便宜。整体的和局部整体的甲板结构的建造主要取决于安装设备是否及时到货。当设备安装到甲板结构内部之后,其可更换性是很有限的。

所有模块不需要同一个厂商建造,也不需要在一个建造场地建造。通常模块在分散的场地建造。为了在甲板基础结构上安装模块,必须有一预定的顺序。有时调整顺序是可能的,把原定后装的模块先装——甚至在平台安装以后再装,显然这样的调整是非常昂贵的。模块重量范围通常为 250t～350t,有时重达 2000t。

尽管模块甲板结构的建造更昂贵,但它们具有更好的灵活性。为最大限度减少拖航时的上部重量,某些最上部的模块可以用驳船分别运载,并在基本平台定位后再吊装。

二、导管架结构

1. 结构组成

导管架是导管架式平台的支撑结构。导管架结构是由钢管或型钢焊接的构架,实际是由三个方向的平面板架或平面桁架组成的一个三维空间桁架结构,这些桁架主要由大直径管材的桩（弦杆）及小直径的管材、小尺寸的型材和横向、纵向、及斜向的撑杆组成。

在很大程度上构架图是凭设计者的经验确定的。在基本设计概述中已提及,沃伦桥型桁架经常被采用。更经常使用的一些构架图表示在图 5－11 中。图中如类型 1 所描述的每一构架的垂向桁架为沃伦桥型。图 5－11 表示的其他构架图中的桁架布置也是常用的,但没有命名。大多数垂直构架综合了普拉特（pratt）或毫（Howe）型桁架构架形式。类型 4 构架图中横向平面的垂直桁架是普通桥梁结构的变种,称为 K 型桁架。

2. 桩腿

导管架桩腿主要承受重力、风浪流力及横向弯矩。

桩腿一般采用四个、八个,早期也有十个、十二个桩腿。分别被称为四桩腿导管架、八桩腿导管架等,桩腿一般布置两排,水平为长方形,较短的横向排列的以 1、2、3、4 等数字

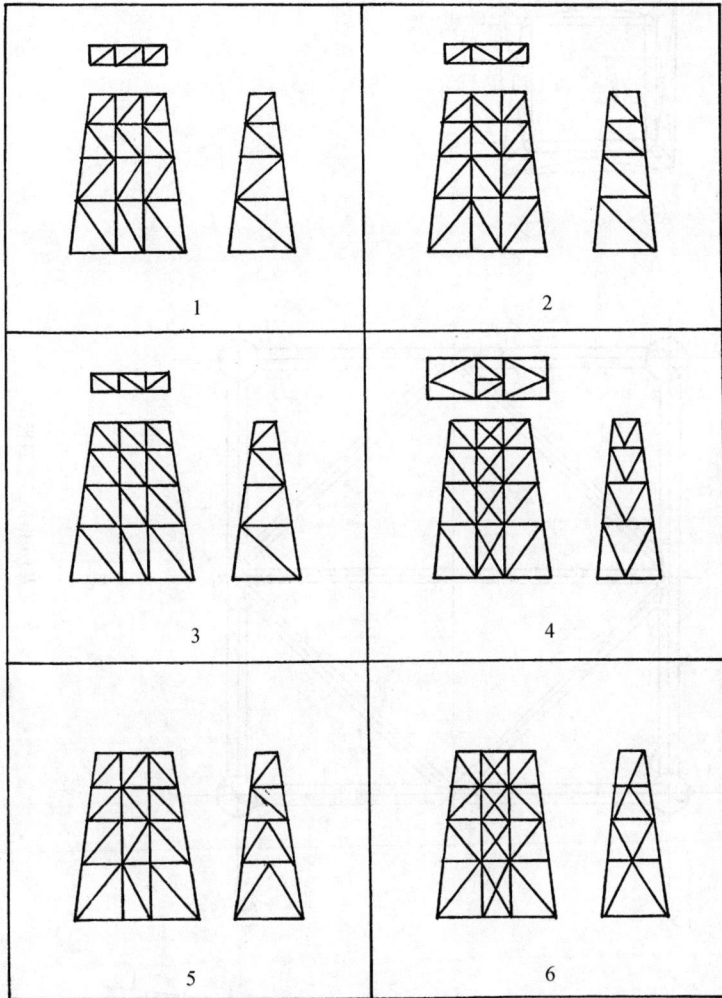

图 5-11　导管架构架形式

表示,较长的纵向排列则以 A、B 等字母表示。

　　导管架围绕着桩,并使桩从海底延伸至甲板结构并保持一定距离。它支撑和保护着油井导管、泵、油槽、立管等等,因此得名"导管架"。导管架腿为打桩导向,因此可称它为导向底座。导管架是平台的基本结构部分,它为登船台、锚泊系缆桩、驳船碰垫、腐蚀防护系统、导航设备和许多其他平台构件提供支撑。

　　图 5-12 为一个四桩腿导管架结构,四个桩腿、纵向与横向结构形式、构件尺寸与距离都相同。导管架为一空间桁架,水平、纵向及横向各有两个平面桁架,所有构件都为圆形管材。位于导管架高度中间与下部的两个水平平面桁架结构形式相同,导管架桩腿(弦杆)上部与甲板基础(模块支承)结构的立管对接。

　　确定腿的尺寸和斜度,实际上关于导管架设计的所有其它参数均取决于腿的直径。腿直径的正确选择是至关重要的。土壤条件和基础要求往往决定了腿的尺寸。有时,腿直径的初步选择是按情况相似的、工作良好的现有平台作少量修改得到的。如果甲板基础结构的初步设计充分,桩径的选择可按甲板支撑重量决定支柱要求的直径。导管架外

（c）原理图

（b）EL-15.5平面视图

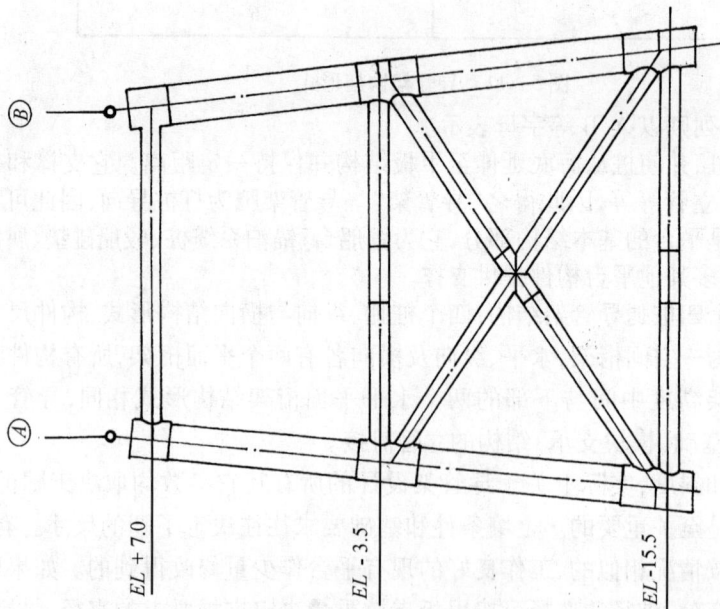

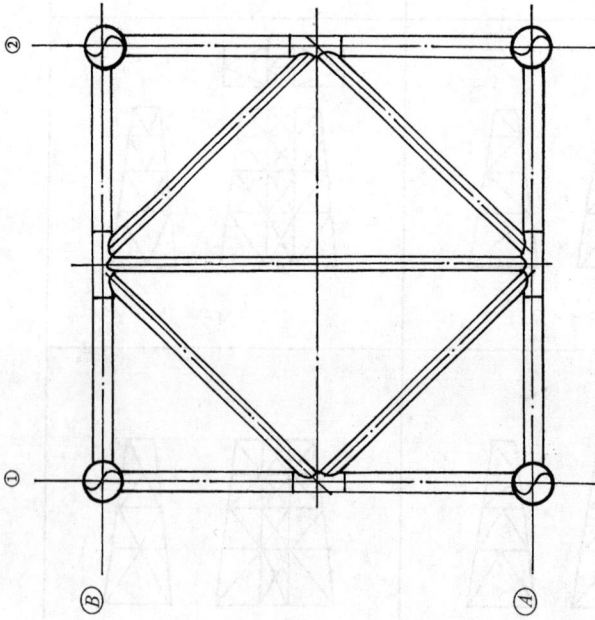

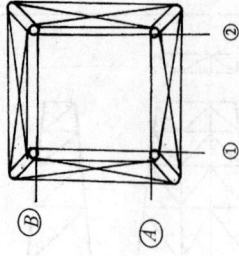

图 5 - 12 导管架结构

（a）主(侧)视图

EL + 7.0

EL - 3.5

EL-15.5

形的尺寸各个公司都有所不同,例如墨西哥八桩腿导管架腿间距为 12m ~ 14m,某些可达 18m,桩腿的直径一般为 1.5m 左右,桩腿一般不直立,腿外倾,长边处腿的斜度为 1/7 或 1/8,窄边处的斜度为 1/10。

桩腿(弦杆)一般是圆管,要求圆度尽可能高,不圆度对于桩应力影响是敏感的,桩腿(弦杆)管壁厚度,有人给出经验公式:

$$t = (\frac{0.9Fb}{\pi dFy})^{0.59}(R)^{0.41}$$

其中 R 为桩腿半径,英寸;d 为撑杆直径,英寸;t 为桩腿壁厚,英寸;Fb 为撑杆轴向力,千磅/平方米;Fy 为桩腿材料屈服强度,英磅/平方英寸。

3. 撑杆

导管架腿是由三种撑杆牢固地支撑和连接在一起的:垂直面的斜撑、水平面的水平撑和斜撑。水平撑杆平面间的间距为 12m ~ 18m。约 12m 的较小间距经常用于接近水平面处,而当导管架平面尺寸随着水深而增加时,水平撑杆平面间的间距也增加。

撑杆具有如下基本作用:

(1)帮助把水平载荷传至基础;

(2)在建造和安装期间保持结构的完整性;

(3)防止安装导管架桩系统时的扭曲运动;

(4)支撑牺牲阳极和油井导管,把这些构件产生的波浪力传至基础。

撑杆尺寸的确定:撑杆一般为管材,也可用型材,这些撑杆主要承受轴向力。这种构件直径的选择,应使其细长比,即有效柱长 kL 除以横剖面回转半径 r,在 60 ~ 90 的范围内。细长比(kL/r)从 30 ~ 100 的变化叫做中等支柱范围。kL/r 值在 60 ~ 90 时,支柱强度取决于材料的剪切模数和 k,此处 k 为有效长度系数,随桩端条件而变化。

对于铰接支柱,k 为 1.0;对两端刚性固定的支柱,k 为 0.5;对一端刚性固定一端铰接的支柱,k 为 2.0。长支柱(kL/r 大于 100)对于 k 的变化是非常敏感的。另一方面,当 kL/r 在 60 ~ 90 时,支柱临界应力对于 k 的变化相对而言是不敏感的。导管架管状撑杆设计中 k 值经常选用 0.80 ~ 0.85。

在实际工程中,当小直径撑杆的直径小于 457mm 时,相应标准管的壁厚应作为设计的优先选择。对于接近 762mm 的直径,开始时可取撑杆厚度为 12.7mm。对 762mm ~ 914mm 的直径,开始设计时取壁厚为 16mm。

厚壁管和薄壁管之间的过渡管可能出现在管直径 D 对管壁厚 t 的比值为 15 ~ 20 的范围内。这样厚的管件很少用于导管架的撑杆。D/t 约为 30 以上的管子将能漂浮,当 D/t 达到 90 时,局部屈曲问题可能出现。在这样大的 D/t 比值时,必须研究工作时撑杆周围的静水压力引起的应力问题。

kL/r 大于 100 的长支柱按欧拉弹性方程是很不利的,该方程与材料的屈服强度无关。因此,当导管架撑杆长度增加到 kL/r 接近 90 ~ 100 时,应用较高屈服强度材料的优越性削弱了。因为在这种情况下,结构将丧失稳定破坏,而不是强度不足导致破坏。

对于管状撑杆可以用中等支柱范围的较低部分,即 kL/r 为 30 ~ 60。在给定撑杆长度时,当半径增加 r 就增加,则 kL/r 的比值减小。一般设计时都是先选择导管架桩腿(弦杆)的直径,而这种选择限制了撑杆的直径,因为绝大多数撑杆的直径均应小于腿直径的

$(70 \sim 80)\%$。由于作用在撑杆上的波浪力随撑杆直径的增加而增加,因此用较小直径(较大的 kL/r 比值)是适宜的。对于相同的轴向撑杆力,采用较低的 kL/r 值意味着采用较大的直径和较薄的壁厚,这样增加了 D/t 的比值,也就增加了局部屈曲和静水压力破坏的可能性。

三、导管架上的其它构件

除了结构强度所需的基本构架外,还必须准备隔水导管和立管,因为这些对于平台的功能要求是必要的。钻井的井数在项目一开始时就应确定,例如18、24、30,或者任何特定的井数。通过排列定位的导管钻井,导管位置是由甲板上井架滑动范围确定的。导管是直径为 $0.76m \sim 0.91m$ 的通过导向环直至海底下 $61m$ 深的直管。这些管子通常是以 $0.15m \sim 0.2m$ 中心间距矩形排列的。

立管是固定在导管构架内的各种垂直的管子,其作用是把海水泵上甲板,或作为同其它平台或岸上的连接管线,也作为热交换以及许多其它的功能。立管直径范围为 $0.36m \sim 0.41m$ 或接近导管的尺寸。立管数量不多,自给式钻井或生产平台可能超过12根。

绝大多数设计要求有两个登船台,每个登船台应在两个不同标高处设有上船或下船用的平台,从登船台到各甲板的通道应合理地设计。

每个导管架腿上要求有护舷材,在各种海洋条件下,为适应潮差以及装载和卸载的需要,这些护舷材应有足够的垂直距离。

四、桩基础结构

(1)桩基础的基本形式

对于大部分固定海洋结构物,其外部载荷及本身重量主要依靠基础来承受,目前应用最多的是桩基础。桩基础不但可以承受轴向载荷,还可以承受水平及扭转载荷,且具有抗地震能力强的特点。

早在1909年,就采用树干作桩柱支撑木质钻井平台。到了1946年,美孚石油公司建造了第一座钢桩平台,平台建造全在现场进行,共采用了338根钢桩支撑井架。1947年,休帕立奥(Superior)石油公司设计、建造了一座导管架平台,其做法是先在陆地上制造6个钢质导管架,再将其拖至井位,然后沉入水中,用268根穿过导管架平台的钢桩将其固定于海底。

现今的导管架平台,桩穿过导管架的空心桩腿打入海底,并和导管一起作为一个整体以承受侧向作用力。早期的导管架平台有很多桩腿,随着桩径的增大,井架重量的减轻,桩腿数量趋于减少,桩腿之间一般构成长方形,通常导管架桩腿不是垂直的,略有倾斜。

有四种海洋平台桩基应用得较为广泛,即打入桩、钻孔再打桩、钻孔灌注桩及爆扩桩。

打入桩有各种类型,用得较多的为钢管桩,普通钢筋混凝土方桩及普通或预应力混凝土桩等。钢管桩的底部有开口式、封闭式、半封闭式三种。而对海洋平台,由于开口式的桩尖较易打入土中,应用得最为广泛。图 5-13 为导管架的桩腿下部结构,由四个分段组成,直接打入。

钻孔再打桩是一次打桩达不到要求深度时,用小些直径的钻探钻到一定深度,再打桩,可重复进行,直到预定深度,见图 5-14(c)。

钻孔灌注桩有两类。第一类是先按所需的贯入深度钻一个孔,然后将桩放入孔中,在桩与土之间灌注,从而形成一个整体,见图 5 – 14(b)。第二类是用两根同心桩,在其空隙里加以灌注,从而使其成为一个整体,具体做法是:先将一根桩打到一定程度,然后在其间钻一个孔,达到内桩所需的贯入深度,再将内桩放入孔中,最后在土与桩之间,桩与桩之间灌注,见图 5 – 14(a)。

爆扩桩是先将桩打到一定深度,然后在桩底进行爆扩,充填混凝土,从而达到增加桩底承载的目的,爆扩桩不仅提高了承受压力能力,还可作为受拉桩承受拉力,见图 5 – 14(d)。

另外,为使导管架适应不同水深和土壤条件,可采用如下一些方法:制造比中间桩大的角桩和通过角桩的腿,或者腿的尺寸不变,在导管架腿之间布置裙桩,或者布置角桩的裙桩群。由于腿的斜度,增加了海底处腿之间的间隔。采用裙桩代替较大直径导管架腿(内部具有较大的桩)或者采用裙桩群可以使导管架腿在海底处强度大大提高。

在水平撑杆的两个最低平面桁架之间,裙桩套应与导管架结构相结合。桩套必须有足够的偏离导管架侧面的距离使桩通过导桩装置平行于导管架的侧面。设计深水平台时,用裙桩密集于瓶状支柱(扩大的角桩)周围,这样增加了整个结构抵抗由波浪和风引起的倾复力矩能力,见图 5 – 15。

对于不同的海上结构物,桩的几何尺寸及入土深度主要取决于桩的数量、荷载的分配状况及地基土的性质。

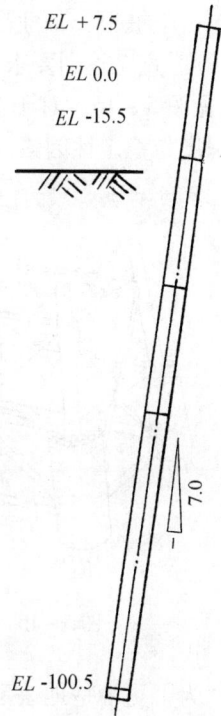

图 5 – 13　桩腿下部结构

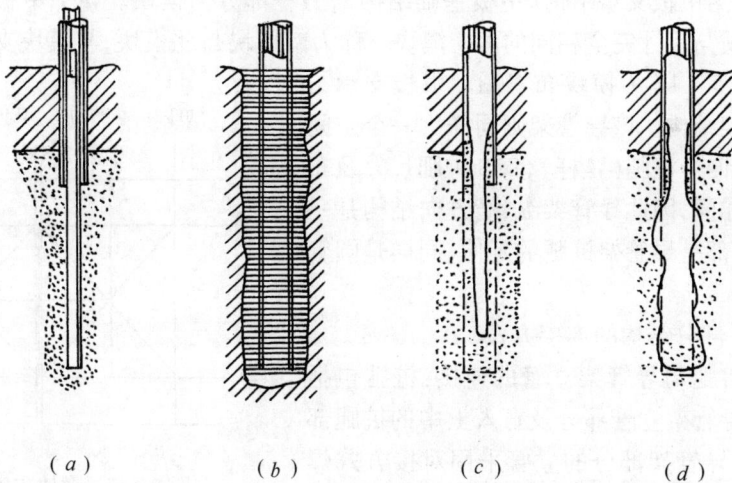

图 5 – 14　桩基形式

导管架平台的钢桩,为了抵抗风浪产生的巨大水平力,入土深度可达 100m 左右,并且由于桩穿过导管架桩腿向上延伸到水面,因此桩的总长度有时要 200m 以上。

桩的壁厚除要承受轴向与水平载荷外,还要满足打桩时的应力,因此一般沿桩长度方向变化,通常在 16mm ～ 32mm。桩的外径随着平台逐渐向深水发展而不断扩大。

钢管桩可用焊接管,也可用无缝钢管,在打入土中后,管中通常用混凝土加以填实,对于桩体和导管之间的环形空间,可以用水泥浆填充。

由于桩很长,一般由分段桩组成,在打桩过程中将两段桩端部对端部焊接,以加长桩的长度,直至达到要求的总长度。为保证连接处强度,桩腿连接处也采用嵌套再焊接方法,见图5-16。对于桩体的分段长度,应考虑现有的起吊能力、打桩工艺、桩体在打桩时的强度与稳定性因素。

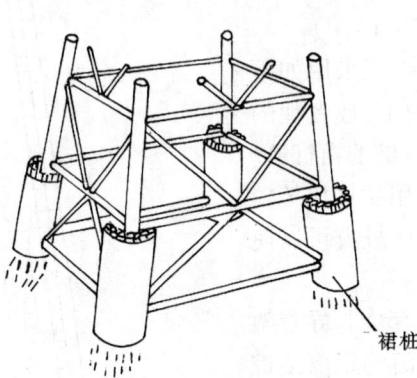

图5-15　裙桩结构

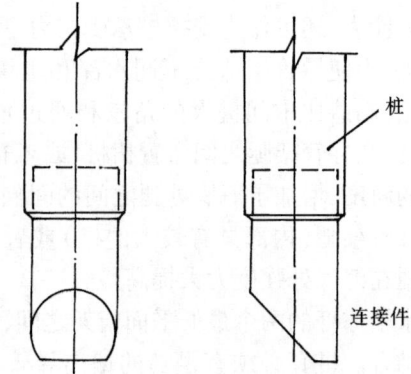

图5-16　桩腿嵌套连接

为了更清楚地表示导管架结构,这里给出一个导管架结构主要结构图(图5-9,图5-10,图5-12,图5-13)。这是一个四导管导管架平台,该导管架平台属于典型的组块式结构,平台分为上部结构、支承结构(导管架)及桩腿结构三大部分,上部结构分两大部分,一部分为甲板支承结构(甲板基础结构),另一部分为模块。整个甲板支承结构支承着结构形式与尺寸完全相同的两个模块。称为南模块与北模块,与模块支承结构横向并排布置,图5-17为模块布置图。甲板支承结构为空间桁架结构。该导管架则同样为一个空间桁架,桁架有四个桩腿(弦杆),每个桩腿尺寸及布置方式完全相同,因此导管架纵、横方向结构是一样的,桩腿下部是导管架桩腿的延伸,同样是圆管结构。

(2)每一部分结构的连接方式

①下部桩腿与导管架立管的连接:桩腿包括地面上部的导管架立管部分及打入土中的桩腿部分,地面上部导管架部分的立管采用对接方式焊为一体,下端入土中部分则采取分段嵌套加焊接的方法直接对接,见图5-13、图5-16。

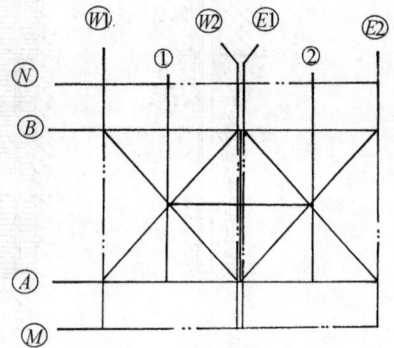

图5-17　模块布置图

②导管架与甲板支承结构(甲板基础结构)的连接:这两部分结构的连接实际上是两部分结构中立管的连接,一般情况下,甲板支承结构的立管是垂直于地面,而导管架的立管(桩腿)都倾斜于地面,前者布置方式使得立管受力较小,只受轴向力而无弯曲应力,后者的布置方式将使得平台立于海中更稳定,因此这两部分直接对接强度较差。一般情况

下,在这两部分管材间加一个过渡连接件,该连接件长度方向呈折线状,折角为这两部分立管轴线夹角,其两端分别与甲板支承结构的立管下端及导管架立管的上端嵌套并焊接,使得两部分结构更牢固地连接在一起,见图 5 – 18。

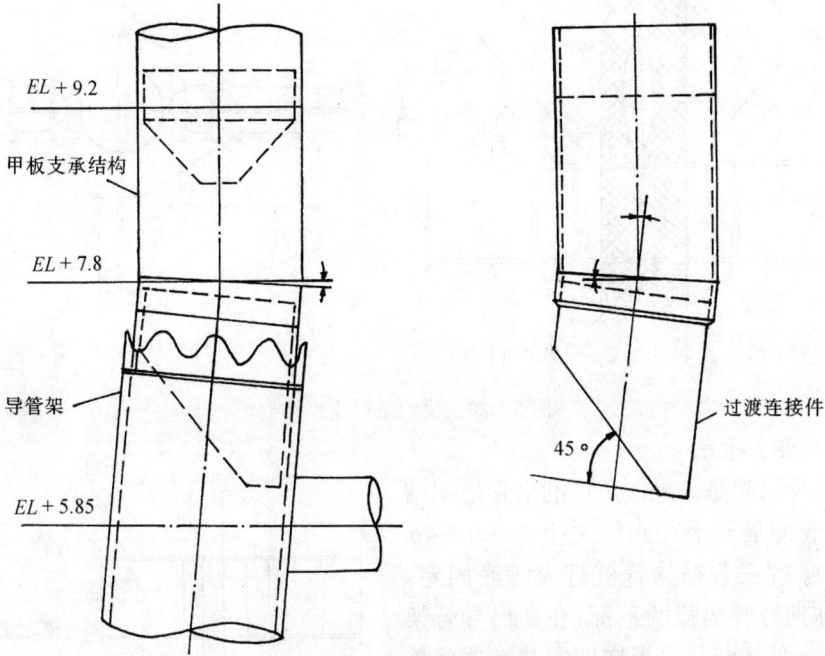

图 5 – 18　导管架与甲板支承结构的连接

③甲板支承结构与模块间的连接:甲板模块在甲板支承结构装好后安装,由吊车吊装在支承结构上,由于模块作用于甲板支承结构上的重力较大,一般将模块下部的几个支点放在甲板支承结构上部构件上。支点一般 4 ~ 8 个。图 5 – 9 中的模块下部有六个支点与甲板支承结构上部型钢面板相接,并焊接在一起。模块上部有吊环,以备吊装模块时用。图 5 – 19 为模块吊环结构,图 5 – 20 为模块下部支点结构,图 5 – 21 为模块下部支点与其支承结构上部连接图。

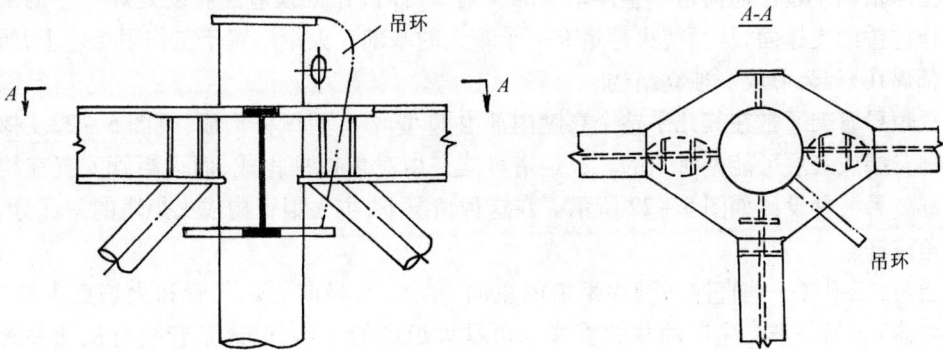

图 5 – 19　模块吊装结构

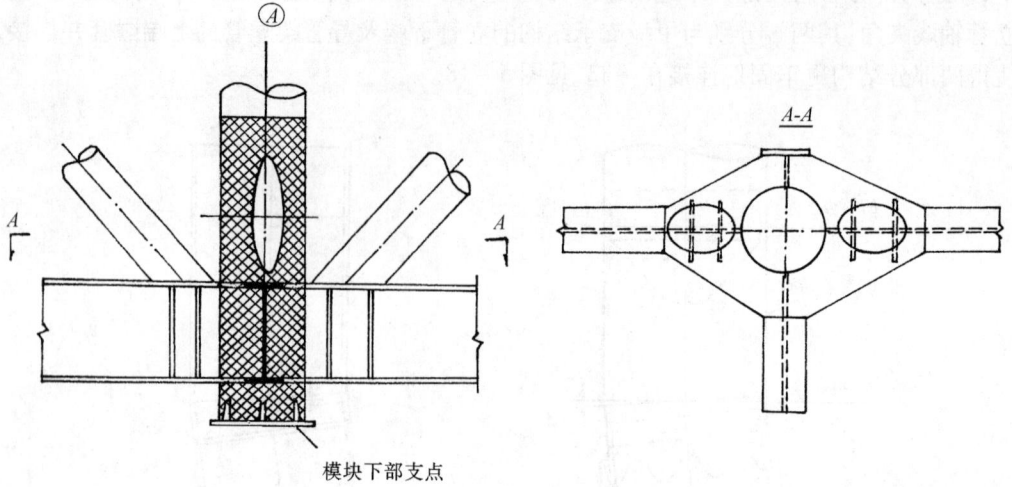

图 5 – 20　模块下部支点结构

五、火炬导管架

火炬导管架是一种三角形的钢管桁架结构,从海底伸展至平均水线之上约 3m ~ 4m 处,由其穿过三条腿的管桩打入海底固定。桩顶延伸到导管架腿的顶部,在高出导管架顶约 0.6m 处切断。火炬塔即安装在这些桩的顶部。

建造火炬塔与建造火炬导管架相同,从高出平均水线 3m ~ 6m 处伸展至钻井平台井架高度的约三分之一处,或者高于生活平台顶部的直升机场 3m ~ 6m。火炬塔的立柱可垂直地焊接于桩顶。为使此连接易于进行,

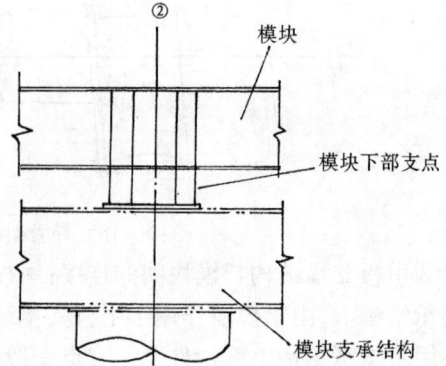

图 5 – 21　模块与支承结构的连接

把弯曲的短管嵌入导管架腿,并焊在伸出导管腿的桩顶上。火炬塔立柱被焊在桩顶,成为一个整体结构。过桥通向这一整体结构的一边。有时,在桩顶适当高度处焊一小的工作甲板作过桥的支撑面,从而使火炬塔有一个较大的基础。火炬塔置于工作甲板之上,所有部件都焊在一起,形成一独立结构。

火炬导管架通常在其几乎整个高度内部由 K 型或 X 型撑杆构成,见图 5 – 22。撑杆的顶部二层或三层可能是对角的。火炬塔可能是由对角撑杆构成,而火炬管安置在构架的内部。另一种设计如图 5 – 22 所示。在这种情况下,主火炬管构成火炬塔的一部分,采用对角撑杆。

通常,三根管子垂直伸展到火炬塔的里面:主气管、导向火焰气管和火焰点火管(火焰发生器)。另一来自生产油井的管线也可是火炬塔的一部分,这条管线对从油井到整个原油生产过程中需要临时燃烧油气时,是作为应急用的。

六、过桥

过桥是联系两座邻近近海海洋工程结构的桥。图 5 – 1 中平台之间及平台与贮油罐

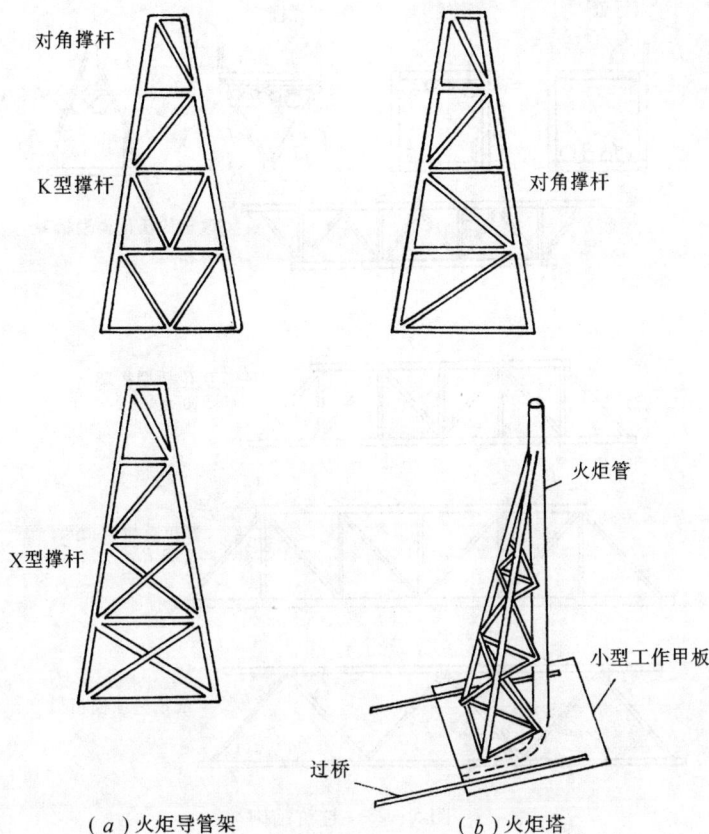

对角撑杆

K型撑杆

对角撑杆

X型撑杆

火炬管

小型工作甲板

过桥

（a）火炬导管架

（b）火炬塔

图 5-22　火炬导管架结构

间都有过桥。过桥具有一种或多种功能:管线的支承结构、行人的通行或者传递材料的桥梁。通常,一种专用过桥为上述多种功能服务。过桥是一种直的、单跨的钢管桁架桥梁,每一座过桥的长、宽、高和桁架类型都有所不同。

对一个长方形截面的过桥,走道可以安排在水平桁架的上部或底部。长方形过桥通常由四片沃伦(Warren)或四片普拉特(Pratt)桥形桁架组成。撑杆一般用小直径的圆管,弦杆可用圆管、方管或型钢。当走道在桁架的顶部时,管线安装在走道的下面;当走道在桁架底部时,则管线安装在走道的上面。图 5-23 表示用于过桥的几何形状。

三角形截面过桥的走道可置于桁架截面的上部或底部。三角形过桥的走道在截面的底部最为多见,该过桥用两片沃伦或两片普拉特桥型桁架。当走道位于截面上部时也可采用同样的桁架。改进的沃伦桥型桁架也可应用,见图 5-23 中 C 和 D 构架的侧面图。

通往火炬导管架和火炬塔的过桥无需支持很重的载荷。通常,由这种过桥支撑的管线是主气管、导向火焰气管、火焰点焰管(火焰发生器)和作为航空报警灯的电线导管。这种过桥的侧面由两片沃伦顶棚桁架组成,而底部可采用沃伦或普拉特桥型桁架,管子安装在三角形底部桁架的内侧。

从生产或处理平台至生活平台的过桥要支撑饮用水、工程用水(清洁用的半洁净水)的管线、电线导管和通讯用线。

在钻井或井口保护平台和处理平台之间的过桥应支承原油、工程用水、消防用水(海

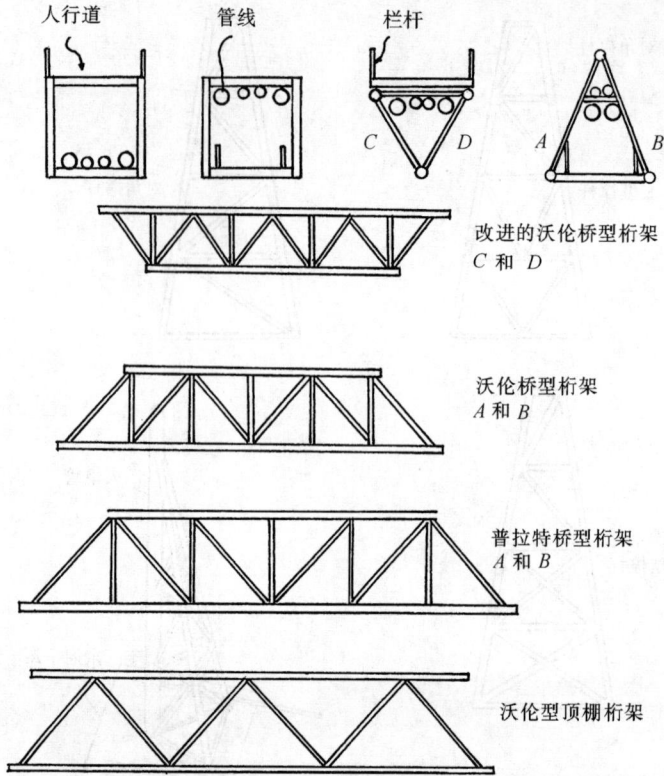

人行道　　　管线　　　栏杆

C　D　　A　B

改进的沃伦桥型桁架
C 和 D

沃伦桥型桁架
A 和 B

普拉特桥型桁架
A 和 B

沃伦型顶棚桁架

图 5 - 23　过桥结构

水)、饮用水、火炬管线的分管、电线导管和通讯用线等管线。

过桥上的走道要足够宽,以便可以使用小型铲车和平板车,搬动一些箱子、筐、包裹、滚筒、圆桶和小型机器部件。过桥的甲板应是由横梁和纵骨格栅支撑的花钢板。

5.3　管节点结构

一、管节点特点

管节点是指两个或多个管材间的连接处结构。例如,撑杆与弦杆的连接,其中截面尺寸大者为弦杆;空心结构构件的横截面可以是圆的、方的或者矩形的。有时采用管状撑杆与宽带板的型材弦杆,或采用宽带板型材撑杆与管状弦杆混合连接,或宽带板的型材与型材连接。

由于管截面与开口截面相比具有高抗扭刚度、截面对称性、形状简单、最小涂漆表面和令人满意的外观,因此推荐在结构中采用管截面。管截面作为结构单元具有许多优点,但是许多年来它们的应用受到构件连接比较困难的限制。

管节点应力,如同大多数的结构单元一样,是简单应力诸如张力、压力、弯曲或剪切的复合。在一般管节点中,应力状态的理论表达,由于问题的复杂性还未被确证。然而,用经验方法来确定应力可以得到令人满意的精度。

节点的破坏原因,即:达到材料的弹性极限,达到材料的屈服极限,张力节点中的初始裂纹以及节点在压缩状态下的极限状态。

基于节点的类型、节点参数和载荷条件,结构管节点呈几种破坏形式:

(1)弦管壁的破坏(冲剪);

(2)初始裂纹在张力作用下使撑杆从弦管处分离;

(3)压力载荷使撑杆附近弦管壁的局部屈曲;

(4)弦管整个横断面的剪切破坏;

(5)张力作用下撑杆附近弦管壁的层状撕裂。

在管节点的合理设计中应使节点具有足够的变形和转动能力,以允许节点内部的作用载荷越来越大时应力的再分配。节点刚度过大,同样会在某些部位产生应力集中现象。

二、节点的结构

如果作为三维几何参数考虑,管节点有无数形状。如果作为平面连接考虑(所有管子的轴线在同一平面内),管节点仍有许多形状。

1. 圆管

平面管节点根据弦杆与撑杆的位置可分成 T、双 T、Y、K、N 等形状。图 5-24 表示某些典型节点可能的几何形状。

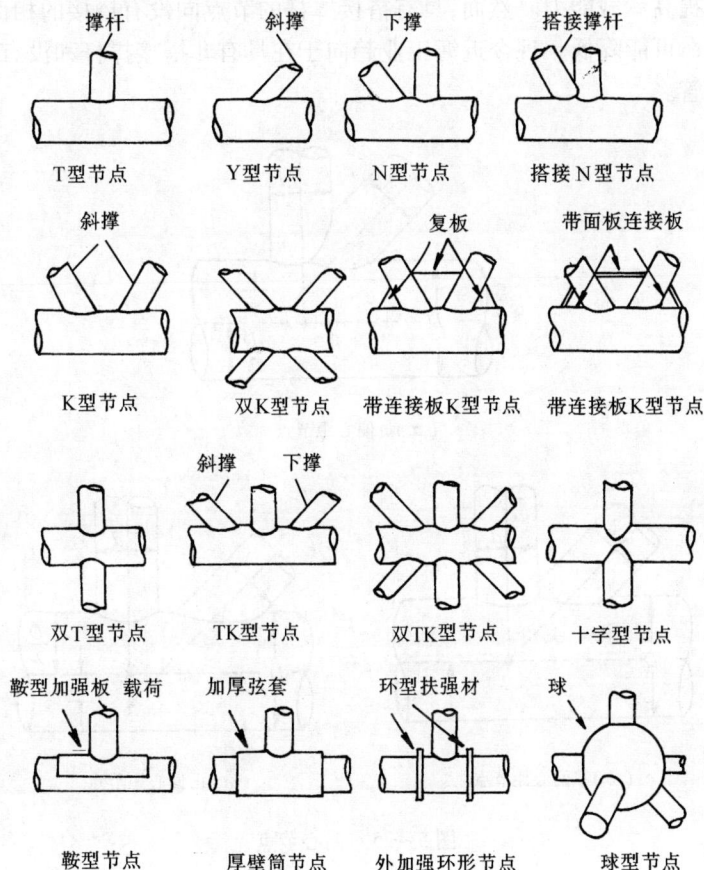

图 5-24 典型管节点结构

由两根正交的的管子相交的管节点叫做 T 型节点。如撑杆与弦杆以锐角相交,该连接称为 Y 型节点。如果两根撑杆都在弦杆的一侧,即每根撑杆的中心线与弦杆的轴线形成锐角,该连接称为 K 型节点。如果一根撑杆与弦杆垂直而另一根以锐角相交,该节点称为 N 型节点。当两根撑杆从弦杆两侧正交并使所有三根管子处于同一平面,该连接称为 X 型节点或十字型节点。

简单节点是在节点处没有加强环或连接板的节点。具有多于一根以上撑杆的管子连接中,如果弦杆表面撑杆焊趾间的距离大于弦杆的壁厚,则该节点是简单的。对于绝大多数管节点,弦杆表面撑杆内的部分(焊接覆盖部分)仍保持原来的完整性。该部分称之为塞头。有时为了允许构件进水,在塞头处开一个小孔,但不开大孔,因为这将显著地减少弦管的刚度。鞍型节点(见图 5 – 24)很少应用,它仅在撑杆载荷为压缩时才是适用的。带有非常小撑杆的球形节点已经应用,但这种连接在大尺寸时是不经济的。

2. 偏心连接

在一个平面节点内,在两个或多个纵向轴线交叉处,从撑杆轴线与弦杆轴线的交叉点至弦杆轴线的垂直距离定义为偏心距,见图 5 – 25。如果此距离在弦杆轴线向着撑杆的一边,偏心距为负值;如果在背着撑杆的一边则为正值。负偏心距引起撑杆的搭接;正的偏心距促使弦管与撑杆的分开。对于具有静力载荷的薄壁弦管,负偏心距连接与零偏心距连接相比可提高承载能力。然而,具有搭接撑杆的节点同没有搭接的相似节点相比,其节点的疲劳寿命可能降低。现今近海工业趋向于在具有非搭接撑杆和没有连接板的节点处采用厚壁弦管。

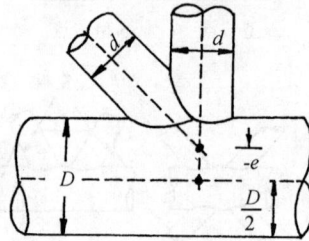

(a)负偏心距节点

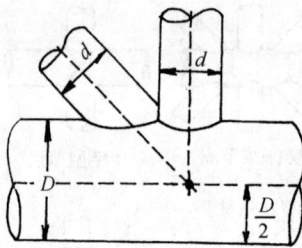

(b)零偏心距节点

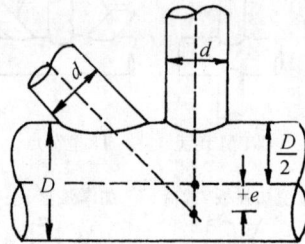

(c)正偏心距节点

图 5 – 25　偏心节点

3. 矩形空心截面节点

近年来,矩形管在近海结构建筑中的应用已有相当的发展。主要是应用在甲板基础结构桁架和较轻的水上构架以及邻近平台之间的过桥等。矩形管仅适用于相对小的尺寸。

对于水上构架,矩形管与圆管和开截面相比有若干优点。其平直的表面适于快速安装和节点的焊接;矩形管易于涂漆并较其他截面外表更美观;对于大致相同的尺寸和材料,矩形管较圆管具有更大的扭转承载能力。

对于矩形管节点,正如圆形管节点一样,会有许多形式。矩形管节点有助于平面的连接,即使是几个平面内的复杂连接,由于其截面形状,垂直连接于弦管是比较方便的,见图 5-26。

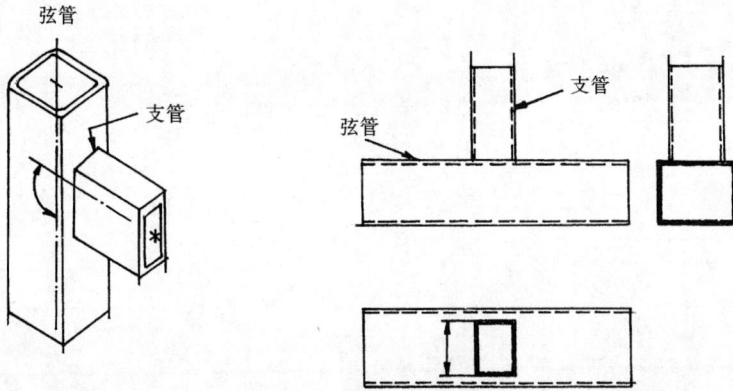

图 5-26　矩形空心管节点

4. 多平面节点

当来自不同方向的撑杆连接至弦管的某一处,而这些管子的中心线并不处在同一个平面内,这种结构节点被称为多平面节点,这种连接被称为密集连接、复杂连接或三维连接,图 5-27 表示典型的多平面节点。

5. "T"型材、"工"字钢、槽钢等非圆型材节点

导管架平台的上部结构中,因需要许多板架结构作为甲板和舱壁,采用型材构成平面及空间桁架,型材又可作为甲板及舱壁的骨架,使得结构更简单,因而出现许多型材节点,如图 5-28 的节点。该甲板节点结构的横梁、立柱及斜撑都为等面板的"工"字钢。

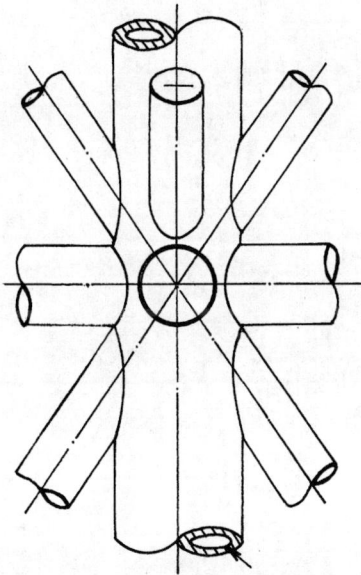

图 5-27　多平面节点

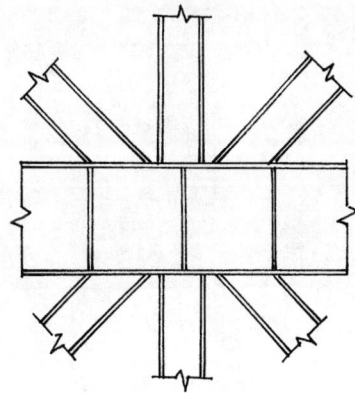

图 5-28　型材节点

6. 管与型材节点

导管架平台上部结构中,为使立管与导管架的桩腿连续,立管采用管材,水平桁材采用型材与甲板板组成平面板架,斜撑采用管材或型材,组成管材与型材相交的节点,如图5-19和图5-20等。

6 潜 器 结 构

海洋深处蕴藏着丰富矿产、石油及生物资源,从 20 世纪初开始,世界上经济发达国家就重视对深海资源的开发。它们先后设计出各种潜器,广泛用于海洋矿产资源、海洋生物资源、海洋地形地貌的调查,以及用于水下施工、渔业研究、深海打捞及深潜救生等。

6.1 潜器的类型、受力与结构组成

一、潜器的类型及受力

人们一般将水下运载器称为潜器或潜艇,这些运载器分为载人潜器与无人操纵潜器。潜器小的只有一人操纵,大的有一百多人操纵,人们称大的潜器为潜艇。一般情况下,小型潜器排水量较小,大部分只能容纳 2～4 人,主要用于深海科学目的;而大中型潜艇则主要用于军事目的,因其设备较多,排水量则必然大些。对于整个海洋工程而言,潜器与潜艇的受力、结构组成基本相同,因此本文将所有的水下运载器通称为潜器。实际上,严格地将它们区别也是很困难。

潜器的外形分为常规型、过渡型、水滴型。早期潜器主要为水面航行状态,偶而下潜水下,因此其外形基本上保留了水面常规船舶外形,故为常规型。现代的核潜艇基本上都在水下航行,水滴形外形因其水下阻力小更适合水下航行。常规动力的潜器因要兼顾水上及水下两种状态的航海性能,其外形介于上述两种外形之间,因此被称为过渡型。

潜器的结构形式有单艇体(只有一个耐压艇体)、个半艇体(耐压艇体外包覆部分非耐压艇体)、双艇体(耐压艇体外有一层非耐压艇体),见图 6-1(a)、(b)、(c)。

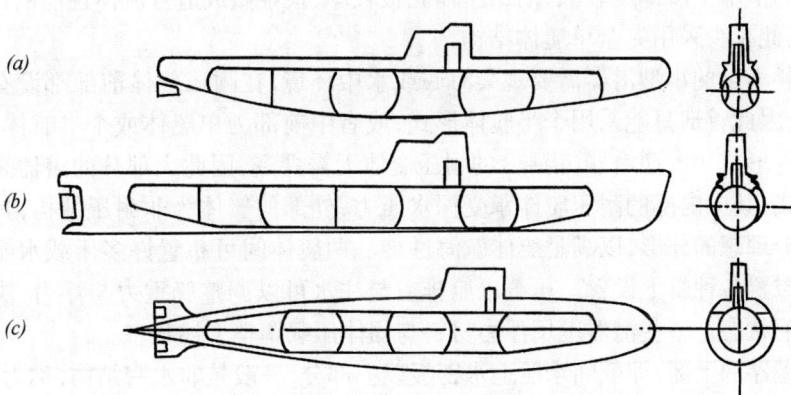

图 6-1　潜器的结构形式

潜器主要活动在水下,有时又要浮到水面,在水面航行,因此受力情况相当复杂。潜器在水面状态有静水与波浪两种情况,作用在潜器上的主要外力有重力与浮力。由于这

两种外力沿船体长度方向分布不一致,与水面船舶一样,潜器也会受到总纵弯矩的作用。但由于潜器有坚固的耐压壳体,其强度比水面船舶结构高得多,因此,潜器一般不必计算总纵强度。

潜器下潜到较大深度后,作用在艇体上的主要外力是深水压力,其次是由于各段上分布不均匀的浮力与重力产生的弯矩与剪力。然而,这些剪力和弯矩产生的应力相对于深水压力所产生的应力是很小的,可以忽略不计。深水静压力是由耐压壳体来承受的。

此外,潜器进坞修理时,艇体置于墩木上,其重力与墩木的反作用力分布不同,因此艇体受到纵向及横向弯曲。

潜器失事后进行打捞、坐沉海底以及在纵、横向滑道下水时,潜器也会受到不同的纵向弯矩。

潜器的机械手抓起重物时,机械手及其与艇体连接处要承受较大的集中力与弯矩。

主机工作时的振动及螺旋桨工作时所引起的振动等使潜器壳体局部受力。

总之,潜器上受到多种外力作用,与水面船舶不同的是它在水下受到强大的深水外压力,因此潜器必须设置坚固的耐压结构。

二、潜器结构的组成

由于潜器活动于水面,又活动于水下,所以潜器结构有耐压结构和非耐压结构之分,如图6-2。耐压结构承受深水静压力,它包括耐压壳体、耐压指挥台、耐压水舱、耐压舱壁等。非耐压结构是指不承受深水压力的结构,它包括水密结构与非水密结构。水密结构主要包括首尾端及舷间的压载水舱、燃油舱、燃油压载水舱以及耐压体内的非耐压液舱结构。非水密结构主要有上层建筑、指挥台围壳及首尾端结构。

用于科学目的的小型潜器,其速度问题不是优先考虑的问题,因此其长宽比较小,潜器外部突出物较多,艇体外部常常设有蓄电池筒,机械手等设备,而大部分用于军事目的的潜艇,其速度是优先考虑的因素之一,长宽比较大,所有设备都布置在艇内部,以保证艇体外部光顺,尽可能减少阻力。

现代的潜器下潜深度较大,耐压艇体壳板较厚,很难做成适合流体性能的理想的双曲率外形,因此很少采用完全单艇体结构。

用于科学目的小型潜器需要观察海底或水中环境,在耐压艇体前部都设有较大半径的观察窗,因此首部只能采用个半艇体形式,或者中前部为单艇体或个半艇体,后部为双艇体的结构形式。大型潜器(潜艇)的耐压艇体无需裸露,因此大部分的潜器采用双艇体的结构形式,其中内部的耐压艇体承受深水压力,外部的艇体为非耐压结构,其主要作用为提供一个理想的外形,以满足艇体航海性能。两艇体间可布置许多压载水舱、油舱、其它液舱及布置各种艇上设备。压载水舱排空与注水可以调整艇重力与浮力,决定艇处于水面与水下状态。一些潜器也用浮力材料与固体压载调整上述状态。

大型潜器的上部,即舷间水舱上水密板以上部分,一般是非水密结构,称为上层建筑。它的存在形成了一定宽度的甲板,保证潜器在水面状态时,艇员在甲板上面进行操作。内部空间布置耐压体之外的各种机械设备与管路,如首水平舵、高压气瓶、各种进排气管路等。

图6-3 为小型潜器的结构图

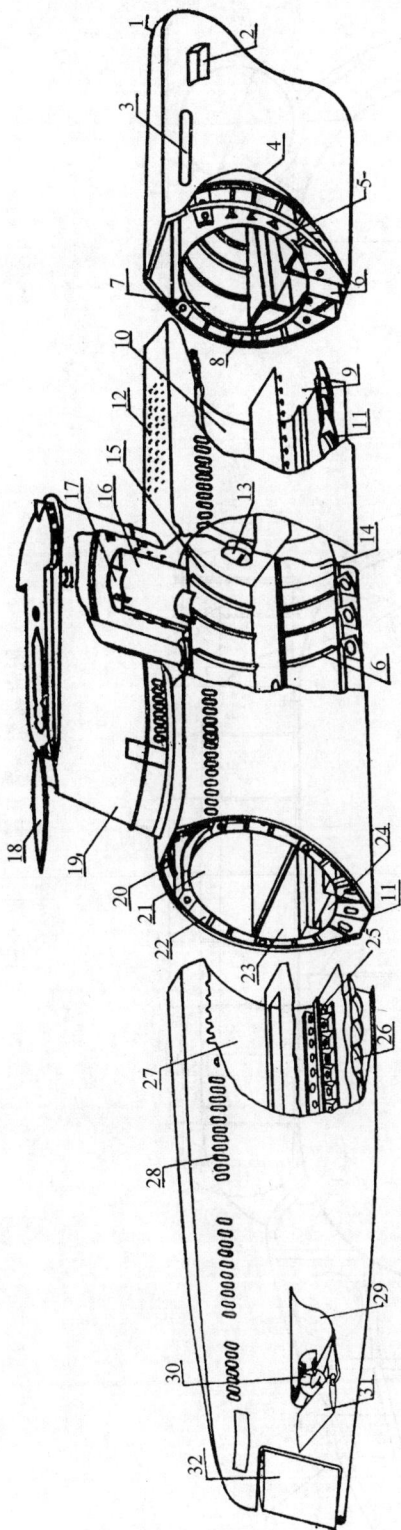

图6-2 潜艇结构分布图

1—拖船孔; 2—锚孔; 3—首升降板; 4—外壳板; 5—耐压壳板; 6—龙骨立板; 7—首鱼雷舱; 8—主压载水舱; 9—首蓄电池舱; 10—居住舱; 11—肋骨; 12—上甲板; 13—圆形水密; 14—耐压舱壁; 15—中央舱; 16—耐压指挥室; 17—升降口; 18—柴油机水下排气管; 19—指挥室围壳; 20—上层建筑; 21—尾蓄电池舱; 22—主压载水舱; 23—居住舱; 24—主压载水舱; 25—燃油舱; 26—主压载水舱; 27—柴油机舱; 28—上层建筑流水孔; 29—稳定翼; 30—螺旋桨; 31—尾升降舵; 32—方向舵。

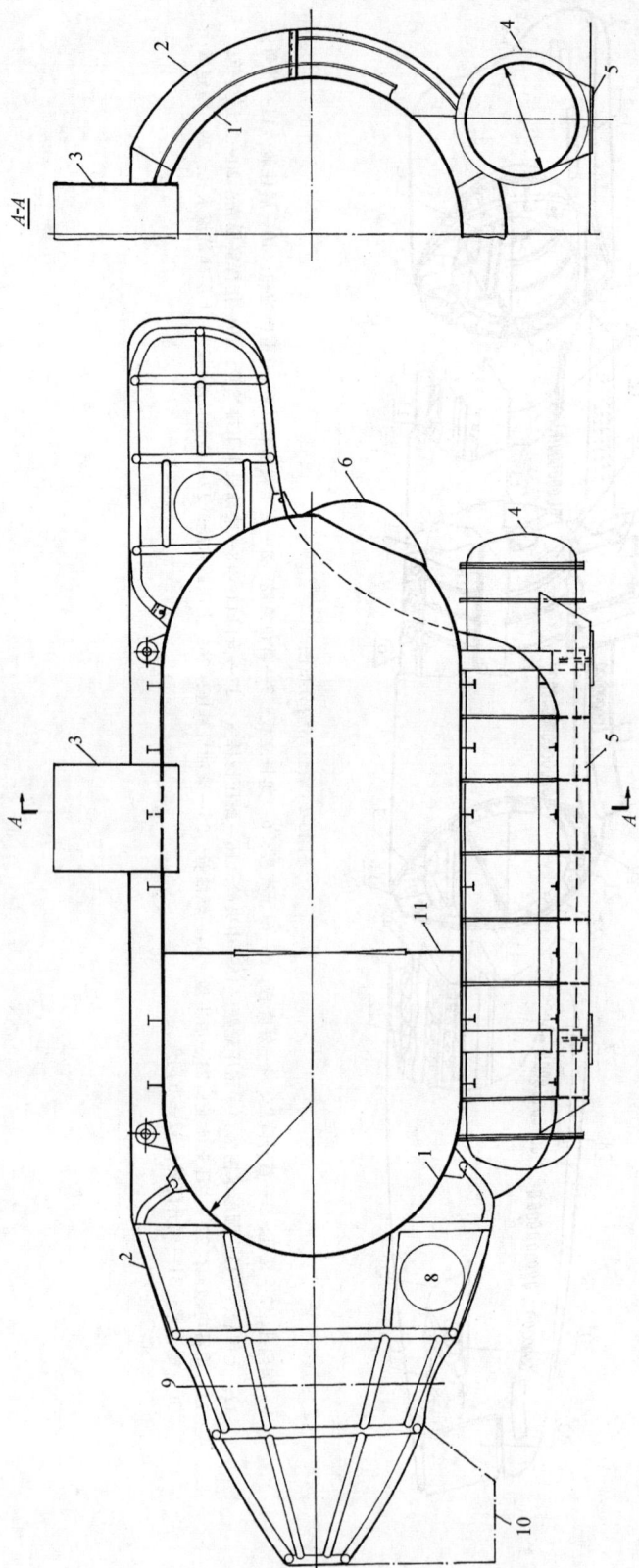

图 6 - 3 "鱼鹰Ⅱ号"潜器结构

1—耐压船体 2—非耐压船体 3—耐压指挥台 4—蓄电池筒 5—基座 6—观察窗孔
7—首侧推桨轴线 8—尾侧推桨轴线 9—主推桨轴线 10—稳定翼 11—横隔壁

三、结构破坏形式

潜器与潜艇的结构破坏形式主要有强度与稳定两方面,有局部的,也有整体的,见图6-4。

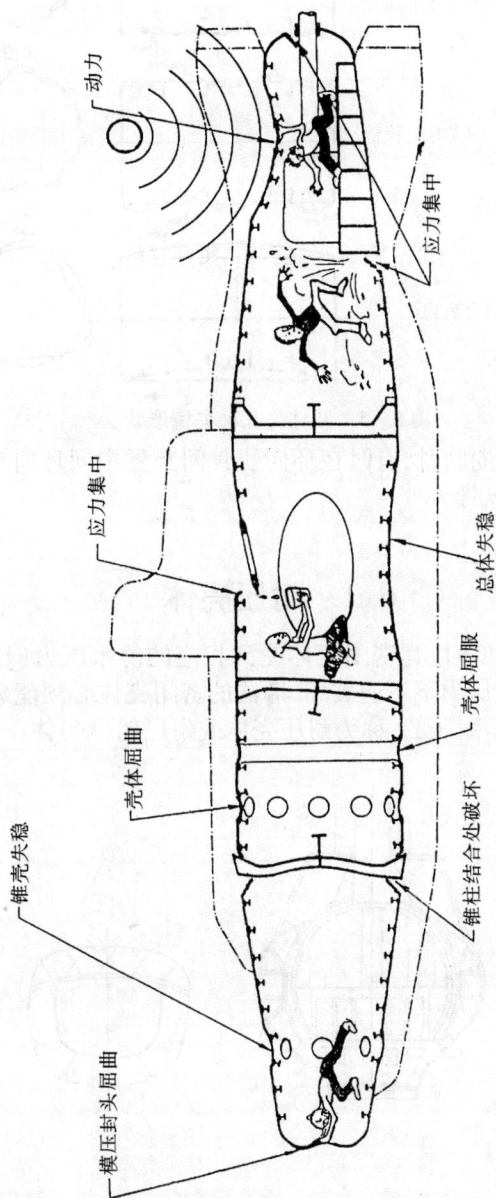

图6-4 潜器的破坏形式

强度破坏在水面船舶部分我们已经提过。

丧失稳定的现象存在于一切受压构件。圆柱形耐压壳体受到一定范围的均匀静水外压力时,由于载荷与结构都是轴对称的,因而圆周上的变形也是轴对称的,即仅出现压缩变形而不产生弯曲。当外压力继续增大到某一临界值时,上述变形对称性完全被破坏,外压与变形的线性关系也不存在了,甚至在载荷不变的情况下壳体的变形还继续急剧增大,直至圆柱壳彻底破坏,即圆柱壳丧失稳定,见图6-5。

在潜艇结构设计中,必须同时考虑强度与稳定性问题。为了保证耐压壳体的稳定性,

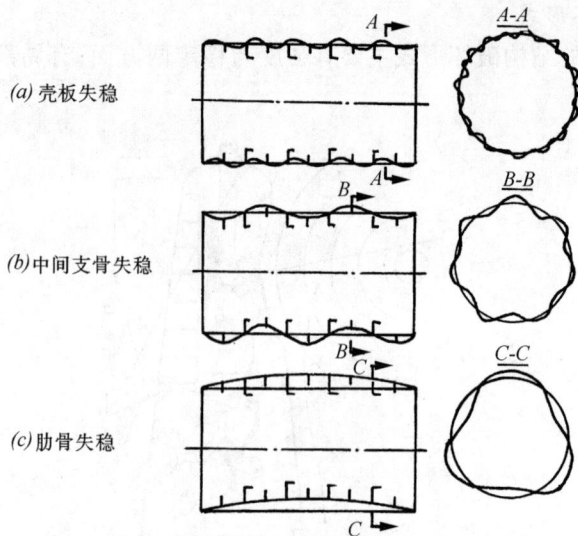

(a) 壳板失稳

(b) 中间支骨失稳

(c) 肋骨失稳

图 6 - 5　圆柱壳几种失稳形状

耐压壳体上一般布置有环向肋骨,有时在环向肋骨间布置中间环向支骨。在某些特殊情况下,还布置一定数量的纵骨。

6.2　耐压壳体

当潜器下潜到一定深度时,其密闭壳体受到相应的静水压力(压力大小与下潜深度成正比),为使潜器在静水压力下不遭破坏,潜器的密闭壳体必须能承受规定的极限深度的水压力。因此,该壳体是耐压的,称为耐压壳体或耐压船(艇)体。

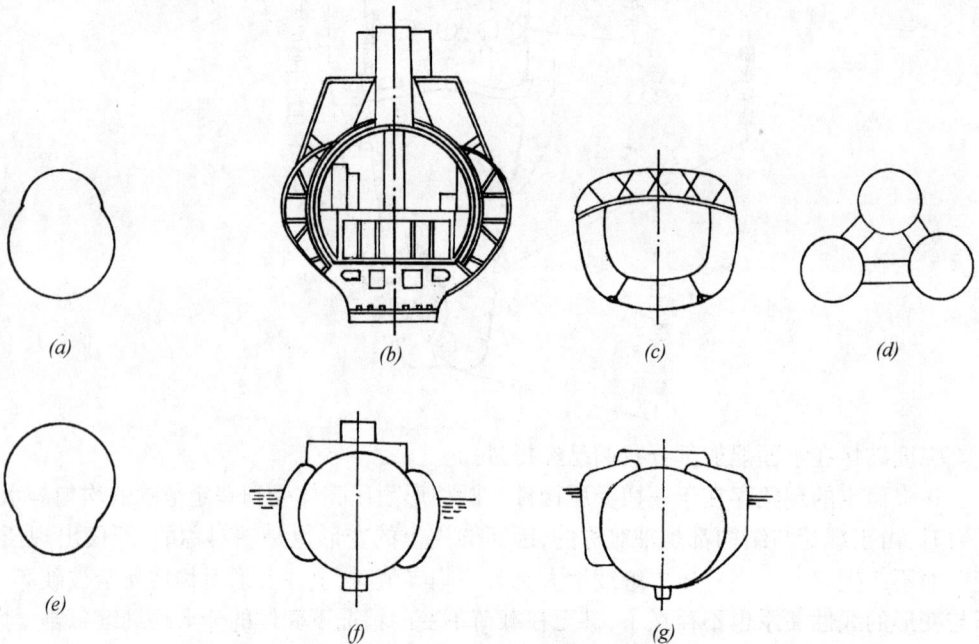

图 6 - 6　潜器耐压壳体横剖面形状

一、耐压壳体形状

耐压壳体的形状是由受力、舱室设备布置、建造工艺以及外形等因素所决定的。不同历史时期、不同类型的潜器各种因素所起的作用不同,因此研究耐压壳体形状时必须有全面的观点。

历史上耐压壳体横截面形状是多种多样的,曾出现过圆形、椭圆形、矩形、半圆形以及它们的组合形等形状,见图6-6。从抵抗深水压力的观点出发,圆形最为有利,因此圆形截面的耐压壳体从一开始就被广泛采用。

圆形剖面耐压壳体,其受力最好。这是因为它在均匀外压力作用下只产生均匀收缩变形,这样壳板内部只有均匀压缩应力而无弯曲应力,材料能得到充分利用,从而能做到结构重量轻、材料省。椭圆形、矩形等其它横剖面形状,由于它们不是一个纯圆,在深水压力作用下除了产生压缩应力外,还有弯曲应力,因此不能产生均匀变形,见图6-7。为了达到同样的强度,势必要增大结构的尺寸,增加船体重量。

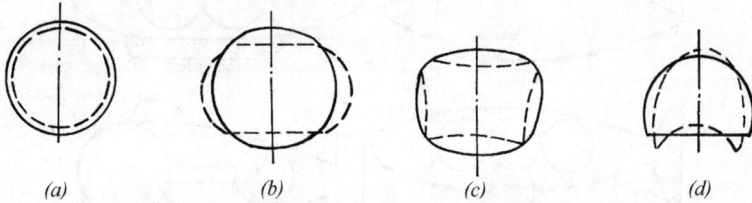

图6-7　不同横剖面的耐压壳体在均匀外力作用下的变形

现代潜器下潜深度日益加大,绝大多数艇体采用圆截面,有时为了满足舱室设备布置的需要,也曾采用过圆形组合体——"8"字形及"品"字形横剖面结构,见图6-6。

大型潜器常采用柱(锥)形耐压壳体,纵剖面形状基本可分为两种:曲线形和直(折)

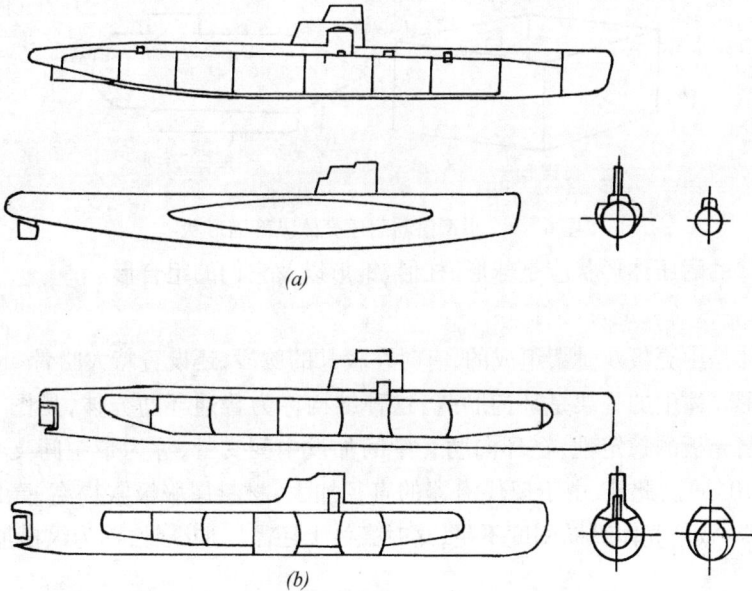

图6-8　大型潜器耐压壳体纵剖面形状

线形。在某些单舰体的潜器上,耐压壳体是外形的一部分,为了使潜器在水下航行时获得最小阻力,必须把耐压壳体做成光顺的曲线形,但这种形状给耐压壳体加工带来了困难。过去由于潜器下潜深度较小,壳板相对较薄,且纵向曲率变化不大,加工时容易做成曲线形。现代潜器由于下潜深度增大,耐压壳体壳板厚度增大,材料机械性能提高,再做成双曲率的壳体加工困难增大。特别是随着潜器排水量增大,双舰体结构形式被广泛采用,其耐压舰体采用直、折线形,而非耐压舰体则采用流线形,见图6-8。

直线形耐压壳体在中间部分是圆柱体,首尾两端为了适应外舰体线型的变化需要做成截顶圆锥体。

小型潜器由于下潜深度较大,耐压壳直径较小,常常采用球形、柱形耐压壳体及它们的组合体,下潜深度较小时,也可采用其它形状,见图6-9。

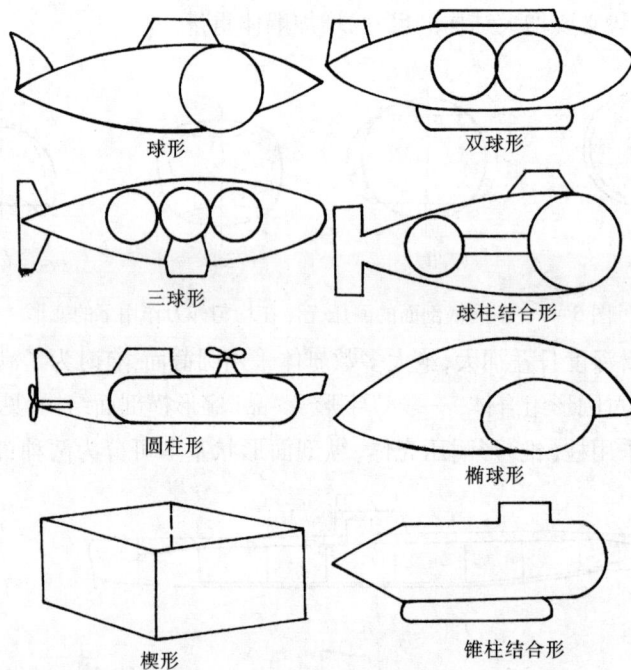

图6-9 小型潜器耐压壳体纵剖面形状

强度较好的耐压体形状应是球形、柱形、锥形以及它们的组合形。

二、耐压壳体的构造与功用

耐压壳体是由壳板及骨架组成的,有时在较长的舱段,还设置特大肋骨。

通常柱形壳体上的骨架是环向肋骨,这种结构称为普通环肋壳体,见图6-10(a)。有时为了提高壳板的稳定性,在环向肋骨中间加设中间支骨,称为带中间支骨的环肋壳体,见图6-10(b)。此外,由于现代潜器的直径加大,材料屈服极限提高,壳体厚度与半径的比值下降,致使壳体纵向刚度不足,这时壳体上还需增加纵骨,称为纵横加肋壳体,见图6-10(c)。

骨架多采用球扁钢,也可采用双球扁钢或组合T型钢。后者截面惯性矩较大,可减轻重量。球扁钢较窄,球缘处于一侧,高度大,给布置带来一些困难。

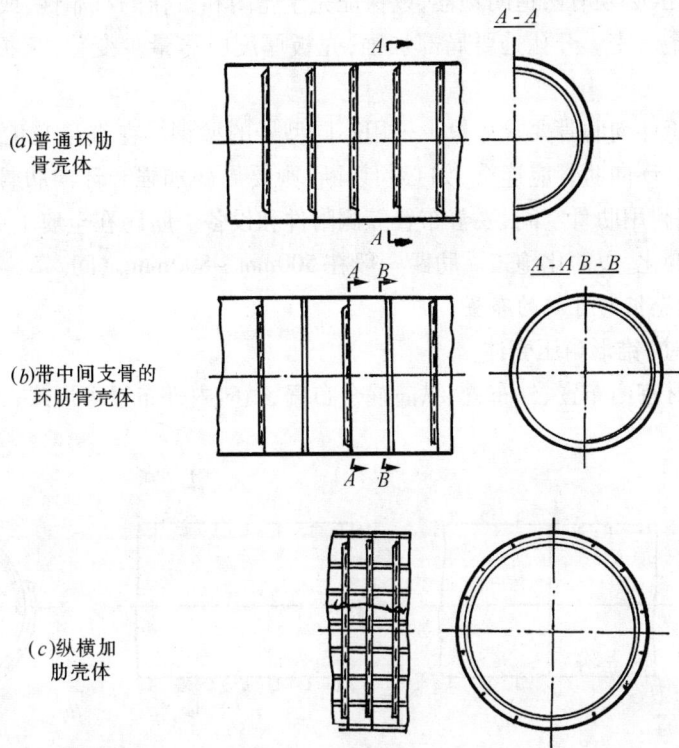

图 6 – 10 耐压壳体结构形式

(a)普通环肋骨壳体

(b)带中间支骨的环肋骨壳体

(c)纵横加肋壳体

A – A A-A B-B

壳板的作用在于保证壳体具有良好的水密性,提供战斗、工作、生活及安装仪器设备的空间,保证壳体的强度并参与保证壳体的稳定性。

骨架的作用是保证壳体的稳定性,保证壳体的正确形状;也有利于抗振、抗爆及承受局部载荷。

由于环向肋骨的存在,破坏了壳体沿纵向的均匀收缩特性,纵骨的存在又破坏了壳体圆周方向的均匀收缩特性,使壳体产生弯曲,有时对壳体强度是不利的,但是它们大大提高了壳体的稳定性。

特大肋骨一般采用组合工字钢,其作用在于缩短舱室计算长度,以改善壳体总稳定性。

三、对耐压壳体的要求

对耐压壳体的要求是多方面的,其中包括强度、稳定性、总布置、航海性能、建造工艺及建造的经济性等方面的要求。对某一具体艇应作具体分析,解决主要矛盾。一般说,有如下要求:在保证艇体强度及稳定性的条件下,获得最小的重量;耐压壳体尽量少出现变断面;当断面变化时,应通过锥体连接,以便逐渐过渡,切不可突然变化;不得已而出现突变时,要妥善处理,结构应简单合理;两端的截头圆锥度应尽量取得一致;应该妥善合理地布置各种机器、设备,并保证足够的工作及生活空间;耐压壳体的形状应保证艇体外形具有良好的线形,并使推进器及舵能布置在有利的部位上。

要求在耐压壳板上尽量少开舷外孔,以免过多损害壳体,增加施工难度。对必不可少的舷外孔,必须有两道闭锁器,以保证完全密闭和工作的可靠性,或具有良好的填料函,以保证完全水密。开孔处要局部加强,壳板厚度应尽量少变化,壳板的材料力求一致以利施工。

对于环向肋骨要求尽量少采用不同型号的型钢。在直径变化区域,型钢的型号可适当改变。环向肋骨应连续,如必须切断,则要局部加强。环向肋骨间距应满足稳定性要求,合理利用肋骨空间,妥善布置舷侧附件和设备。肋距在全艇上应尽可能保持一致或仅有局部变化,以简化施工。肋距一般在 500mm ~ 800mm 之间。

四、壳板与骨架的布置

1. 柱、锥形耐压壳体

骨材有内布置、外布置、纵向混合布置、横向内外布置等形式,见图 6 – 11。

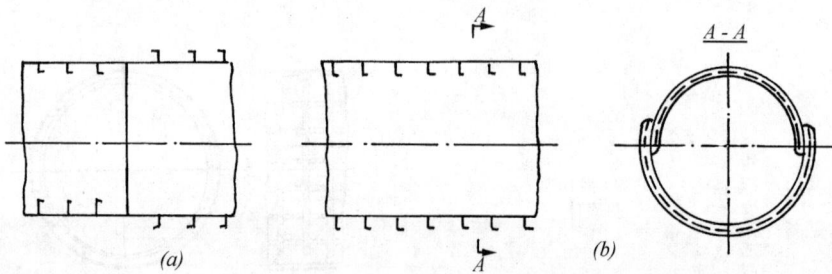

图 6 – 11　环向肋骨布置形式

骨材的内布置或外布置应根据具体情况决定。为充分利用耐压壳内的容积,可将肋骨布置在壳板之外,这样也使内部结构简化,舱室美观、整齐,骨架淹没在水中,还可提供少许浮力,相对减轻艇体重量;但上层建筑空间减小,造成布置的困难,使舷间液舱结构复杂;骨材与壳板间的焊缝在水压力作用下处于拉伸状态,要求更高的焊缝质量;耐压壳体内仪器、设备固定麻烦,需要增加一定数量的马脚、座架,增加了船体重量。内布置的优缺点恰恰相反。特大肋骨的尺寸较大,一般采用外布置。

耐压壳板用大块钢板加工对焊而成,钢板横向布置,即钢板的短边沿首尾方向,以适应分段装配的需要,并便于加工焊接成圆柱形(或截头圆锥)壳圈。

肋骨环通常由两个半环对焊而成。对组合工字钢的特大肋骨,为便于施工,首先将腹板与翼板分别加工对焊,然后再进行角焊,腹板与翼板的对接缝应错开布置。

为便于施工,骨材间的距离(肋距)一般应不小于 500mm。在同一条艇上的肋距,除个别特殊需要外,应力求一致。

2. 球形耐压壳体

柱(锥)形耐压壳体所承受的纵、横向压力值相差很大,而球形耐压壳体所承受的各向压力基本相同,因此其骨材布置也应各向基本相同。

球形耐压壳体结构形式根据其半径尺寸、下潜深度情况不同,可采用无骨架式或有骨架式,有骨架式可采用单向骨架式或双向正交骨架式。

3. 一般要求

骨架与壳板用角焊连接,焊缝应双面连续。肋骨环的对接缝与壳板的边接缝应错开,肋骨环与壳板边接缝相交处,应在环向肋骨上开通焊孔,以免焊缝交叉。肋骨环与壳板的角接缝不应与壳板的端接缝相重叠,壳板的端接缝应布置在肋距当中。

当壳板材料相同时,直径大处,壳板厚、骨材尺寸大;当直径减小时,则壳板厚相应减薄,而骨材尺寸也相应减小。

6.3 耐 压 水 舱

潜器经调整均衡后潜入水下,其重力与浮力是相等的。但在水下航行过程中,由于艇上燃油、滑油、淡水、食品的消耗,海水温度的变化,不同海区海水密度的变化及由于潜深不同,耐压壳体所受压缩程度的变化,会使潜器的重力与浮力发生变化。而潜器处在水下状态时,必须使其重力与浮力相等,否则,潜器将浮出水面或沉入海底,为此必须用调节水舱。由于需要在任何情况下进行注水或排水调节,调节水舱内不能全部注满水,也不能全部排空,调节水舱必须与舷外水隔离,因此调节水舱必须是耐压结构。

调节水舱利用高压气排水时,使舱内压力稍大于舷外水压力,将水排出。注水时,使调节水舱与耐压壳体外部连通,利用舷外水压力自然灌注或用水泵注水。水舱内的空气应排到耐压壳体内,以防空气外溢,形成水泡浮出水面而暴露目标。

耐压水舱由耐压壳板、骨架、托板、横向隔壁及中央龙骨等组成。

壳板与横向隔壁的作用是保证水舱的水密性,与骨架、托板等一起保证水舱结构的强度及稳定性,横向隔壁还有分隔水舱的作用。中央龙骨除作为龙骨的组成部分外,还起到分隔左右舷水舱的作用。

耐压壳板由两个不同曲率的弧形壳组成,在交点处平顺过渡。上部大曲率弧形壳与耐压壳体垂直角接,小曲率的弧形壳板厚度大,大曲率的弧形壳板厚度小,两者对接时,厚壳板边缘削斜,并与较薄的壳板平顺对接。柱形壳体船中附近平行中体处的壳板纵向一般是无曲率的。耐压水舱与舷间液舱连接处,因壳板厚度相差甚大,耐压水舱的厚壳板也要削斜。

耐压水舱结构主要有托板式、实肋板式和纵骨式,见图6-12。

托板式耐压水舱结构主要由壳板、肋骨及折边托板组成,见图6-12(a)。肋骨通常采用球扁钢或T型钢,肋骨与壳板角接,并与耐压壳体肋骨位于同一横剖面上,这样可以提高潜器的横向刚度,从而提高稳定性。

托板一般采用双折边,只有上、下两块是单折边。托板一端与耐压壳角接,另一端与水舱环向肋骨搭接。为使水舱环向肋骨与耐压体环向肋骨只受简单拉、压而不受弯曲,要求相邻托板四顶点在同一圆周上。

实肋板式耐压水舱结构由壳板、实肋板及扶强材组成,见图6-12(b)。实肋板一般布置在环向肋骨位置上,可以代替耐压壳体环向肋骨,实肋板上可以开减轻孔与人孔。扶强材可防止实肋板丧失稳定,减小实肋板厚度。

纵骨式耐压水舱结构的特点是在水舱壳板上布置纵骨,见图6-12(c)。这种结构主要用在大型潜器上,由于水舱半径较大,加设纵骨可以提高水舱的稳定性和减轻结构

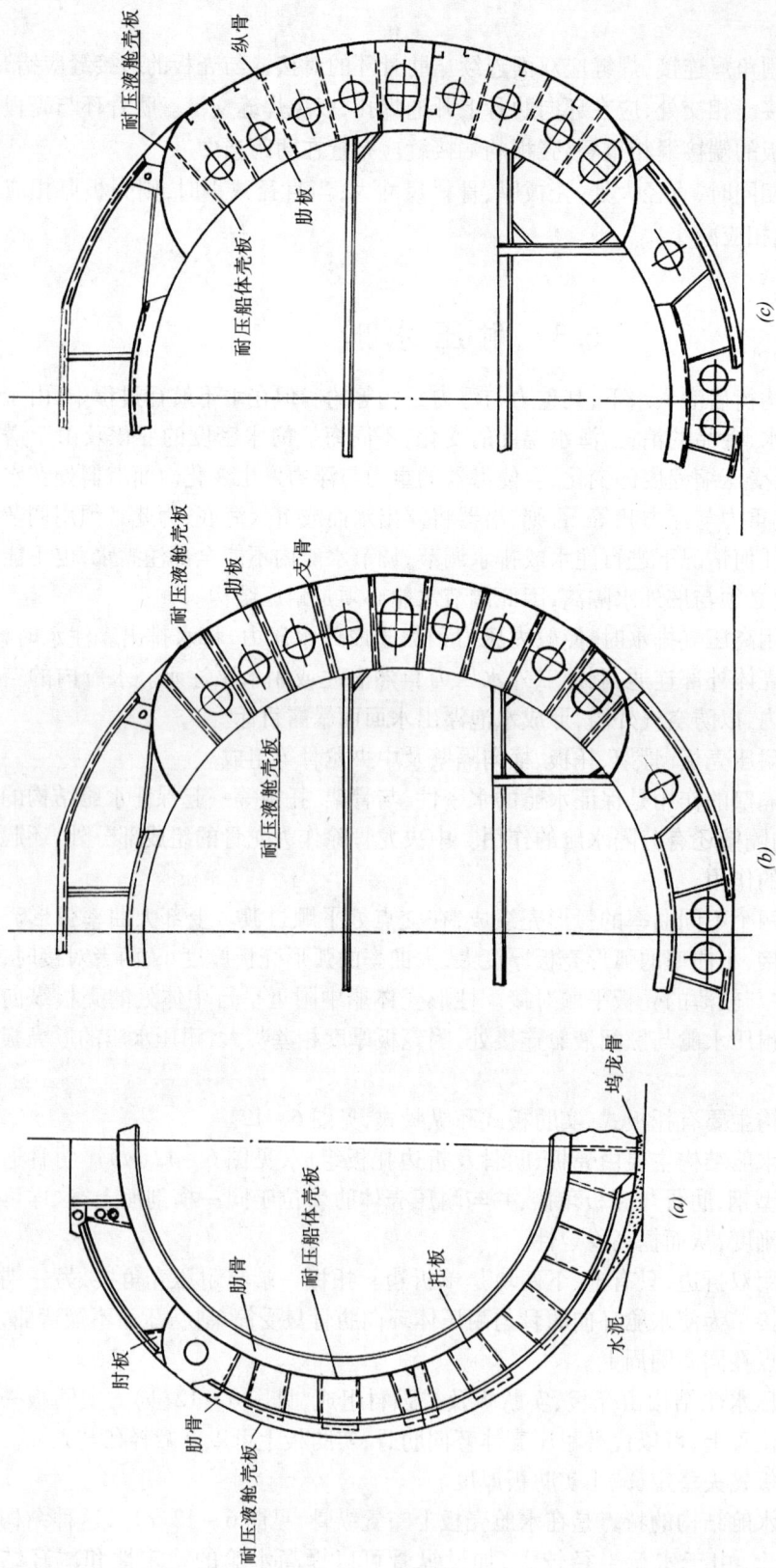

图6-12　耐压水舱结构

重量。

　　小型潜器有时采用浮力材料,固体压载,两舷间不设耐压水舱。两壳体间水舱是非耐压或非水密的,两壳体之间仅用型钢或肘板支撑。为防止损伤耐压壳体,常常在耐压壳体上焊一块肘板,型钢搭接在肘板上,而不直接与耐压壳体相连,型钢另一端可焊接在非耐压壳体的肋骨上。

6.4　球面舱壁

　　在耐压壳体两端装有密封盖,耐压壳体内部设置舱壁可把壳体分隔成若干舱室。

　　舱壁按耐压程度可分为耐压舱壁与非耐压舱壁。耐压舱壁能承受的压力一般相当于潜器的极限下潜深度或能进行逃生的深度;非耐压舱壁所能承受的压力一般在 0.49MPa 以内。舱壁按形状可以分为球面舱壁与平面舱壁。

　　端部耐压舱壁作为耐压壳体端部的密封盖,与耐压壳体共同组成水密容积。内部耐压舱壁与非耐压舱壁将潜艇耐压壳体内部的容积分隔成若干舱室,作为工作与生活舱室,保证在水面状态的抗沉性。

　　当潜器处于水下状态时,耐压舱壁应能承受设计要求的压力;耐压壳体破损时,内部耐压舱壁可限制水的蔓延,不致造成全艇进水。因此耐压舱壁能提供修复破损,组织艇员逃生或等待救生艇援救打捞的条件,保证潜器的水下抗沉性。此外,舱壁还对耐压壳体起支撑作用。

　　中小型潜器一般采用球面耐压舱壁,而大型潜器由于直径较大,有多层平台或舱壁与其刚性连接,加上采用球面舱壁受力状态不好,加工困难等原因,大多采用平面舱壁。

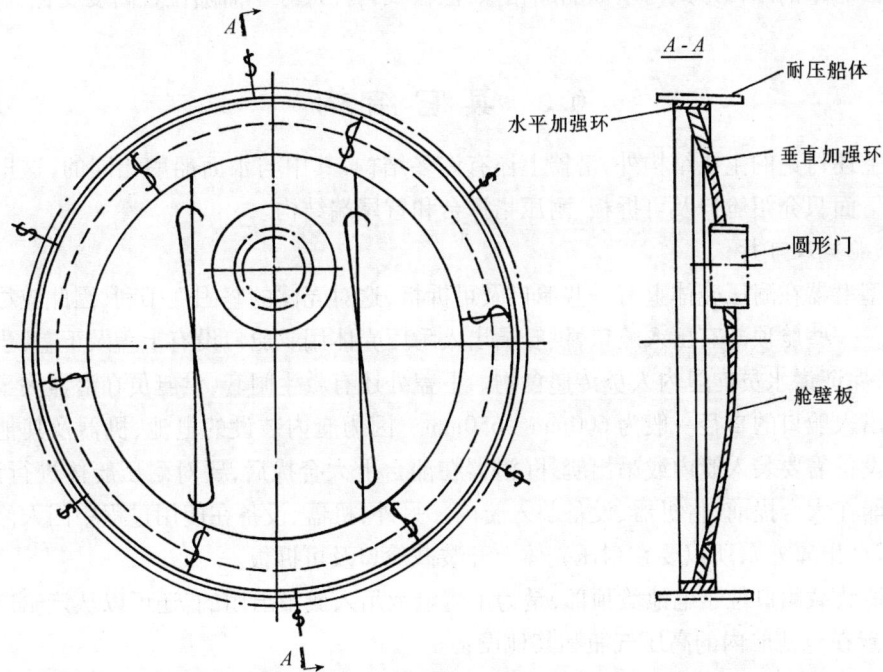

图 6-13　球面舱壁结构

实际上,科学用途的小型潜器已经很少设耐压舱壁。

球面舱壁的特点是:水压力作用于其凹面时,舱壁板受拉,能较为充分地利用材料。球面舱壁的凸面的承载能力与平面舱壁相同时,球面舱壁的重量轻。但球面舱壁的凸面的承载能力较凹面低,这种特性称为球面舱壁受力的"单向性"。平面舱壁两面的承载能力是一样的。

球面舱壁的球面半径越接近于耐压壳体的半径,则舱壁承载能力就越大,但占据过多的耐压壳体内部空间,妨碍内部的布置。球面半径越大,越接近平面,失去了球面舱壁的特点。球面半径一般取为耐压壳体半径的 3 ~ 3.5 倍左右。

球面舱壁是由球面钢板、支承环、轮箍等构成的焊接结构,见图 6 – 13。

球面钢板及轮箍由几块模压板对焊而成,由于轮箍处于舱壁边缘,在外力作用下不仅受拉,而且受到弯曲,因此轮箍的厚度较球面钢板大。在轮箍与球面钢板的对接焊缝处,应将轮箍削斜。支承环也是由较厚钢板加工对焊而成,支承环与轮箍间用角焊连接,球面舱壁通过支承环与耐压壳板连接。

在球面舱壁上不设扶强材,在舱壁下半部有液舱、板等结构时,力求不要与舱壁板刚性连接,以保持舱壁的良好受力状态。

在舱壁上常焊有一些杯形管,以保证某些传动杆件、管系、电缆穿过舱壁的水密性,同时也使开孔处得到补强。

端部球面舱壁由模压焊接而成,凸面向外,在边缘处设有支承环与轮箍,加工成半球壳体与柱形耐压壳体对接,球面半径 R 较小,一般稍大于耐压壳体半径 r($R = 1.2r$ ~ $1.4r$)。舱壁凸面向外,从受力观点考虑是不利的,但有利于施工,可增大艇内容积。

平面舱壁的结构形式与水面船舶相似,但板及构件尺寸不需随位置高度变化。

6.5 其它结构

除上述讨论的主要结构外,潜器上还有许多结构,其中与水面船舶相同的,这里不再叙述。下面只介绍舱口及可拆板、耐压指挥台和首尾端结构。

一、舱口及可拆板

大型潜器在耐压壳体上有一些舱口及可拆板,这对壳体的坚固性不利,因此应尽量减少开口。一些舱顶部有出入舱口,供艇员出入耐压壳体用。舱口设有上盖及下盖,当潜器失事时,保证潜水员向艇内人员传递食物。下盖处还有救生闸套,供艇员在潜器失事后逃生用。出入舱口的直径一般为 600mm ~ 650mm。因为艇内装设的电池、机器及其他尺寸较大的设备需要装入艇内或吊出艇外(潜器在船台上大合拢后,要对耐压艇体进行试水,因此不能在大合拢前,将机器、设备装入艇内。另外,机器、设备在使用过程中因大修或更换,也需吊出艇外),所以要在耐压壳体上开装载舱口及可拆板。

电池装载舱口位于电池舱顶部,是为了将电池吊入或吊出用的,还可以从该舱口吊入(出)布置在电池舱内的高压气瓶和其他设备。

柴油机舱及电机舱顶部的可拆板,供吊入(出)柴油机、主电机及操纵站等设备用。

电池装载舱口(亦称为装载电池的可拆板)的切口周围用焊接垫板进行加强,盖板用板条加强。为保证紧密性,在盖板与焊接垫板间有水密填料,相互间用螺栓连接,以便拆卸,见图 6 – 14。

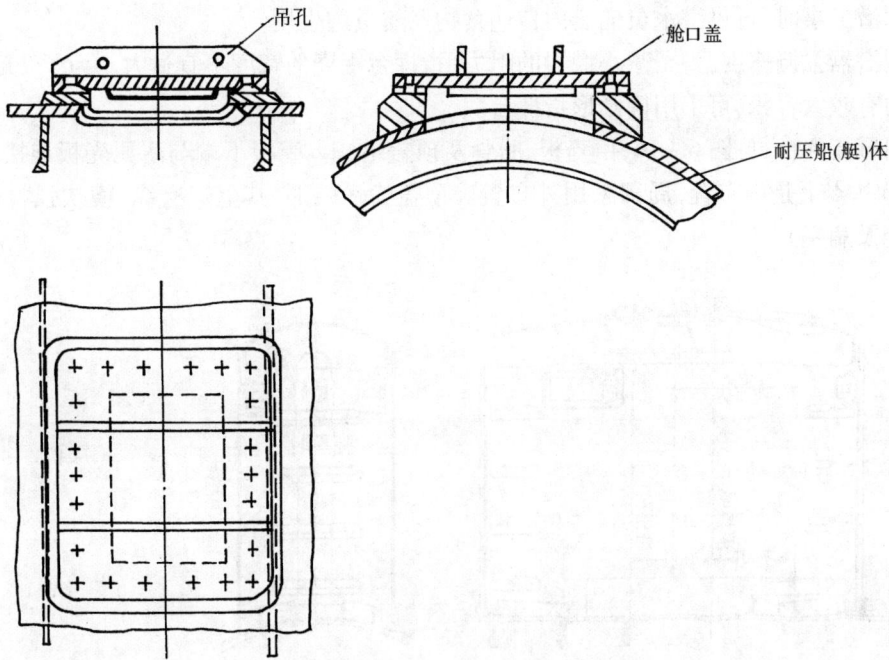

图 6 – 14   电池装载舱口结构

可拆板与耐压壳板间的连接。可拆板上的肋骨与耐压壳肋骨间的端接缝应位于法线方向,可拆板与耐压壳板的端接缝应位于两肋骨之间,见图 6 – 15。

可拆板的数量应力求减少,其尺寸在满足要求的情况下,也尽量减小,并力争少切断肋骨。上层建筑内可拆板上布置的管道、设备应便于拆卸。

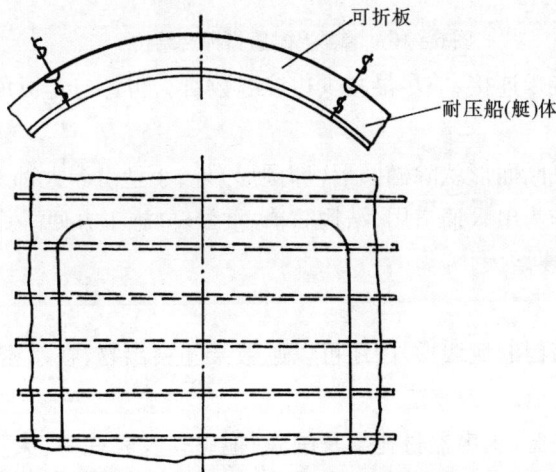

图 6 – 15   可拆板结构

二、耐压指挥台

在中央舱顶部,设有耐压指挥台,它是潜器的水下总指挥所,其内装设供艇长使用的仪器、设备,同时也是潜器的出入通道。耐压指挥台又是试潜时的"浮子",保证试潜的安全。在深潜失事时,可供潜水员向艇内传递食物及艇员逃生用。

大型潜器强调速度,为了减小潜器的阻力,指挥台围壳的宽度不宜过大。为了使耐压指挥台内有较大容积,可采用椭圆形指挥台。

椭圆形指挥台,见图6-16,由壳板、肋骨及顶盖组成。壳板下端与耐压壳板连接,肋骨(扁钢)基本上是内布置,局部采用外布置。顶盖为平弧形,其上焊有纵、横扶强材(组合T型钢及扁钢)。

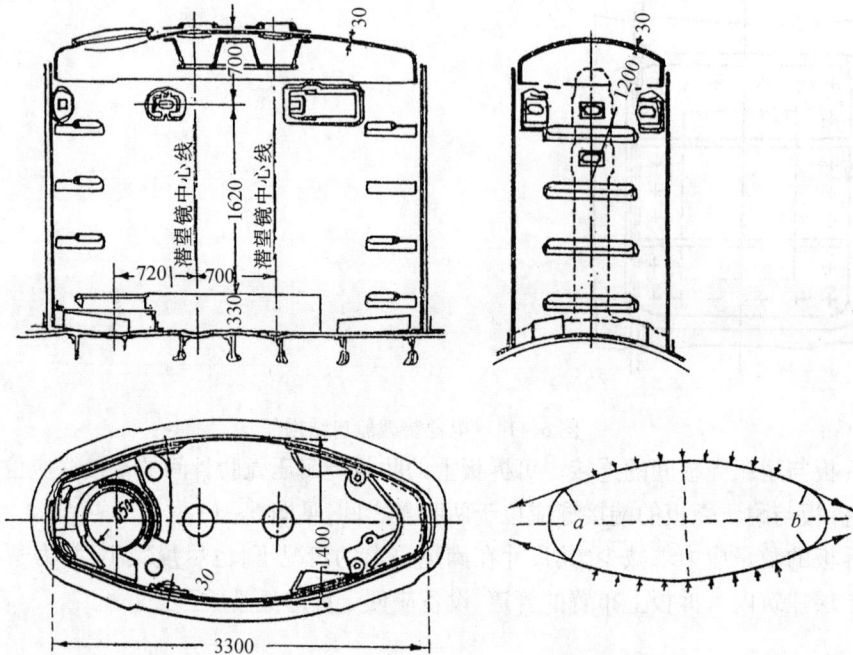

图6-16 潜器上耐压指挥台结构

指挥台壳板用对接焊连接,应尽量减少边接缝数目。肋骨与壳板角接,内外肋骨交替处,应重叠一段。

耐压指挥台的水平断面形状除椭圆形(卵圆形)外,小型潜器大都采用圆柱形断面。

圆柱形指挥台仅作为出入通道用,结构简单、重量轻、施工方便。如需一定容积,则要加大直径,围壳宽度也要增大。

三、首尾端结构

首尾端除了改善潜器的流线形外,还可以遮蔽某些突出物,在水密部分,可以布置首尾主压载水舱和首浮力舱。

首端结构包括锚链舱、水声器材托架及围壳、拖曳孔及首柱等,大型潜器首部设压载水舱,如图6-17,有的小型潜器还布置首侧向及垂向推进器,见图6-3。

艇首上部前端有拖曳孔,供拖曳用。穿过拖曳孔,在艇体上设有拖钩,拖钩采用气动

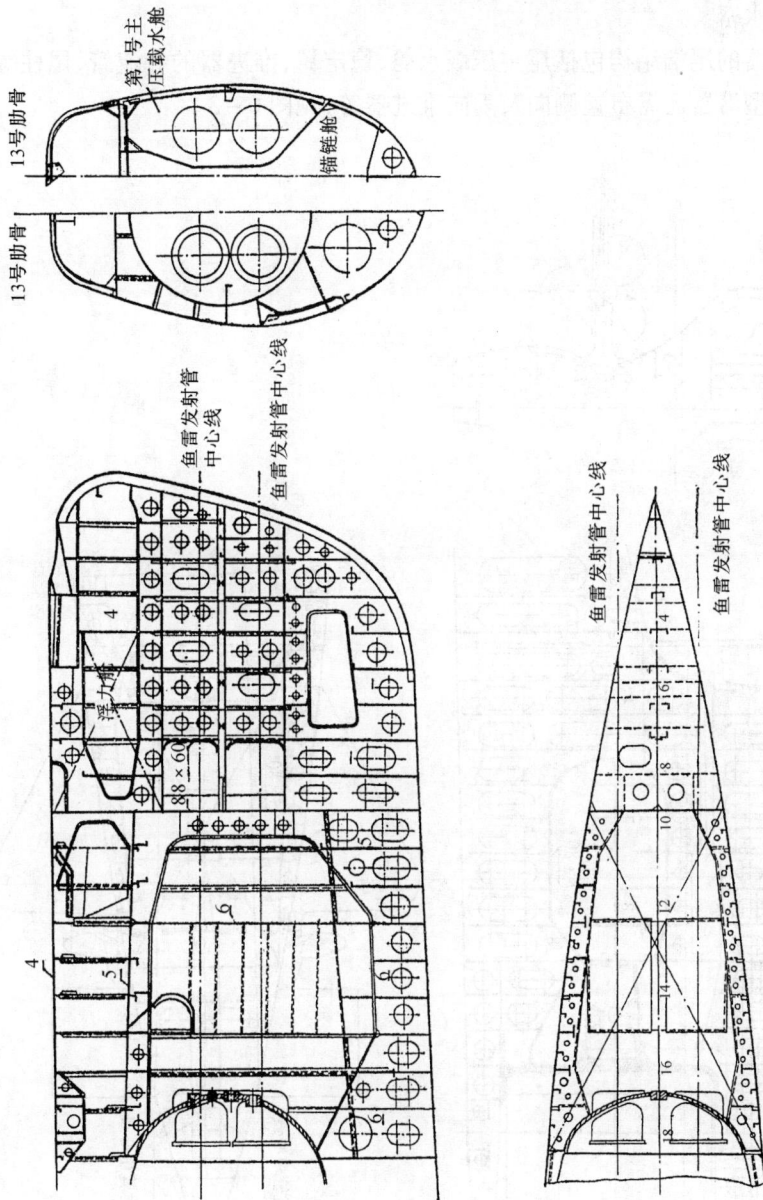

图 6-17　大型潜器首部结构

装置开闭。

在首部下端,安置水声器材,水声器材用托架支承,周围用特制透声钢板作成导流罩。透声钢板很薄,用水平及沿波传播方向布置的板条加强。

水舱舷部有肋骨、纵桁,上部有横梁及上部水密龙筋、纵桁,底部有肋板及龙骨。舱壁上有垂直扶强材加强。各构件多由球扁钢及组合 T 型钢加工而成。肋骨穿过纵桁要保持连续,肋骨上端用肘板与横梁相连,下端与肋板相连。

由于首部非水密部分的结构相当密集,置于首主压载水舱中,对称于中线面。锚链舱区域的底部龙骨两侧壳板上有流水孔,与海水相通,为非水密结构。首主压载水舱中的锚链舱壁要求水密。

　　大型潜器的尾端结构包括尾主压载水舱、稳定翼、推进器的导流管、尾柱等,见图6－18。有的小型潜器还需布置侧向及垂向推进器等,见图6－3。

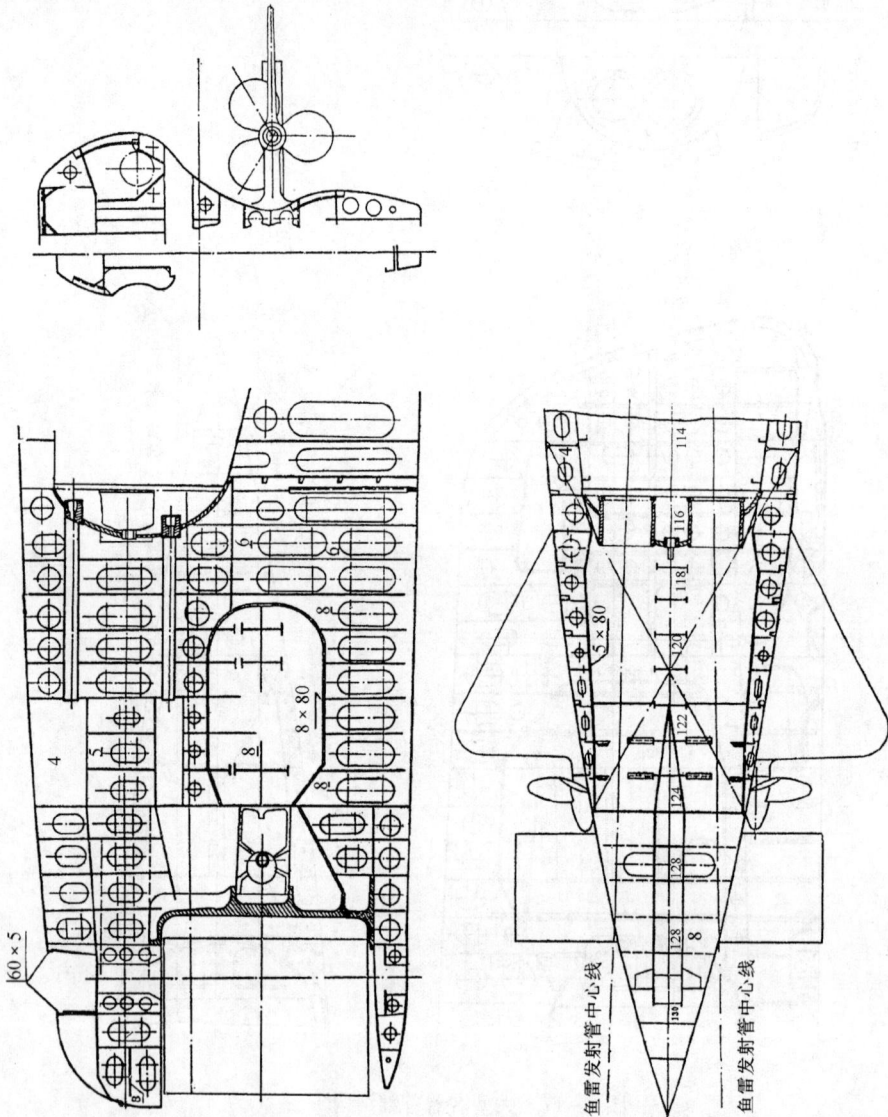

图6-18 大型潜器尾部结构

鱼雷发射管中心线
鱼雷发射管中心线

　　水平稳定翼的作用是:当潜器在水下航行时,可提高潜器的操纵稳定性;水面航行时,可减少摇摆;作为尾轴的支撑;还可使水流平衡地流向尾水平舵及推进器,提高舵效率及推进效率。对于水滴型潜器,除水平稳定翼外,还有垂直稳定翼。为提高推进效率,常将推进器置于导流管内。

　　尾主压载水舱与首主压载舱的构造相似,水舱的容积也是由外壳板、顶盖、端部耐压隔壁构成的。水舱的舷壳板上有肋骨,底部有肋板和中央龙骨。在中线面内,有开透水孔的纵向垂直制荡舱壁,两侧焊有垂直扶强材,它与舷侧的肋骨及顶盖下的横梁位于同一肋位上形成左右舷的横向框架。

首、尾非水密部分都由壳板、构架组成。大型潜器可在中线面内有纵向非水密隔壁，与之垂直的设非水密的水平平台。隔壁板和水平平台均有骨材加强。

首尾端的终端是首柱和尾柱。首尾柱用以连接端部的底、舷部壳板，并与龙骨平顺相连。首柱由锻件与型钢组成，尾柱为铸造结构或钢板焊接结构。

一些小型潜器由于功能少，因此设备较简单，其首、尾端部结构也比较简单，如图6-19、图6-20。

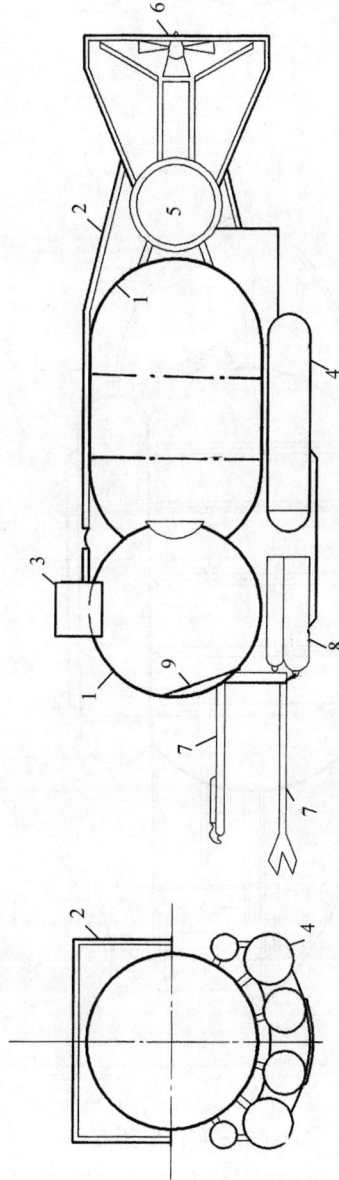

图6-19 SM385型小型潜器结构

1—耐压船(艇)体 2—非耐压船(艇)体 3—耐压指挥台 4—蓄电池筒
5—侧推桨轴线 6—主推桨 7—机械手 8—高压气瓶 9—观察窗

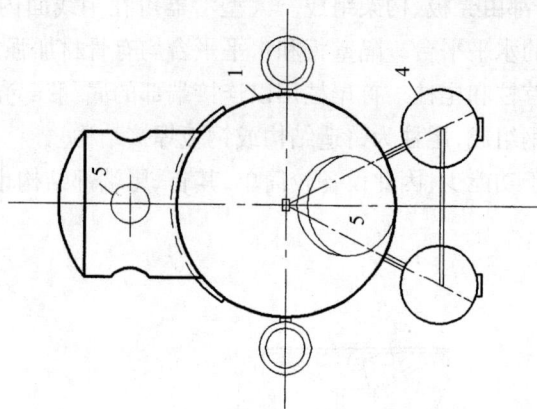

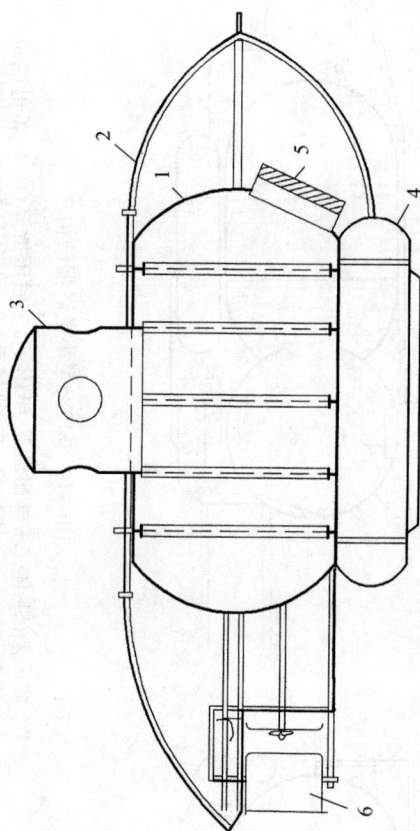

图 6 - 20 K600 型小型潜器结构

1—耐压船(艇)体 2—非耐压船(艇)体 3—耐压指挥台

4—蓄电池筒 5—观察窗 6—舵

7 直升机甲板结构

7.1 直升机甲板的用途及结构要求

伴随着科学技术的飞速发展,人们勘探、开发海洋的领域也正在迅速扩大,已经由沿海延伸到近海、远海甚至远洋。海洋平台的工作场所经常会远离岸上基地。为此需要专门的交通工具往返于基地与平台,平台与平台间,运送人员、补充给养、发送设备等。早期平台一般采用小船完成上述任务,由于小船有速度慢,在恶劣天气与海浪情况下不能航行等缺点,因此现代海洋平台已经用直升飞机代替小船,因此需要在海洋平台上设有直升飞机场——直升机甲板。

海洋平台如果位于近海的距离接近或少于80公里,工作人员及物品可由小船运输;当距离超过80公里的时候,一般要用直升机运输。

一、直升机运输有许多优点,其中包括:

(1)节约时间,降低成本。直升机航运时间约为船舶的六分之一。

(2)恶劣海况时,海岸与近海平台之间的运输用船是不可能的。在坏天气时直升机的可靠性和适应能力强。

(3)用船只运送工作人员有时会发生晕船并影响工作,相反直升机运送工作人员则不会有这种现象。

(4)管理人员或专业工作人员可以迅速地往返于岸上与平台之间,更有成效地完成他们的工作。

(5)可以更快地得到应急修理的部件;地质采样也可以及时地送到岸上分析。

(6)伤员可以迅速地转移到岸上的医院。

(7)在意外事故和强烈风暴的时候,可以迅速从平台疏散。

二、直升机甲板设计要求

直升机机场着陆面积必须足够大,以便满足装载和卸载作业需要。地面必须清洁,有排水井,并有足够的强度,以支承直升机着陆的冲击载荷。虽然直升机可以垂直起飞和降落,但为了在最大载荷下工作的经济性,直升机都是倾斜起飞的,特别是在风中起飞时。

近海平台上的直升机场形状各异,常见有圆形、矩形与多边形,每个直升机场应按在此着陆的最大的直升机设计。直升机场的主尺度由直升机的总长度来确定。通常,方形直升机场边长的最小尺寸是使用该飞行甲板的最大直升机长度的1.5倍至2倍。圆形直升机场的直径应与方形直升机场的边长相等。例如,近海直升机场的尺度从 $24 \times 24 m^2$ 至 $49 \times 49 m^2$ 间变化。

按照一种设计方法,直升机场着陆表面应以最大的直升机总重量75%的集中载荷作用在每一平方英尺面积上设计。另一种方法是用最大直升机总重量两倍的冲击值,这个载荷必须作用在直升机场表面的任何地方约 24×24 英寸^2 面积上。近海机场一定要采用防火材料。在直升机场的周围应有某种向上向外倾斜的人身安全的护栏,诸如坚固的网眼式栅栏。

围绕着着陆场的中心,用油漆画上边长约9.2m的等边三角形的记号。记号的一角指北,图案上的另两个角不涂漆。三角形内应漆上正体大写的H,长约3m,宽约1.5m。三角形标记的边宽应为0.6m,H记号的边宽应为0.45m。

在直升机场附近应有风标提供实际的风向。有时,着陆场的外围用黄色的界灯,通常也备有探照灯。

考虑到直升机升降方便与安全,直升机甲板附近尽可能开阔无障碍,而且应位于平台上部,因此直升机甲板应布置在平台的上层甲板上,并尽量位于平台一端,这样直升机起飞与着陆时,不影响平台作业。

7.2 直升机甲板结构形式

一、飞行甲板的位置

直升机甲板按其位置,可以分为上层甲板式、外伸式、上层甲板与外伸结合式。

1. 上层甲板式

上层(顶层)甲板式,是整个直升机甲板位于平台上部,是平台上层甲板的一部分,只是结构强度按直升机甲板要求确定,较一般上层甲板尺寸大些。这种形式甲板结构简单,强度易于保证,缺点是占用甲板面积太大,对甲板布置带来困难,还会使井架与直升机甲板太近而互相产生不利影响。甲板面积较大的平台可采用这种形式。

2. 外伸甲板式

外伸式直升机甲板是将直升机甲板布置在上层甲板的向外延伸部分,由于这种甲板结构属悬臂结构,结构强度差,需要结构加强,因此结构复杂。但优点是不影响平台布置与使用。甲板面积较小的平台可采用这种形式。

3. 结合式

上层甲板与外伸结合式,直升机甲板部分占用上层甲板,再将这部分甲板向外延伸一部分,这样将大部分甲板载荷由平台主体结构直接承受,少部分由外伸部分承受,这种结构具有强度好、结构简单,对甲板布置影响不大等优点,因此这种直升机甲板结构形式较多地被采用。

二、直升机甲板结构组成

直升机甲板一般由平面甲板板架与下部的支撑结构组成

1. 平面甲板板架

平面板架由型材与板组成,与一般的船舶、平台甲板结构相似。型材一般有普通型材与强型材。普通型材一般采用剖面尺寸较小的角钢、球扁钢、槽钢,仅布置一个方向,相当于一般甲板的普通梁(普通横梁或纵骨),强型材则需纵横正交布置,相当于一般甲板的甲板纵桁与强横梁或成平面桁架式布置。强型材一般采用"工"字钢、槽钢、"T"型钢,见图7-1。

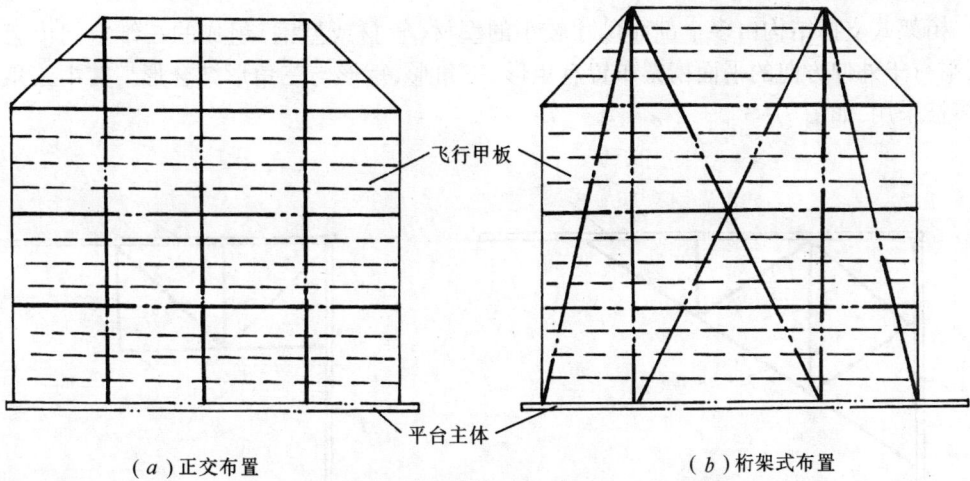

(a) 正交布置	(b) 桁架式布置

图 7 - 1 甲板构件布置形式

2. 甲板支撑结构

上层甲板式甲板的支撑结构则直接利用甲板下部的纵、横舱壁、围壁及立柱,结构形式类似于一般上层甲板。

外伸式甲板的支撑结构则复杂些,需专门设计,这种支撑结构一般有单杆(柱)式、桁架式、肘板式。

1. 单杆式支撑结构

单杆(柱)式支撑结构,为一个剖面尺寸较大的斜方向空心立柱,立柱上部支撑在甲板板架的水平强型材上,下部支撑在平台外侧,这种支撑结构形式简单,由于立柱每端仅一个支点,立柱两端受力较大,一般用于甲板载荷较小的直升机甲板,如图 7 - 2。

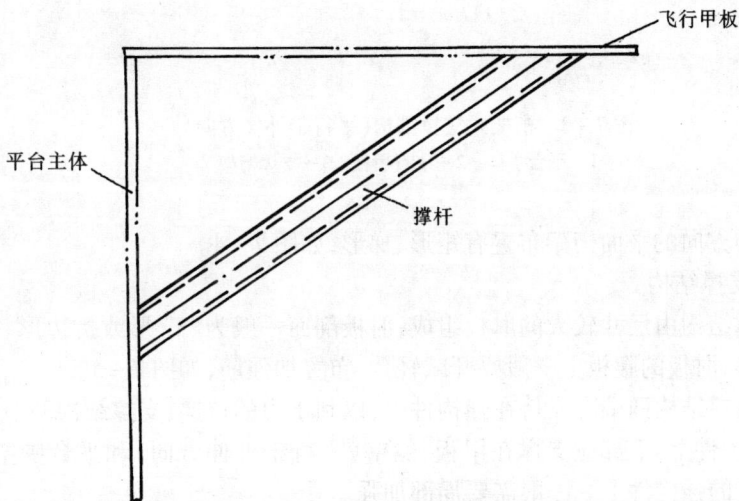

图 7 - 2 单杆式支撑结构

2. 桁架式支撑结构

桁架式支撑结构由多个剖面尺寸较小的型材(管材或型钢)组成的三维空间桁架结构,平行于外伸方向的平面桁架布置有矩形、三角形、矩形与三角形结合形。其中三角形较多被采用,如图 7-3。

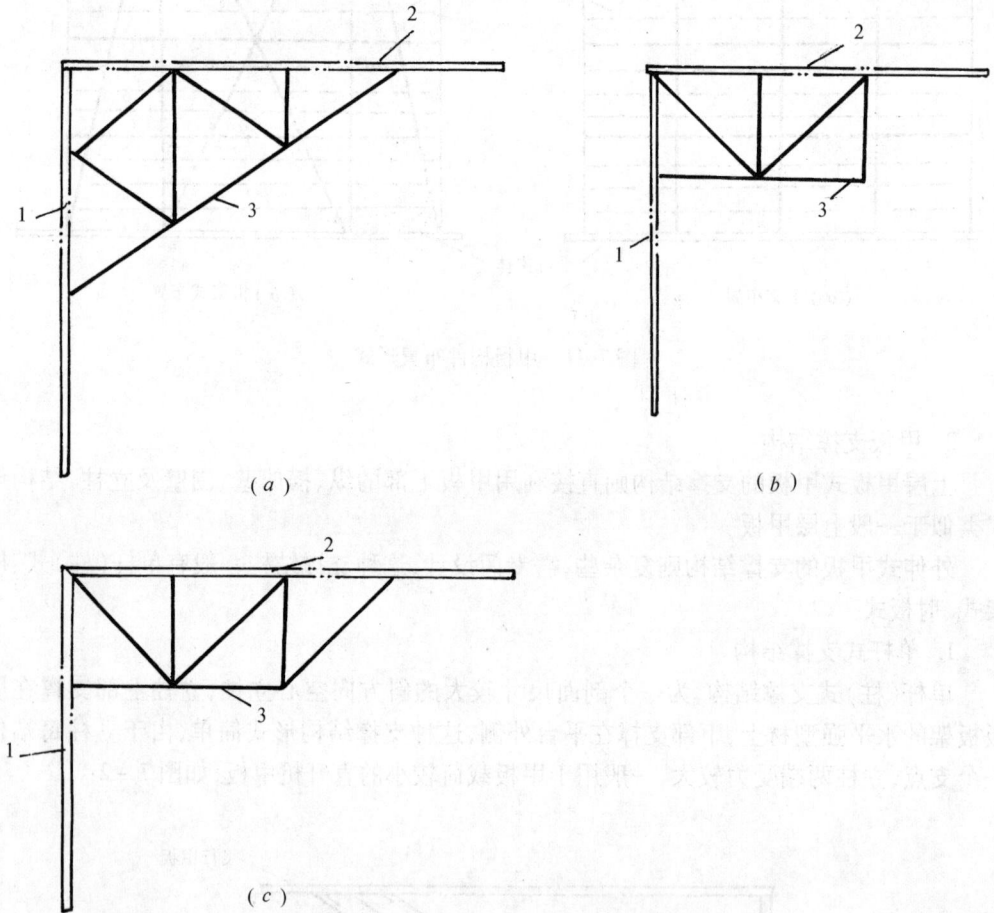

图 7-3 桁架式支撑结构(平行于外伸方向)
1—平台主体 2—飞行甲板 3—支撑桁架

垂直于外伸方向的平面桁架布置有矩形、梯形,如图 7-4。

3. 肘板式支撑结构

肘板式支撑结构由尺寸较大的肘板组成,肘板剖面一般为"T"形或折边形状,肘板形状一般为三角形,肘板的腹板上一般要开减轻孔,布置加强筋,如图 7-5。

上述三种支撑结构两端应支持在强构件上,以利于力的传递,支撑结构的上部应支持在甲板纵、横强构件上,下部应支撑在甲板、舱壁(平行于外伸方向)和平台围壁相交处,或者支撑在围壁的强构件上。一般需要局部加强。

三、直升机甲板结构实例

图 7-6 为一个导管架平台的直升机甲板结构,结构形式为上层甲板与外伸结合式,

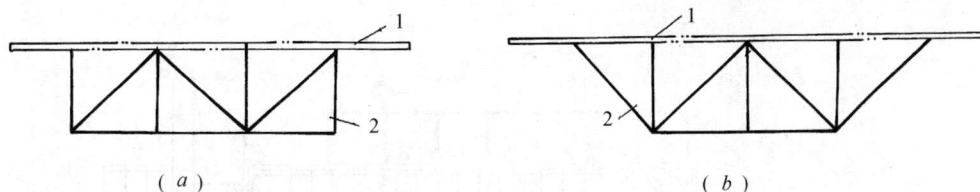

（a）   （b）

图 7－4　桁架式支撑结构（垂直于外伸方向）
1—飞行甲板　2—支撑桁架

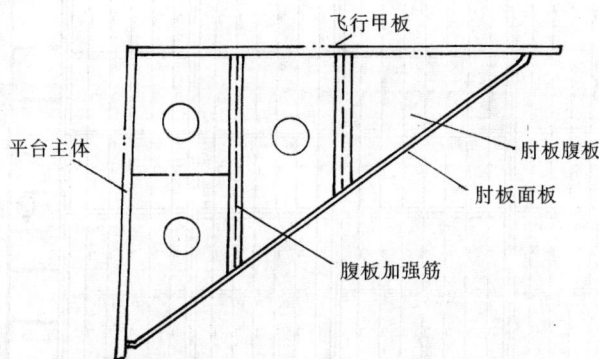

图 7－5　肘板式支撑结构

由平面甲板板架与桁架式支撑结构组成。其平面甲板板架由甲板板与两个水平方向平面正交型材组成,甲板为 10mm 钢板,外伸方向的强型材为 5 根 H300×300×10×15 等边工字钢,8 根 H200×200×8×12 等边工字钢,垂直于外伸方向的强型材为 4 根 H300×300×10×15 等边工字钢,两根 H200×200×8×12 等边工字钢,普通梁为 28 根 L125×80×7 的角钢。甲板周围布置有宽 1.5m,规格为 32×80×5mm 的安全网,支持安全网的型钢为 L90×56×6。支撑结构为空间桁架式,空间桁架由三个垂直于外伸方向平面桁架,一个与这三个桁架垂直的平面桁架及一个斜撑方向的平面桁架组成,桁架由管材组成。在图 7－6 的直升机甲板结构图中,剖面图 A 为垂直于外伸方向的飞行甲板外伸部分结构图,剖面图 B 为位于平台主体上部作为上层甲板的一部分的垂直于外伸方向的甲板板架结构图,剖面图 C 为平行于外伸方向的飞行甲板剖面图,上图为甲板板架结构图,下图为同一剖面处去掉甲板板但包括支撑结构的结构图,剖面图 D 为安全网剖面结构图。

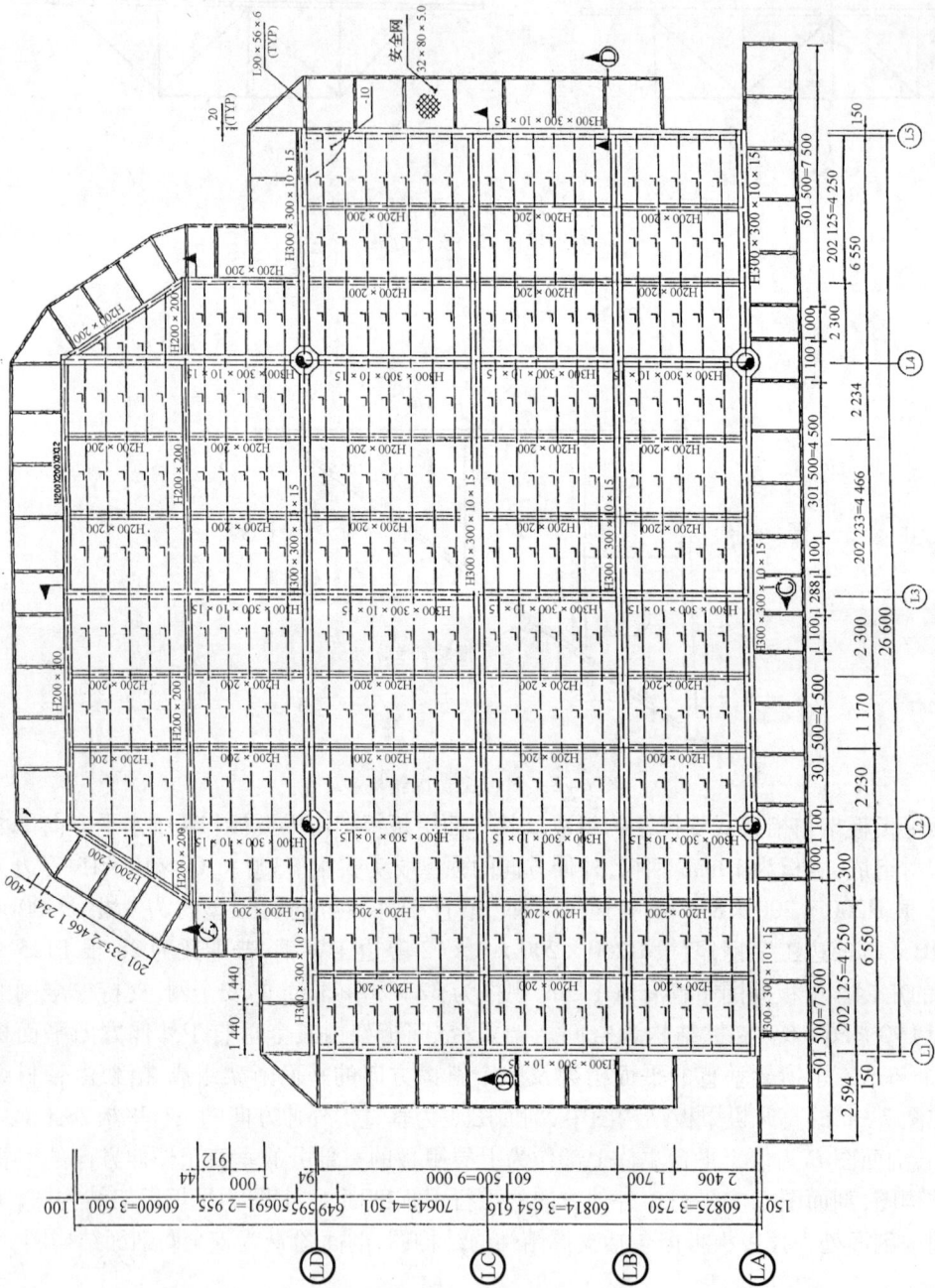

图7-6(a)甲板平面

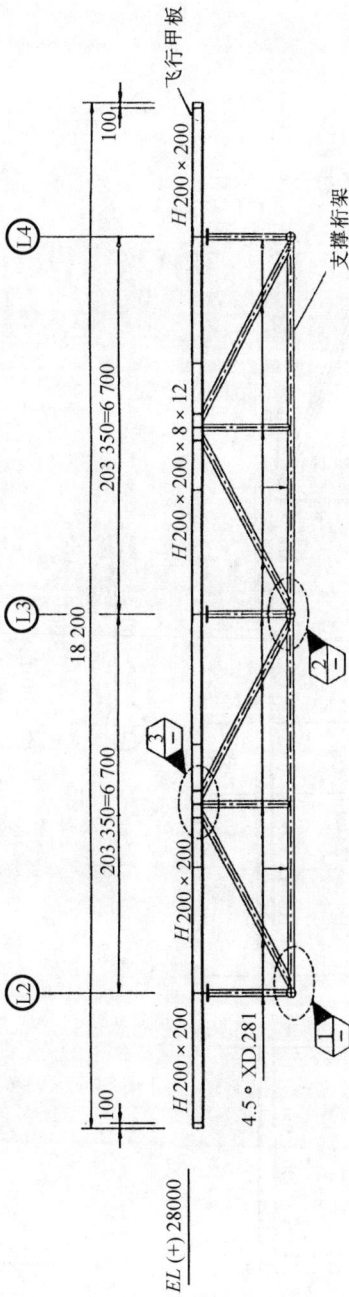

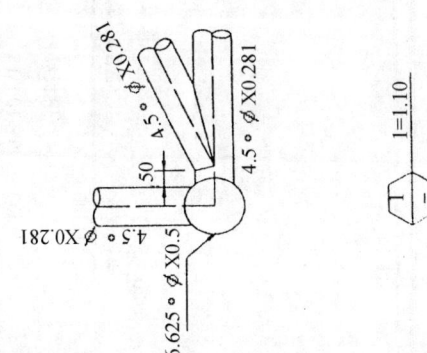

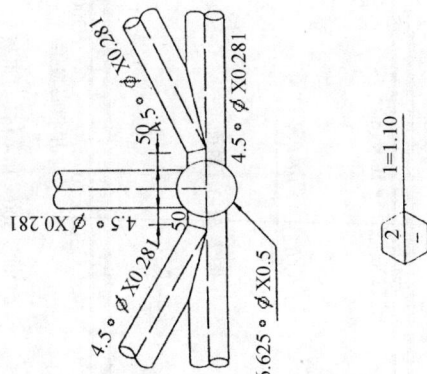

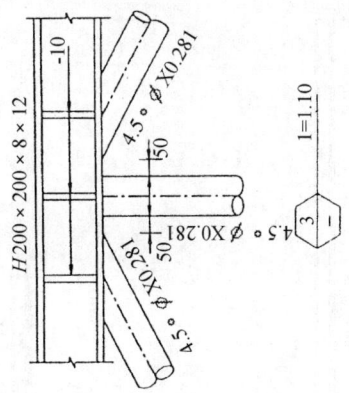

图7-6(b) A剖面

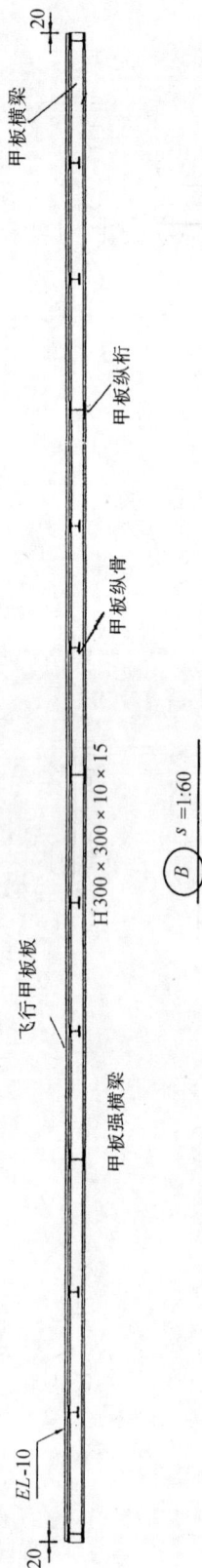

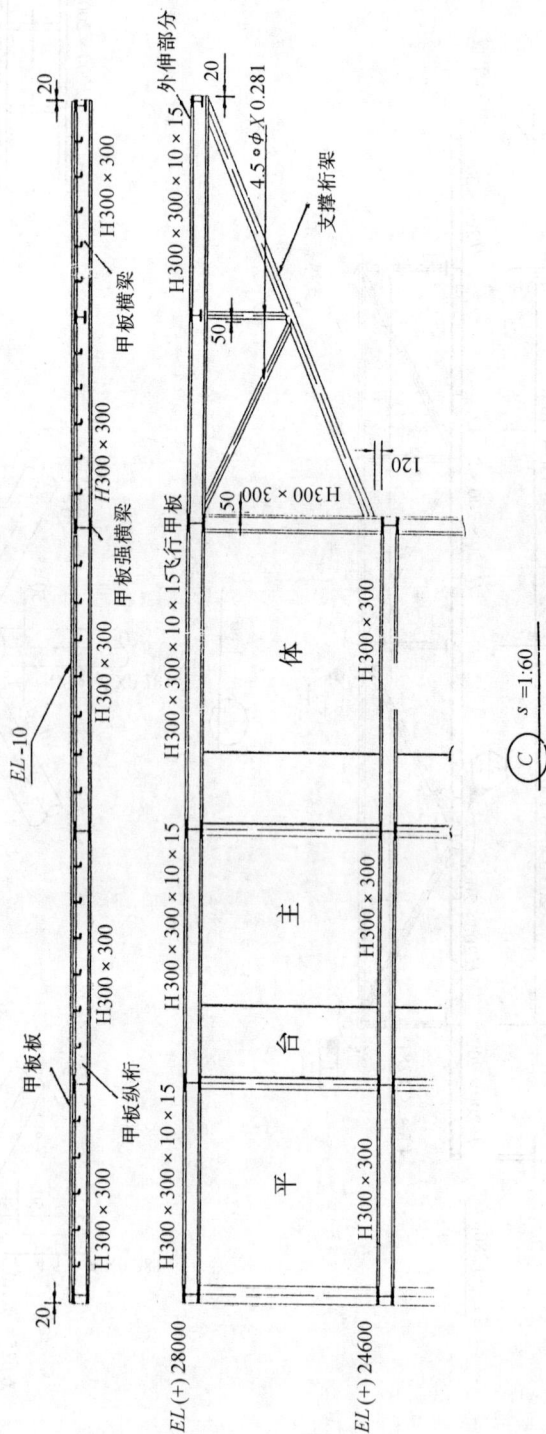

甲板横梁

甲板纵桁

甲板纵骨

飞行甲板

甲板强横梁

$H300 \times 300 \times 10 \times 15$

20

$EL-10$

20

B $s = 1:60$

图7-6(e)B剖面

甲板板

甲板纵桁

甲板横梁

甲板强横梁

飞行甲板

外伸部分

支撑桁架

$H300 \times 300$

$H300 \times 300$

$H300 \times 300 \times 10 \times 15$

$H300 \times 300 \times 10 \times 15$

$H300 \times 300 \times 10 \times 15$

$H300 \times 300 \times 10 \times 15$

$H300 \times 300$

$H300 \times 300$

$H300 \times 300$

$H300 \times 300$

$H300 \times 300$

$4.5 \times \phi \times 0.281$

20

50

50

120

平 台 主 体

$EL(+)28000$

$EL(+)24600$

C $s = 1:60$

图7-6(d)C剖面

20

20

20

$EL-10$

· 176 ·

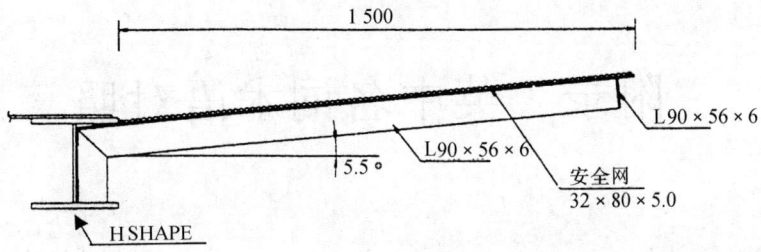

図 7 − 6(e)　D 剖面(安全网结构)

附录 英中名词术语对照

A – bracket	人字架
accommodation module	居住模块
accommodation platform	居住平台
aeroplane platform	飞机平台
after peak	尾尖舱
after peak bulkhead	尾尖舱壁
air escape pipe	排气管
air hole	透气孔
air suction pipe	吸气管
aluminium alloy structure	铝合金结构
anchor recess	锚穴
angle bar	角钢
angled deck	斜角甲板
auxiliary engine seating	辅机基座
auxiliary leg	斜撑
auxiliary tank	调节水舱
ballast water tank	压载水舱
bar	杆
battery hatch	电池装载舱口
beam	横梁
beam knee	梁肘板
bilge bracket	舭肘板
bilge keel	舭龙骨
bilge strake	舭列板
boiler bearer	锅炉基座
boss	轴毂
bottom drilling platform	坐底式钻井平台
bottom center girder	中底桁
bottom frame	船底肋骨

bottom plate	船底板
bottom side girder	旁底桁
bottom side tank	底边舱
bottom supporting platform	坐底式平台
bow door	首门
bow structure	首端结构
bracing plate	撑板
bracket	肘板
bracket floor	框架肋板
branch pipe	支管
breasthook	首肘板
bracestrut	撑杆
bridge	桥楼
bulb bow	球鼻型首
bulb plate	球扁钢
bulk cargo carrier	散货船
bulkhead	舱壁
bulkhead deck	舱壁甲板
bulkhead plate	舱壁板
bulwark	舷墙
buoyancy tank	浮箱
caisson	沉箱
camber	梁拱
cantilever	悬臂
cant beam	斜横梁
cant frame	斜肋骨
cargo hatch	货舱口
cast steel stem	铸钢首柱
center keelson	中内龙骨
centerline bulkhead	中纵舱壁
chain locker	锚链舱
chord	弦杆
circular cone	圆锥体

clearance hole	通焊孔
clipper bow	飞剪型首
cofferdam	隔离舱
collar plate	衬板
collision bulkhead	防撞舱壁
column stabilized platform	柱式稳定平台
combination cast and rolled stem	混合首柱
concrete platform	混凝土平台
conductor pipe	导管
connecting pipe	连接管
conning tower sail	指挥台围壳
container ship	集装箱船
corrugated bulkhead	槽形舱壁
crosstie	撑杆
cushion	垫
cruiser stern	巡洋舰尾
deck framing	甲板骨架
deck girder	甲板纵桁
deck house	甲板室
deck longitudinal	甲板纵骨
deck module	甲板模块
deck stringer	甲板边板
derreck platform	起货机平台
derreck post	桅柱
domed bulkhead	球面舱壁
doubling plate	复板
double bottom	双层底
drain hole	流水孔
drain well	污水井
drilling	钻井
drilling module	钻井模块
drilling platform	钻井平台
drillship	钻井船

drill-tower	钻塔
duck keel	箱形中底桁
elevating system	升降机
elevation	标高
elliptical stern	椭圆型尾
emergency exit	应急通道
engine casing	机舱棚
engine room	机舱
excess hatch	出入舱口
expansion joint	伸缩接头
expansion trunk	膨胀阱
face plate	面板
fender	护舷材
fibreglass reinforce plastics	玻璃钢
fixed platform	固定式平台
flange	折边
flange pipe	法兰管
flaring platform	火炬平台
flight deck	飞行甲板
floating platform	浮式平台
floor	肋板
fore castle	首楼
fore peak	首尖舱
forged steel stem	锻钢首柱
foundation	基座
framing	骨架
general cargo ship	杂货船
girder of foundation	基座纵桁
gravity tower platform	重力塔式平台
grillage	格栅
guyed tower platform	牵索塔式近海平台
gunwale angle	舷边角钢
gusset plate	菱形板

half beam	半梁
hanger	机库
hatch	舱口
hatch coaming	舱口围板
hatch end beam	舱口端横梁
hatch side cantilever	舱口悬臂梁
hatch side girder	舱口纵桁
helicopter platform	直升机平台
higed stern door	尾部吊门
hoggin	中拱弯曲
horizontal girder	水平桁
horizontal stiffener	水平扶强材
icebreaker bow	破冰型首
independent tanks	独立型液柜
inner bottom plate	内底板
inner door	内门
integraled barge	分节驳
integral tank	整体型液柜
intercostal center keelson	间断中内龙骨
intermediate frame	中间肋骨
internal insulation tanks	内部隔热型液柜
jacket leg	导管架桩腿
jacket platform	导管架平台
jack-up platform	自升式平台
lanyard	牵索
lattice	桁架
leading pipe	主管
lightening hole	减轻孔
liquid chemical tanker	液体化学品船
liquified natural gas carrier	液化天然气船
liquified petroleum gas carrier	液化气船
loader	装卸机
load module	装配模块

local strength	局部强度
longitudinal	纵骨
logitudinal and transverse – stiffened shells	纵横加肋壳体
longitudinal bulkhead	纵舱壁
longitudinal bending	总纵弯曲
longitudinal strength	总纵强度
longitudinal system of framing	纵骨架式
lower deck	下甲板
mambrance tank	内膜型液柜
main flame	主肋骨
manhole	人孔
margin plate	内底边板
mobile platform	移动式平台
module	模块
monopod jack-up platform	单柱式自升平台
oceaneering	海洋工程
offshore platform	近海平台
oil ballast water tank	燃油压载水舱
oil tank	油船
ordinary ring – stiffened shells	普通环肋壳体
panting arrangement	强胸结构
partial bulkhead	局部舱壁
passenger ship	客船
panting beam	强胸横梁
pentagram platform	豆角形平台
pillar	支柱
pipe	管
pipe connection	接管头
plane bulkhead	平面舱壁
platform	平台
plateform deck	平台甲板
platform with mat	沉垫式平台
platform with spud cans	桩脚式自升平台

plate keel	平板龙骨
plate-truss	板桁材
pole support	支杆
poop	尾楼
portable deck	活动甲板
portable plate	可拆板
pressure conning tower	耐压指挥台
pressure hull	耐压壳体
pressure structure	耐压结构
non – pressure structure	非耐压结构
pressure tank	耐压水舱
pressure hulkhead	耐压舱壁
production module	生产模块
propeller post	螺旋桨柱
propeller shaft strut	尾轴架
quick diving tank	快潜水舱
rack bar	齿条,齿杆
raised floor	升高肋板
raked bow	前倾型首
ramps	跳板
rectangle platform	三角形平台
reverse frame	内底横骨
ring – stiffened shells with middle frame	带中间支骨的环肋壳体
ro – ro ship	滚装船
rounded sheer strake	圆弧舷板
rudder post	舵柱
rudder trunk	舵杆围阱
sagging	中垂弯曲
screen bulkhead	轻舱壁
seam	边接缝
seating	基座
second deck	第二甲板
seissors lift	剪式提升机

semi-submerged platform	半潜式钻井平台
shaft tube	尾轴管
shaft tunnel	轴隧
sharpy platform	"V"形平台
sheer	舷墙
sheer strake	舷顶列板
shell	壳板
shell plate	外板
shell bossing	轴包套
shell expansion plan	外板展开图
shell ring	壳圈
shoe piece	底骨
side door hinged type	边吊门式
side keelson	旁内龙骨
side plate	舷侧外板
side stringer	甲板边板
side tank	舷舱
single bottom	单底
snip end	端部削斜
solid floor	主肋板
spud leg	桩腿
stability	稳定性
stay bearing	支撑
stealer strake	并板
spectacle frame	眼镜形骨架
sponson deck	舷伸甲板
stand pipe	立管
steel plate stem	钢板首柱
steel struture	钢结构
stern frame	尾柱
stern fin	稳定翼
stern structure	尾端结构
stiffener	加强筋, 扶强材

strength deck	强力甲板
structural support	支撑结构
strut	支柱
submarine	潜艇
superstructure	上层建筑
supporting ring	支承环
swaged plate	压筋板
tension-leg platform	张力腿平台
T-bar	T 型材
three way pipe	T 型管
thruster	侧推器
thrust bearing seating	推力轴承基座
topside tank	顶边舱
torpedo hatch	鱼雷装载舱口
torsion box	抗扭箱
tower	塔
tower post	塔式桅
transon plate	尾封板
transon stern	方型尾
transverse strength	横向强度
transverse system of framing	横骨架式
transverse bulkhead	横舱壁
triangle platform	三角形平台
tripping bracket	防倾肘板
truss frame	桁架
tunnel	管隧
tunnel recess	轴隧尾室
truss framed leg	桁架式桩腿
tweendeck frame	甲板间肋骨
twin-hull semisubmersible platform	双体半潜式平台
upper deck	上甲板
vertical bow	直立型首
vertical girder	竖桁

vertical stiffener	垂直扶强材
visor type	罩壳式
wash bulkhead	制荡舱壁
watertight bulkhead	水密舱壁
watertight floor	水密肋板
weather deck	露天甲板
weathertight deck	风雨密甲板
web beam	强横梁
web frame	强肋骨,特大肋骨
web	腹板
weld leg	焊脚
wing tank	舷边舱
wooden structure	木结构

参考文献

［1］吴仁元,谢祚水,李治彬. 船体结构. 北京:国防工业出版社.1992

［2］聂武,孙丽萍,李治彬,曾志强. 海洋钢结构设计. 哈尔滨:哈尔滨船舶工程学院出版社.1992

［3］李润培,王志农. 海洋平台强度分析. 上海:上海交大出版社.1992

［4］任贵永. 海洋活动式平台. 天津大学出版社.1992

［5］Graff W J. Introduction to Offshore Structures. Gulf Publishing Company. 1981

［6］(李培昌译. 海洋工程导论. 国防工业出版社.1989)

［7］聂武,李治彬. 海洋工程概论. 哈尔滨船舶工程学院出版社.1991

［8］伊凡 J H,阿达姆恰克 J C. 海洋工程结构(Ocean Engineering Structure). 麻省理工学院